高等学校教材
首批国家级一流本科课程配套教材
河北省“十四五”普通高等教育本科规划教材

遥感技术与应用

Remote Sensing Technology and Applications

（第二版）

汪金花　**主　编**
李孟倩　张文豪　金　剑　**副主编**

测绘出版社
·北京·

内容简介

本书为综合类高等院校工程类专业教学用书。全书分为基础理论、遥感影像处理、专题应用3篇。第一篇介绍遥感基础知识,包含遥感相关概念、遥感物理基础、遥感平台及遥感数字表达及获取;第二篇介绍遥感数字图像处理的基础方法和操作,包含多光谱遥感影像辐射校正、几何校正、增强处理、分类方法及高光谱图像处理;第三篇介绍遥感技术专题应用内容,包含遥感制图、植被遥感、水体遥感、土地利用遥感、大气遥感。

本书可作为测绘、地理信息、自然资源、矿山工程、环境与安全、水电、石油、地质、地矿等相关专业本科和专科遥感类课程的教材,也可作为相关专业工程技术人员的参考用书。

图书在版编目(CIP)数据

遥感技术与应用 / 汪金花主编. -- 2版. -- 北京 : 测绘出版社, 2025. 6. --(高等学校教材). -- ISBN 978-7-5030-4518-9

Ⅰ. TP7

中国国家版本馆 CIP 数据核字第 20240T976G 号

遥感技术与应用

YAOGAN JISHU YU YINGYONG

责任编辑	云 雅	**装帧设计**	李 伟	**责任印制**	陈姝颖

出版发行	测绘出版社	**电　　话**	010－68580735(发行部)
地　　址	北京市西城区三里河路50号		010－68531363(编辑部)
邮政编码	100045	**网　　址**	https://chs.sinomaps.com
电子信箱	smp@sinomaps.com	**经　　销**	新华书店
成品规格	184 mm×260 mm	**印　　刷**	建工社(河北)印刷有限公司
印　　张	11.75	**字　　数**	287千字
版　　次	2015年1月第1版　2025年6月第2版	**印　　次**	2025年6月第1次印刷
印　　数	0001—1000　累计印刷4300册	**定　　价**	45.00元

书　　号 ISBN 978-7-5030-4518-9

本书如有印装质量问题,请与我社发行部联系调换。

《遥感技术与应用》第二版

编委会名单

第二版前言

遥感技术是通过卫星、飞机等平台采集地面上目标的电磁波信息，进行遥感信息处理、分析和应用的一门综合技术，是国家战略宏观监测的“千里眼”，又是未来低空经济发展的关键技术。第二版教材以原版为基础，调整了教材编写的章节架构。新版教材以培养社会主义核心价值观的遥感新工科人才为目标，结合国家一流课程“高阶性、创新性和挑战度”建设要点，突出以学生为中心导向，确立了“修德善思，勤学笃行”的撰写理念。以基于关键问题(problem)、基于处理流程(process)、基于专题应用(project)的学习方式为撰写明线，将遥感基础知识、科研前沿与思政案例进行融合，以关键遥感技术能力、必备世界观和人生观为撰写暗线，将知识学习与思政德育相结合，助力学生健康成长。

《遥感技术与应用》是走进遥感技术的入门级书籍，也是面向多种工程专业的一本“遥感原理与应用”课程教材，该书有配套的实验实习教材《遥感技术与应用实验和实习教程》*。《遥感技术与应用》第二版本着“内容适教利学，能力逐级递增”原则，按照国家一流课程“高阶性、创新性和挑战度”建设要点，划分了“基础理论”“遥感影像处理”“专题应用”3 篇 15 章，可以让入门学习者逐级递增获得从遥感知识理解，到遥感影像处理操作，再到专题应用的完整体验。第一篇(1～4 章)介绍遥感基础知识，包含遥感相关概念、遥感物理基础、遥感平台及遥感数字表达与获取，突出遥感概念和光谱物理知识的引导与分析；第二篇(5～10 章)介绍遥感数字图像处理基础方法和操作，包含多光谱遥感影像辐射校正、几何校正、增强处理、分类方法及高光谱图像处理，突出学习者实际图像处理方法与操作流程；第三篇(11～15 章)介绍遥感技术专题应用内容，包含遥感制图、植被遥感、水体遥感、土地利用遥感、大气遥感等应用专项内容，突出专题方向关键技术介绍与实际遥感应用案例分析。

教材配有丰富的学习资源，适合个性化学习和小组学习需要。

——书中穿插了“学而思”“学而练”“思而辩”“挑战升级”等互动性学习知识点，便于教师在教学过程中设计参与性的学习活动，激发学生好奇心、想象力和探求欲。

——书中设有阅读素材和讨论性资料，如爱国、敬业、创新为主题的小故事；篇后附有习题和练习等内容，利于教师组织学生进行小组学习和探究学习。

——本书第二篇“遥感影像处理”内容架构与《遥感技术与应用实验和实习教程》相对应，学习者可以直接参考辅助教材开展实验实习活动。

——数字资源方面：①学习者通过扫描本书二维码可获取教材重点、难点的“数字人”讲

---

* 《遥感技术与应用实验和实习教程》(汪金花等编著，ISBN 978-7-5030-4197-6)于 2019 年 7 月，由测绘出版社出版发行。

解、数据处理操作演示视频和文本数字资源等;②本书编委会建设的“遥感原理与应用”课程系列的数字资源已在“学银在线”数字平台上线,学习者可以自主进行学习;③“新华思政”上线了课程团队的思政教学视频、教学设计等资源,方便老师们进行交流学习。

本书编写工作由华北理工大学汪金花老师和李孟倩老师、北华航天学院张文豪老师和内蒙古科技大学金剑老师主持,汪金花老师担任主编。同时,来自多个大学和研究院所遥感方向的教师和研究人员组成编委会,共同完成了书稿整理、校正与编辑工作。

由于编者水平有限,书中错误和不足之处,敬请专家、读者指正。

作者

2025 年 5 月

第一版前言

遥感技术具有多点位、多波段、多时相、多高度的信息获取方式和增强、融合、变换等遥感数字图像处理的特征，能获取可见光之外的地物光谱特征信息，进一步拓宽人眼的观察范围，并能对同一目标进行多次的重复观测，提供客观现象特别是动态变化现象在时间维上的演化轨迹，是当前一种先进的信息采集方式，能全天候、全天时、多角度、宏观、动态地监测地表地物信息，并保证获取资料的客观性、可靠性和完整性，具有信息量大、成本低和反应快等优点。

本书是面向多种工程专业的一本遥感技术与应用教材，适用于多个以遥感技术作为专业基础课的工科类或其他类专业，如测绘工程、地理信息工程、采矿工程、资源勘查工程、环境工程、土地资源管理等专业。本书采用了“模块化”的编写思想，将整个教学内容分为“通用模块”和“方向模块”，意在整合遥感教学资源，使其与相关辅助教学资料配套，从而规范教学质量管理和教学过程管理。

本书共 15 章。前 9 章为“通用模块”：第 1 章绪论，第 2 章遥感平台及传感器，第 3 章遥感物理基础，第 4 章遥感影像数字基础，第 5 章遥感影像辐射校正，第 6 章遥感影像几何校正，第 7 章遥感影像增强与融合，第 8 章遥感影像目视解译，第 9 章遥感影像计算机分类。这 9 章构成遥感技术与应用的基础，各专业共用。后 6 章为“方向模块”：第 10 章遥感制图，第 11 章土地利用遥感，第 12 章矿山遥感，第 13 章地质遥感，第 14 章水体遥感，第 15 章植被遥感。这 6 章内容供测绘、地理信息、矿山工程、环境与安全、石油地质、地矿等相关专业教学选用。不同专业教学根据所修专业的特点，选修前 9 章及“方向模块”的其中 1 章，总计约 50 个教学学时。

本书编著工作由汪金花、张永彬组织，集体讨论，分工编写。其中，第 1 章、第 6 章、第 7 章、第 8 章、第 9 章、第 10 章、第 11 章、第 12 章、第 13 章、第 15 章由汪金花编写；第 2 章、第 3 章、第 4 章、第 5 章、第 14 章由宋利杰编写。各章编写完毕后，张永彬对书稿进行了统一校对。另外，研究生李玉萍、刘雨青、程素娜、白洋、王杰、张云英等负责全书录入、校正与编辑工作。

由于编者水平有限，书中错误和不足之处，敬请专家、读者指正。

视频资源列表

章节	知识点	理论视频	实操视频	章节	知识点	理论视频	实操视频
1.1	初识遥感			7.1	对比度增强		
1.1.2	遥感分类			7.2	彩色变换		
1.1.3	遥感特点			7.3	多光谱变换		
1.3	遥感技术应用			7.4	图像波段运算		
2.3	地物光谱曲线			7.5	空间卷积增强		
3.3	遥感卫星参数			7.7	图像融合变换		
4.1	遥感数据选取原则及数据来源			8.3.1	非监督分类		
5.2	辐射定标			8.4.1	监督分类		
5.3	大气校正			8.4.2	建立训练区		
6.2	几何精校正			8.5	分类后处理		
6.3	遥感影像镶嵌			9.1	面向对象分类		
6.3	遥感影像裁剪						

兑换码使用说明：

(1)微信扫描教材封底二维码进入课程资源页面。

(2)在页面下边栏点击“我的”，于用户界面点击用户头像，输入手机号，注册并登录个人账号。

(3)在用户界面点击“兑换码”，于页面对应窗口输入该码(刮开封底覆盖膜获取)，即可解锁本书全部多媒体资源。

注：兑换码仅限一个账号使用，解锁后资源可多次重复观看。

课件资源列表

章节	知识点	课件	章节	知识点	课件
1.1	初识遥感		7.1	对比度增强	
1.1.2	遥感分类		7.2	彩色变换	
1.1.3	遥感特点		7.3	多光谱变换	
1.3	遥感技术应用		7.4	图像波段运算	
2.3	地物光谱曲线		7.5	空间卷积增强	
3.3	遥感卫星参数		7.7	图像融合变换	
4.1	遥感数据选取原则及数据来源		8.3.1	非监督分类	
5.2	辐射定标		8.4.1	监督分类	
5.3	大气校正		8.4.2	建立训练区	
6.2	几何精校正		8.5	分类后处理	
6.3	遥感影像镶嵌		9.1	面向对象分类	
6.3	遥感影像裁剪				

目 录

第一篇 基础理论

第二篇 遥感影像处理

第三篇 专题应用

第一篇
基础理论

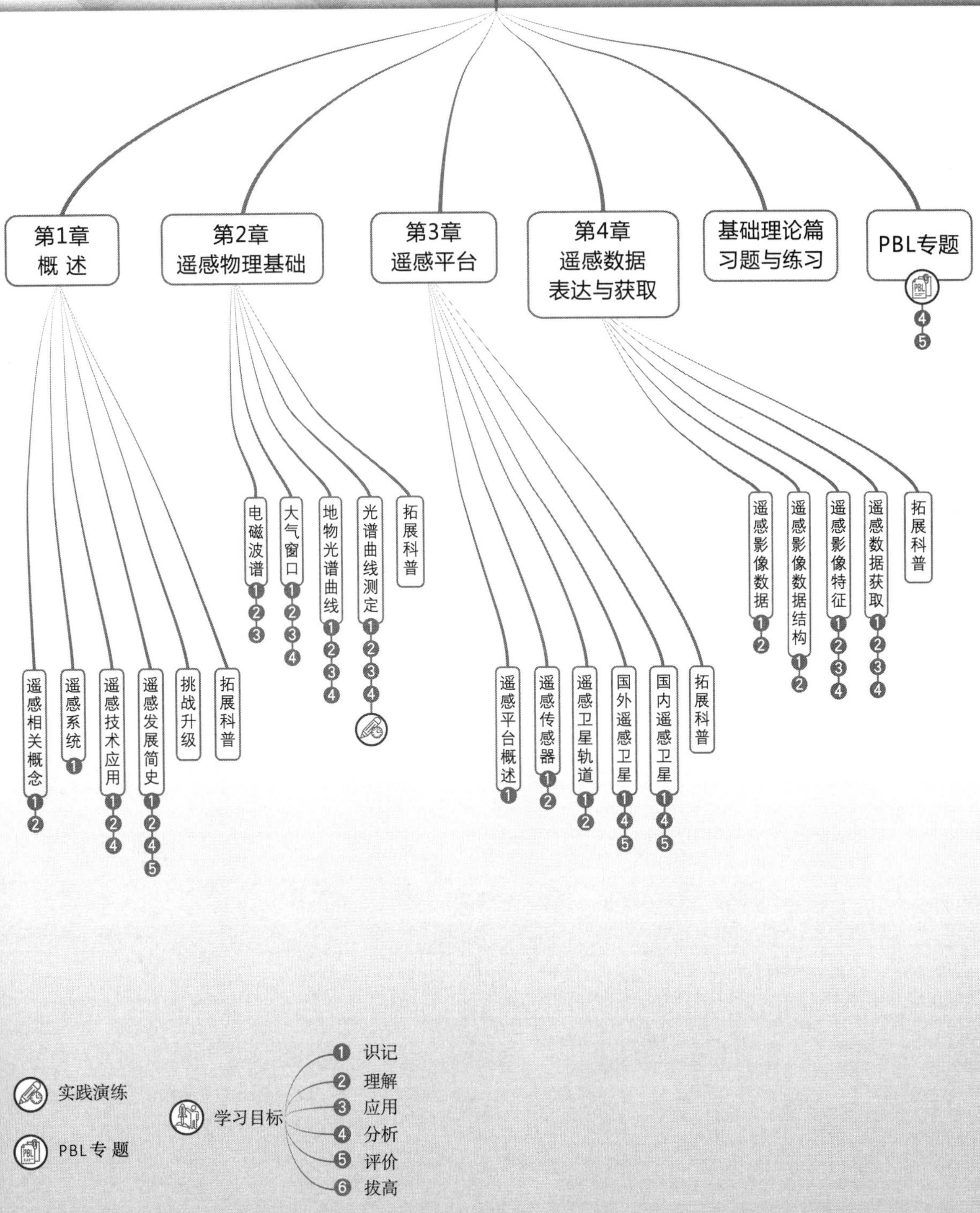
第1章 概 述
遥感相关概念 1 2
遥感系统 1
遥感技术应用 1 2 4
遥感发展简史 1 2 4 5
挑战升级
拓展科普
第2章 遥感物理基础
电磁波谱 1 2 3
大气窗口 1 2 3 4
地物光谱曲线 1 2 3 4
光谱曲线测定 1 2 3 4
拓展科普
第3章 遥感平台
遥感平台概述 1
遥感传感器 1 2
遥感卫星轨道 1 2
国外遥感卫星 1 4 5
国内遥感卫星 1 4 5
拓展科普
第4章 遥感数据表达与获取
遥感影像数据 1 2
遥感影像数据结构 1 2
遥感影像特征 1 2 3 4
遥感数据获取 1 2 3 4
拓展科普
基础理论篇习题与练习
PBL专题 4 5
实践演练
PBL专题
学习目标
1 识记
2 理解
3 应用
4 分析
5 评价
6 拔高

导 读

遥感能迅速及时地获取大量准确客观的地理信息，在获取信息的时效性上及信息的准确客观性上，是传统方法无法比拟的。遥感信息的准确客观性表现在其客观准确地记录地表地物的电磁波辐射（反射和发射）特征，客观实时地反映出地表景观的实况。遥感作为基于影像的空间信息科学，是地球空间信息学（geomatics）的核心。地球空间信息学是空间数据的采集、量测、分析、存储、管理、显示和应用的集成科学与技术，属于现代空间信息科学与技术的范畴。21 世纪初，人们曾把地球空间信息技术与纳米和生物技术一起列为发展快、潜力大的三大技术。

基础理论篇主要介绍遥感的含义，遥感的光学基础理论知识，遥感平台及传感器如何获取数据及遥感数据构成等基础知识。学生应该努力达到以下学习目标。

（1）能够描述遥感的概念，说明遥感系统基本组成部分和功能；能够叙述常见遥感应用内容；能够表述遥感获取地物的基本原理。

（2）能够根据需求设计光谱测量实验并进行数据分析；能够搜集文献资料，分析某一种遥感平台或某一卫星相关参数，以小组形式讨论不同平台间的参数差异；能够结合遥感实际应用分析遥感影像特征，且能够在数据处理过程中以合适的存储方式存储数据。

（3）能够陈述遥感技术的战略性地位；能够了解遥感技术在国家宏观监控与管理中的重要应用案例及意义，分析遥感发展的动态；能够分析与评价我国与其他国家遥感技术的差距，树立科学技术强国的责任担当意识。

第1章 概 述

最早使用“遥感”一词的是美国海军研究局的普鲁伊持(Pruitt)。1961年,在美国国家科学院(National Academy of Sciences)和国家研究理事会(Nation Research Council)的资助下,密歇根大学(University of Michigan)的威洛伦(Willow Run)实验室召开了环境遥感国际研讨会,从此在世界范围内,遥感作为一门新兴的独立学科获得了飞速发展。

1.1 遥感相关概念

1.1.1 遥感概念

遥感是20世纪60年代发展起来的对地观测综合性技术,通常有广义和狭义的理解。广义的遥感一词来自英语“remote sensing”,即遥远的感知,泛指各种非接触、远距离探测物体的技术,泛指一切无接触的远距离探测,包括对电磁场、力场、机械波(声波、地震波)等的探测。狭义的遥感指在远离目标和非接触目标物体条件下,探测目标地物,运用传感器(遥感器)对目标的电磁波特性进行探测并记录下来,通过进一步分析,揭示出目标物体的特征性质及其变化的综合探测性技术。图1.1为遥感原理示意图。

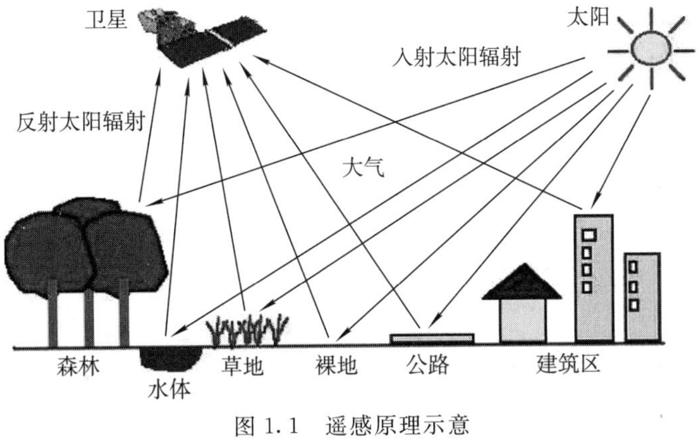

图1.1 遥感原理示意

综合起来,遥感技术是利用各类传感器,在不直接与地球表层观测目标或现象接触的情况下,接收来自各类目标或现象的电磁波信息,并进行提取、判定、加工处理、分析与应用,从而揭示目标或现象的结构性质及其变化的综合性空间探测技术。电磁波遥感是指从远距离、高空至外层空间的平台上,利用可见光、红外线、微波等探测仪器,通过摄影扫描、信息感应、传输和处理等,来识别地面物体的性质和运动状态的现代化技术系统。

阅读以下资料，参考童庆禧院士分析，讨论你对“遥感”的理解。

在《院士开课啦！》第九期节目中，中国科学院院士、中国科学院空天信息创新研究院研究员童庆禧介绍了遥感技术。“遥感就是我们采用现代科学技术的探测手段，不接触物体，来感知这个物体的性质，它的形状、大小、数量。”童庆禧院士强调，“不接触是其中很重要的一点。”

“我们的眼睛就相当于一个遥感器。在没有接触物体的情况下，我们靠光线判断物体是什么。”童庆禧院士介绍道，“任何物体都具有光谱特性，就是说，它们都具有不同的吸收、反射、辐射光谱的性能。”在同一光谱区，各种物体反映的情况不同，同一物体对不同光谱的照射也有明显差别。即使是同一物体，在不同的时间和地点，由于光线照射角度不同，物体反射和吸收的光谱也各不相同。遥感技术就是根据这些原理，对物体的情况作出判断。

从绑在鸽子、风筝上的照相机，到人造卫星带着遥感器飞出地球，借由这一双“天眼”，我们看得越来越广阔，越来越清楚。如今，遥感技术已经深入应用到我们的生产和生活当中，在很多领域中发挥着越来越重要的作用。天气预测、防灾减灾、耕地保护、海洋资源的保护与利用、智慧城市的建设等，都是遥感技术在实际生活中的应用领域。

1.1.2 遥感分类

按照遥感平台、探测波段、工作方式及应用领域的研究对象和范围不同，遥感划分为不同类别。

1. 遥感平台分类

根据遥感探测所采用的平台(或工具)可以分为地面遥感、航空遥感、航天遥感、航宇遥感。地面遥感是传感器设置在地面平台上，如车载、船载、手提、固定或活动高架平台等；航空遥感是传感器设置于航空器上，主要是飞机、气球等；航天遥感是传感器设置于环地球的航天器上，如人造地球卫星、航天飞机、空间站、火箭等；航宇遥感是传感器设置于星际飞船上，指对地月系统外的目标的探测。

2. 探测波段分类

按照探测波段不同可以将遥感划分成紫外遥感、可见光遥感、红外遥感、微波遥感、多波段遥感。其中，紫外遥感探测波段为 0.05～0.38 μm；可见光遥感探测波段为 0.38～0.76 μm；红外遥感探测波段为 0.76～1 000 μm；微波遥感探测波段为 1 mm～10 m；多波段遥感指探测波段在可见光波段和红外波段范围内，再将其分成若干窄波段来探测目标。

3. 工作方式分类

按照工作方式可以分为主动遥感和被动遥感。主动遥感指探测器主动发射一定电磁波能量并接收目标反射或散射信号，再将传感器接收的目标电磁辐射信号转换成数字或模拟图像；被动遥感指传感器不向目标发射电磁波，仅被动接收目标物的自身发射和对自然辐射源的反射能量，传感器接收的目标电磁辐射信号不能形成图像。

4. 应用领域分类

从大的研究领域可分为外层空间遥感、大气层遥感、陆地遥感、海洋遥感等，从具体应用领域可分为资源遥感、环境遥感、农业遥感、林业遥感、渔业遥感、地质遥感、气象遥感、水文遥感、城市遥感、工程遥感、灾害遥感及军事遥感等，还可以划分为更细的研究对象进行各种专题应用。

学而思

(1)人的双眼能够不接触周边物体进行观察，你认为这属于遥感范畴吗？
(2)疫情期间进出公共场合，需要红外测量体温，这是什么类型的遥感？
(3)小组同学讨论一下，列出几种不同的遥感，并确定其所属类型。

1.1.3　遥感特点

1. 大面积的同步观测

遥感探测能在较短的时间内，从空中乃至宇宙空间对大范围地区进行对地观测，并从中获取有价值的遥感数据。这些数据拓展了人类的视觉空间，如一张陆地卫星影像，其覆盖面积可达3万多平方千米，对地球资源和环境分析极为重要。当进行资源和环境调查时，这种大面积同步观测宏观景象的图像是最宝贵的，容易发现地球上一些重要目标物空间分布的宏观规律。例如，一帧美国的陆地卫星Landsat8影像，覆盖地面面积为185 km × 185 km，在5～6 min内即可扫描完成，实现对地的大面积同步观测；一帧地球同步气象卫星影像可覆盖1/3的地球表面，实现更宏观的同步观测。

2. 观测时效性与周期性

遥感探测，尤其是空间遥感探测，获取信息的速度快、周期短。可以在短时间内对同一地区进行重复探测，发现地球上许多事物的动态变化。例如，地球同步轨道卫星可以每半个小时对地观测一次(如FY-2气象卫星)，太阳同步轨道卫星(如NOAA气象卫星和FY-1气象卫星)可以每天2次对同一地区进行观测。这两种卫星可以探测地球表面及大气在一天或数小时内的短周期变化。地球资源卫星(如美国的Landsat、法国的SPOT和中国与巴西合作的CBERS)则分别以16天、26天或4～5天对同一地区重复观测一次，以获得一个重访周期内的某些事物的动态变化数据。

▼ 阅读下面素材，讨论遥感监测有效性、综合性，此外你还可以列出哪些类似素材？

遥感技术的应用让农业统计数据的获取途径发生重大变化，如使一个地区的粮食种植面积在卫星照片上一目了然。简单理解，遥感就是在卫星上安装一台功能强大的照相机，通过图像分析获取想要得到的数据。一旦发现上报面积与遥感得到的面积有出入，就可以去实地进行核实。

在卫星的“法眼”监测之下，虚报粮食种植面积的现象越来越难以遁形。当统计人员调查时，曾经存有侥幸心理的人会朝统计人员摆摆手：“你们甭来啦，我们不虚报了，知道天上有卫星看着呢。”在卫星俯视下，小面积的种植地块都能被监测到，在与地面调查互相验证后，统计数据的准确度可以达到95%以上。

3. 数据的综合性与可比性

遥感探测所获取的是同一时段、覆盖大范围地区的遥感数据，这些数据综合地展现地球上许多自然与人文现象，宏观地反映地球上各种事物的形态与分布，真实地体现地质、地貌、土壤、植被、水文、人工建(构)筑物等地物的特征，全面地揭示地理事物之间的关联性，并且这些数据在时间上具有相同的现势性。同时，遥感获取信息的手段多，信息量大。由于遥感的探测波段、成像方式、成像时间、数据记录等均可按要求设计，因此其获得的数据具有同一性或相似性。根据不同的任务，遥感技术可选用不同波段和遥感仪器来获取信息。例如，可采用可见光探测物体，也可采用紫外线、红外线和微波探测物体。利用不同波段对物体不同的穿透性，还可获取地物内部信息。因此遥感数据具有可比性。与传统地面调查和考察比较，遥感数据可以较大程度地排除人为干扰。

4. 经济性和局限性

遥感观测获取信息受客观条件限制少，并且不受地形阻隔等限制。在地球上有很多地方自然条件极为恶劣，人类难以到达，如沙漠、沼泽、高山峻岭等，这些区域均可以进行遥感监测。遥感具有很高的经济效益和社会效益。遥感平台越高，视角越宽广，可以同步探测到的地面范围就越大。

目前，遥感技术所利用的电磁波谱还很有限，仅为其中的几个波段范围，尚有许多波谱、波段的资源有待进一步开发。此外，已利用的电磁波谱段还不能准确反映许多地物的某些特征，还需要发展高光谱分辨率遥感，以及使用遥感以外的其他手段相配合，特别是地面调查和验证尚不可缺少。

1.2 遥感系统

1.2.1 遥感系统概述

遥感系统是一个综合性的系统，它涉及航空、航天、光电、物理、计算机和信息科学及诸多的应用领域，它的发展与这些学科紧密相关。遥感系统包括信息的获取、信息的记录与传输、信息的处理和信息的应用4大部分，具体组成如图1.2所示。

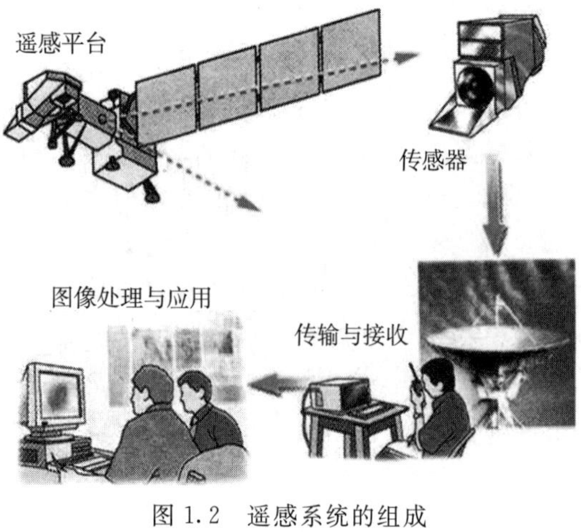

图1.2 遥感系统的组成

(1)信息的获取。遥感信息获取是遥感系统的中心工作，主要是通过遥感平台上的传感器来实现地物光谱信息的获取。不同物体，其反射、吸收或辐射电磁波的规律是不同的，这种特性称为物体波谱特征。如果事先掌握了各种物体的波谱特征，只要将传感器测到的波谱信息与标准信息进行比对，就可以识别相应物体类别。接收、记录目标物电磁波特征的仪器，称为传感器(遥感器)，如扫描仪、雷达、摄影机、摄像机、辐射计等。装载传感器的平台称遥感平台，主要有地面平台(如遥感车、手提平台、地面观测台等)、空中平台(如飞机、气球、其他航空器等)、空间平台(如火箭、人造卫星、宇宙飞船、空间实验室、航天飞机等)。

(2)信息的记录与传输。以卫星遥感为例,传感器接收到目标地物的电磁波信息,记录在数字磁介质上,并通过卫星上的微波天线传输给地面的卫星接收站。地面系统根据卫星轨道预报的参数和数据接收计划,设定天线控制跟踪指令,接收系统按照预设的时间启动,捕捉遥感卫星数据下传的信号,完成遥感数据的接收和获取。

学而思

(1)在信息数据共享的现在,你知道数据传输主要有哪些形式吗?如何保证数据安全、快捷有效的传输?

(2)两个同学打开手机的"对传"功能操作,讨论实现实时传输应该具备哪几个基本条件,这与地面接收遥感数据过程有哪些相同点和不同之处?

(3)信息的处理。信息处理是指运用光学仪器和计算机设备对所获取的遥感信息进行校正、分析和解译处理的技术过程。地面站接收到遥感卫星发送来的数字信息后需要做一系列的处理,如信息恢复、辐射校正、卫星姿态校正、投影变换等。地面站或用户还可根据需要进行精校正处理、增强处理和专题信息处理分类等,从遥感信息中识别并提取所需的有用信息。

(4)信息的应用。遥感获取信息的目的是应用。信息应用是指专业人员按不同的目的将遥感信息应用于各业务领域的使用过程,是将遥感信息作为地理信息系统的数据源,供人们对其进行查询、统计和分析利用。遥感的应用领域十分广泛,最主要的应用有军事、地质矿产勘探、自然资源调查、地图测绘、环境监测,以及城市建设和管理等。

1.2.2　遥感地面系统

在遥感系统中,遥感地面系统是用户获取数据的前端,需要完成数据接收预处理、卫星精密定轨、卫星运控通信、资料处理与分发、辐射校正与真实性检验等任务。

(1)接收预处理。卫星接收预处理分系统由地面接收和卫星数据预处理子系统构成。各地面站承担卫星下传实时和延时原始数据,以及遥感原始数据的接收。预处理子系统负责将各地面站接收到的各卫星数据,经过辐射定标和地理定位等预处理,生产为0级和1级产品。

(2)资料处理分发。资料处理分系统对卫星下传的数据进行处理,在0级、1级产品基础上,利用各卫星传感器载荷的反演算法制作2级、3级产品,将各级卫星产品进行存档与分发。系统通过网络系统向用户提供信息查询、订单处理和数据下载等分发服务。

(3)辐射校正与真实性检验。辐射校正与真实性检验是指在遥感卫星辐射校正场进行卫星传感器的在轨外定标后,利用其他自然目标和多种辐射校正技术实现传感器的长时间序列的跟踪定标,及时更新定标系数;建立检验区域的特征值,与卫星遥感数据做分析比较,达到数据检验目的。

1.3　遥感技术应用

当前,遥感形成了一个从地面到空中,乃至空间,从信息数据收集、处理到判读分析和应用,对全球进行探测和监测的多层次、多视角、多领域的观测体系,成为获取地球资源与环境信息的重要手段。遥感技术能动态反映地面事物的变化,周期性、重复地对同一地区进行对地观测,发现并动态地跟踪地球上许多事物的变化。遥感技术已广泛应用于农业、林业、地质、海洋、气象、水文、地理、测绘、海洋研究、军事侦察及环境监测等领域。

1.3.1 气象遥感

(1)日常天气监测。利用遥感技术可以对温度、湿度、降水气候变化因子进行有效监测,准确预报瞬时短期气象异常变化的时间和地点;也可以对大范围区域进行气象的异常监测。卫星传感器可探测区域大气气溶胶情况、雾霾等发生情况和变化趋势。

(2)台风的监测和预报。遥感卫星云图能够清晰地看见台风的存在和大小,可以确定台风中心的位置,估计台风强度,监测台风移动方向和速度,以及狂风暴雨出现的地区等。遥感技术可以科学分析台风的动向,登陆的地点和时间,及时发布台风预报,台风警报或紧急警报,对防止和减轻台风灾害起着关键作用。

(3)异常气候分析。热红外遥感记录地物的热红外辐射信息,识别地物和反演地表温度、发射率、湿度、热惯量、季节和年际气候时间等参数,科学准确反演出大气、陆地和海洋状态的各种物理和生态参量,有助于客观分析全球气候变化、厄尔尼诺现象及影响、全球沙漠化、植被绿波推移、海洋冰山漂流等的动态变化现象。

学而思

(1)搜集卫星云图照片,讨论每天天气预报与卫星遥感技术之间关系,以及这种关系是如何实现的。

(2)2022 年天气异常,高温、暴雨频发,是否与人类活动有直接关系?搜集资料,讨论如何应用遥感技术进行气候变化分析。

1.3.2 资源遥感

资源遥感是指应用遥感技术对资源进行的勘查、测算及动态监测。可以通过遥感技术了解和调查地球资源的分布、质量和规模,以及其赋存的条件和形成的原因,并研究和探讨资源开发和利用的合理布局,进而提出和制定规划,以及进行科学管理和保护。对可更新资源,如地表资源(土地资源、植物资源、地表水资源等)和地上资源(气候资源等)的调查、制图与动态监测,对不可更新资源(主要是矿产资源)的勘探、直接或间接测算,以及其空间分布范围的确定,都是资源遥感的重要内容。矿产资源、土地资源、森林草场资源、野生动物资源、水资源的调查和农作物的估产都可应用遥感手段。

资源遥感的主要步骤为以下六点。

(1)分析资源的形成条件、赋存环境、分布状态。

(2)根据有利于资源调查的最佳时间及波段,选择遥感平台、传感器和遥感影像数据。

(3)按资源分布特点、类型差异、赋存状态,确定影像分析、判读的方法。

(4)设计遥感影像处理的技术方案。

(5)设计与实施地面实况调查与验证的方案。

(6)资源遥感信息特征的概括、分析模型的研究与优化。

1.3.3 灾害遥感

在灾情监测，如水灾、火灾、震灾、滑坡和泥石流，以及沙尘暴等预测、预报与灾害评估等方面，遥感技术都发挥了巨大的作用。

(1)灾情监测。遥感技术在灾害的监测中，可以利用不同分辨率遥感卫星的数据，制作重点监测区域遥感影像图，用图像清楚显示受灾范围、受灾对象情况。气象卫星对监测区域内的温度、风力、降水量的气象变化进行实时监测，陆地资源卫星可以对地表地物相关信息进行全面监测。遥感技术对这些因素进行有效采集，通过图像形态、色调等对相关变化情况进行灾害监测。

(2)灾害评估。利用遥感技术为灾害治理提供更加丰富的数据，提高治理的有效性。遥感技术可以对灾害进行多层次的监测和详细评估，进行定性与定量的分析和调查，并给出相应的灾情图像、详细的评估报告和灾情损失的分区分类数据表格，为灾后重建提供依据，可以为灾害治理提供科学的、操作性较强的治理方案。

学而思

(1)卫星遥感技术可以在防震、抗震和震后救灾减灾工作中进行应用，如地震活动断层及地震破裂带调查、房屋破坏调查、生命线工程破坏调查。

(2)选取一个地震案例，讨论如何利用遥感手段完成房屋破坏调查、生命线工程破坏调查。

1.3.4 环境遥感

环境遥感是通过摄影、扫描多种方式方法获得环境污染的遥感影像，利用多时相、不同周期的遥感数据，进行环境监测、评价和预报的工作。其中，摄影获得的环境污染影像轮廓清晰，能鉴别出各种农作物和其他植物受污染后的长势优劣。扫描观测影像在监测河流、湖泊、水库、海洋的水体污染和热污染方面有较好效果。红外扫描图像能发现污水排入水体后的影响范围和扩散特征。目前环境遥感主要应用于大气环境质量、水体环境质量和植被生态监测等方面。

(1)大气环境遥感。大气环境卫星可在瞬间获取区域地表的大气信息，分析大气环境中气溶胶、臭氧、城市热岛、沙尘暴和酸沉降等情况，也可以调查或者监测局部区域的大气污染情况，如利用陆地卫星图像可以清楚地看到工厂的黑烟尘，用于分析工厂的烟尘污染。

(2)陆地环境遥感。陆地卫星上也可反映出大面积水质差异的变化。因为水的温度、密度、颜色、透明度等的变化往往导致水体反射光能量的变化，所以卫星遥感能监测到河流排泄的泥沙混浊流和海上、工厂排出的废水污染流，也能监测陆地水环境受污染后，水体中富营养化的某些藻类繁殖生长，间接反映水体污染程度。同时，通过卫星影像可以发现工业废水、废渣形成的地面污染，还能看到地面污染的大致轮廓，利用航空遥感影像能测出污染的面积，判明污染的特征。

(3)海洋环境遥感。海洋卫星能够观测到海洋特征，如海洋表面水温、海流移动、海水分布、波浪、沿海岸泥沙混浊流，以及赤潮、海面油污染等。同时，海洋遥感所得图像还能识别出浮游生物富集区位置、赤潮、各种自然和人为原因造成的混浊流、倾倒的垃圾污物、河口地区及沿海地带的环境特征、海上油污等。

(4)植被生态遥感。植被生态是反映区域生态环境的最好标志之一,因此植被生态调查成为遥感的重要应用领域。植被生态遥感可以通过遥感影像有效地确定植被的分布、类型、长势等信息,并对植被的生物量做出估算,因而它可以为环境监测、生物多样性保护,以及农业、林业等有关部门提供信息服务。

学而思

(1)卫星遥感技术可以应用于军事侦察、导弹预警、海洋监视、武器制导、军事测绘等方面。查阅资料,讨论遥感技术如何用于导弹预警。

(2)查阅矿山遥感、地质遥感的相关资料,讨论如何利用遥感手段进行矿山资源调查和环境监测。

1.4 遥感发展简史

1.4.1 遥感技术发展

1609 年伽利略制作了科学望远镜,为观测远距离目标开辟了先河。1839 年,达盖尔(Daguarre)第一次成功地将拍摄到的事物形象地记录在胶片上。1858 年世界上第一张航空像片诞生。1909 年,莱特(Wright)在意大利的森托塞尔上空用飞机进行了空中摄影。1913 年,利比亚班加西油田测量应用航空摄影,这标志着人类开始利用航空摄影进行地图测绘。

1957 年 10 月 4 日,苏联成功发射世界上第一颗人造地球卫星,标志着人类从空间观测地球和探索宇宙奥秘进入新的纪元。1960 年美国发射 TIROS-1 和 NOAA-1 太阳同步气象卫星。从此,航天遥感取得了重大进展。同时传感器技术也实现了长足发展,出现了多光谱扫描仪、热红外传感器和雷达成像仪等,使得获取信息所利用的电磁波谱的波长范围大大扩展,显示信息的能力增强。计算机技术的发展和应用,使海量卫星图像数据的处理、存储和检索快速而有效,尤其在图像的压缩、变换、复原、增强和信息提取方面,更显示了它的优越性。

美国 1972 年 7 月 23 日发射了第一颗地球资源卫星(ERTS-1),后改称陆地卫星(Landsat),星上载有多光谱扫描仪(multi-spectrum scanner,MSS)和返束光导管摄像仪(return-beam vidicon,RBV)两种传感器系统,空间分辨率为 80 m,是一颗遥感专用卫星,多年发送下来的大量地表图像经各国科学家分析和应用,得到了大量成果,可称为遥感技术发展的一个里程碑。从此,遥感技术发展进入快车道。1986 年法国发射 SPOT-1 卫星,装有高分辨率可见光传感器(high resolution visible,HRV),获得的全色影像分辨率提升至 10 m。1999 年美国发射 IKONOS 卫星,空间分辨率为 1 m。2001 年发射的快鸟(Quick Bird)卫星达到 0.61 m。2014 年 WorldView-3 卫星可以采集分辨率为 0.31 m 的影像。

目前,遥感发展趋势是形成地面、航空、航天多层次的遥感,建立地球环境卫星观测网络。在空间轨道卫星中,有地球同步卫星、太阳同步卫星,还有一些低轨和高轨卫星;有综合目标的较大型卫星,也有专题目标明确的小卫星群。不同高度、不同用途的卫星构成了对地球和宇宙空间多度角、多周期的观测。到 20 世纪已有 5 000 余颗人造卫星升空。

传感器探测的波段范围不断延伸，从单一波段向多波段发展，向电磁波谱全波段覆盖发展。成像光谱技术的出现将感测波段从数百个推向上千个。目前已在运行的 MODIS 成像光谱仪有 36 个波段，而未来成像光谱仪的波段个数将达到 384 个，每个波段的波长区间将不低于 5 nm。

随着数字成像技术和计算机图像处理技术的迅速发展，大容量、高速度的计算机与功能强大的专业图像处理软件的结合成为主流，从而实现遥感分析解译的定量化与精确化。其中，主要有 PCI、ERDAS、ENVI、ER-MAPPER 和 IDRISI 等商品化软件。这些软件本身也在不断完善以适应遥感技术的发展，如可以读取多种数据格式，设置专门模块处理雷达图像，具有三维显示、贯穿飞行等功能，并与多种地理信息系统软件和数据库兼容。

1.4.2 中国遥感发展

中国遥感事业大致经历了 3 个发展阶段：第一阶段为 20 世纪 70 年代至 80 年代初期，中国遥感事业起步发展，主要以学术探讨、调研学习、技术模仿为主；第二阶段为 20 世纪 80 年代至 90 年代末的试验应用阶段，主要以进行遥感基础研究，建设卫星接收系统，配套航空遥感系统，开展“三北”防护林综合遥感调查等试验应用为主；第三阶段是从 21 世纪开始的实用化与产业化阶段，在遥感技术系统、实用化应用系统、地理信息系统软件开发与产业化、人才培养和国际合作等方面取得一系列新的成就。

从数据角度来说，随着我国新的卫星和传感器不断发射，它们将持续提供新的遥感数据源。我国国产高分系列卫星实现组网，高分一号至高分七号形成了空间全覆盖、全天候、全天时的高分辨率对地观测系统。吉林一号系列、高景系列、珠海一号等卫星数据也不断助力。

从算法角度来说，新传感器、新数据正在引发新一轮的模型和算法革新，而深度学习的迅速崛起更为遥感影像的解译与反演开辟了新的思路，多传感器组合和模型算法的不断完善使得定量遥感的应用能力得到进一步提升。

从算力角度来说，遥感云计算服务平台为数十年的长时间序列海量遥感影像数据快速处理提供了十分强大的运算能力，极大地缩短了大规模遥感影像的处理时间，使普通用户在短时间内完成数十年遥感影像的处理成为现实。

随着测绘遥感智能化与自动化的实现，对地观测逐渐走入天空地一体化的新时代，卫星星座、编队飞行、组合观测向智能化方向发展，高轨凝视监测成为技术焦点。高空间分辨率、高光谱分辨率、高辐射分辨率和高时间分辨率成为遥感系统发展的主要方向。当前，人类已进入万物互联的时代，各类时空数据具有“5V”特点，即体量大、速度快、模态多样、真伪难辨，但是价值巨大。对测绘遥感也提出了实时、众源、泛在的挑战。测绘遥感专业必须有更大的原始和集成创新，将位置、导航、遥感信息综合智能服务覆盖到互联网与物联网终端。

挑战升级

(1)小组选取美国、中国、日本、印度等国家的遥感发展历程中的关键性事件，如“发射××卫星”“建设××遥感系统”“研发××遥感软件”等，并绘制一个主题的思维导图。

(2)讨论未来遥感发展的可能关键技术是什么，与哪些学科和应用领域之间结合较多。可以结合某个案例深入分析。

第 2 章　遥感物理基础

遥感的基础是波谱学。早在 20 世纪初，波谱学就被用于识别分子和原子的结构。由于物质是由分子、原子构成的，组成物质的分子、原子的种类及其排列方式决定了该物质区别于其他物质的本质特征。当电磁波入射物质表面时，物质内部的电子跃迁，原子、分子的振动、转动，等作用使物质在特定的波长形成特有的吸收和反射特征。遥感之所以能够根据收集到的电磁波信息来判断地物目标和自然现象，是因为一切物体，由于其种类、特征和环境条件的不同，具有完全不同的电磁波反射、发射辐射特征。那么如何利用地物反射或发射电磁波来识别地物类型及附属特征呢？这是本章要介绍的内容。

2.1　电磁波谱

根据麦克斯韦电磁场理论，电磁波由变化的电场和磁场交替产生，并以有限速度由近及远在空间内传播。波的传播过程也就是电磁能量的传播过程。γ 射线、X 射线、紫外线、可见光、红外线、微波、无线电波等都属于电磁波。如果按照电磁波在真空中传播的波长递增顺序排列，就能得到电磁波谱图，如图 2.1 所示。

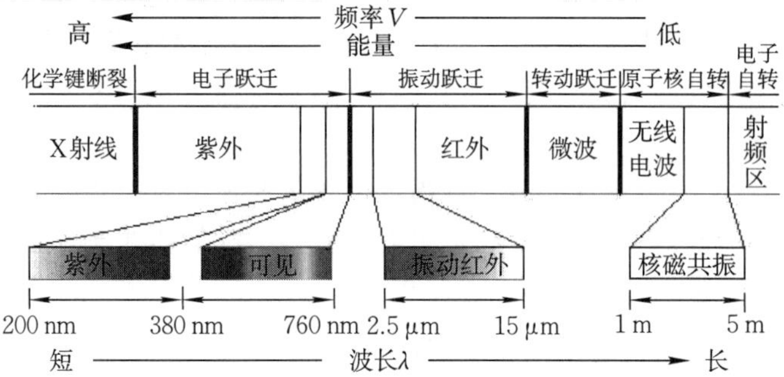

图 2.1　电磁波谱

电磁波是电磁场的传播，电磁波谱区段的界限是渐变的，根据产生和测量电磁波的方法，电磁波可按区段划分，如表 2.1 所示。由表 2.1 可知，波长范围非常宽，从波长最短的 γ 射线到最长的无线电波，它们的波长之比可达 10^{22} 倍以上。

表 2.1　电磁波谱

区间	波谱范围	波段	波长
射线	小于 0.38 μm	γ 射线	小于 10^{-6} μm
		X 射线	10^{-6} ～10^{-3} μm
		紫外线	10^{-3} ～0.38 μm
可见光	0.38 ～0.76 μm	紫	0.38 ～0.43 μm
		蓝	0.43 ～0.47 μm

续表

区间	波谱范围	波段	波长
可见光	0.38～0.76 μm	青	0.47～0.50 μm
		绿	0.50～0.56 μm
		黄	0.56～0.59 μm
		橙	0.59～0.62 μm
		红	0.62～0.76 μm
红外	0.76～1 000 μm	近红外	0.76～3 μm
		中红外	3～6 μm
		远红外	6～15 μm
		超远红外	15～1 000 μm
电波	大于 1 mm	微波	1 mm～1 m
		超短波	1～10 m
		中波和短波	10～3 000 m
		长波	大于 3 000 m

电磁波遥感是利用电磁波获取物体信息的，经常采用的电磁波波段可以从紫外一直到微波波段。在实际的遥感工作中根据不同的目的选择不同的波段。

学而思

(1)根据电磁波基本理论，量子能量与波长成反比。波长越长，能量值越小，是不是意味着探测热红外波段辐射比探测可见光波段辐射更困难?

(2)电磁波有偏振特点，目前哪些遥感技术利用了电磁波偏振特性? 蝙蝠可以发射超强声波并接收这些声波反射信号进行遥感，由此还可想到自然界哪些现象?

2.2 大气窗口

2.2.1 太阳辐射

地球上的能源主要来源于太阳，太阳是被动遥感最主要的辐射源。传感器从空中或空间接收地物反射的电磁波主要来自太阳辐射。太阳辐射包括了整个电磁波波谱范围。图 2.2 中给出了黑体在 6 000 K 时的辐射照度曲线、大气层外接收到的太阳辐射照度曲线及太阳辐射穿过大气层后在海平面接收的太阳辐射照度曲线。

从图 2.2 可以看出，太阳辐射的光谱是连续的，太阳辐射在 X 射线、γ 射线、远紫外线及微波段，能量小但变化大。从近紫外到中红外这一波段区间能量最集中而且相对稳定。各波长范围内辐射能量大小不同，太阳能量约 99%集中在 0.2～4 μm 间，可见光部分集中了约 38%的太阳能量。就遥感而言，被动遥感主要利用可见光、红外区间等稳定辐射，利用微波时多采用主动微波遥感。

图 2.2 所示的地面接收的太阳辐射照度曲线与大气层外的太阳辐射照度曲线有很大不同，其差异主要是地球大气引起的。大气中的水、氧气、臭氧、二氧化碳等分子对太阳辐射的吸收作用，再加之大气散射，使太阳辐射产生很大衰减。

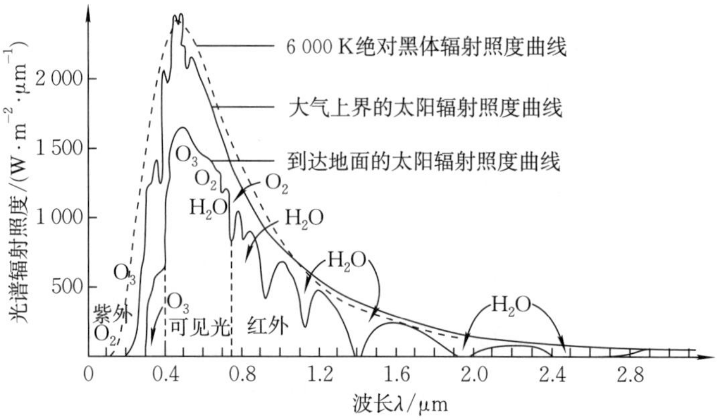

图 2.2 太阳辐射照度分布曲线

2.2.2 大气作用与大气窗口

太阳辐射经过大气传输后,大气各种成分对太阳辐射的吸收、散射及反射作用是不一样的。在可见光波段,引起电磁波衰减的主要原因是分子散射。在紫外、红外与微波区,引起电磁波衰减的主要原因是大气吸收。另外,电磁波在传播过程中遇到小微粒而使传播方向发生改变,并向各个方向散开,称散射。散射会造成太阳辐射的衰减。在可见光波段范围内,大气吸收的影响很小,主要是由散射引起的衰减。尽管强度不大,太阳辐射到地面又反射到传感器的过程中,二次通过大气,会引起遥感影像质量的下降。另外,电磁波与大气的相互作用还包括大气反射。由于大气中有云层,当电磁波到达云层时,就像到达其他物体界面一样,不可避免地要产生反射现象,这种反射同样满足反射定律。而且各波段受到不同程度的影响,削弱了电磁波到达地面的程度,因此应尽量选择无云的天气接收遥感信号。

太阳辐射在到达地面之前穿过大气层,在大气反射、吸收和散射的共同影响下,辐射强度衰减。不同波段的电磁波通过大气后衰减的程度是不一样的:大气中有些电磁波的透射率很低,甚至完全无法透射电磁波,称为“大气屏障”;反之有些波段的电磁辐射通过大气后衰减较小,透射率较高,对遥感十分有利,这些波段通常称为“大气窗口”。进行遥感时,研究和选择最佳大气窗口,最大限度地接收有用信息是实现精准遥感的关键。

由图 2.3 可知,可以用作遥感的大气窗口大体包括如下 5 个。

(1)0.3～1.158 μm 大气窗口,包括全部可见光波段、部分紫外波段和部分近红外波段,是遥感技术应用最主要的窗口之一。其中,0.3～0.4 μm 近紫外窗口,透射率约为 70%;0.4～0.7 μm 可见光窗口,透射率约为 95%;0.7～1.10 μm 近红外窗口,透射率约为 80%。该窗口的光谱主要反映地物对太阳光的反射,通过采用摄影或扫描的方式在白天感测、收集目标信息成像。此窗口通常称作短波区。

(2)1.30～2.50 μm 大气窗口,属于近红外波段。该窗口习惯上分为 1.40～1.90 μm 及 2.00～2.50 μm 两个窗口,透射率在 60%～95%。其中,1.55～1.75 μm 透射率较高,白天夜间都可应用,并以扫描的成像方式感测、收集目标信息,主要应用于地质遥感。

(3)3.5～5.0 μm 大气窗口,属于中红外波段。透视率约为 60%～70%。包含地物反射及发射光谱,用来探测高温目标,如森林火灾、火山、核爆炸等。

(4)8～14 μm 热红外窗口,透射率为 80%左右,属于地物的发射波谱。常温下地物光谱辐射出射度最大值对应的波长是 9.7 μm，所以此窗口是常温下地物热辐射能量最集中的波段，所探测的信息主要反映地物的反射率及温度。

(5)1 mm～1 m 微波窗口，分为毫米波、厘米波、分米波。其中，1.0～1.8 mm 窗口，透射率约为 35%～40%；2～5 mm 窗口，透射率约为 50%～70%；8～1 000 mm 微波窗口，透射率为 100%。微波的特点是能穿透云层、植被及一定厚度的冰和土壤，具有全天候的工作能力，因而越来越受到重视。遥感中常采用被动式遥感（微波辐射能量）和主动式遥感，前者主要是测量地物热辐射，后者是用雷达发射一系列脉冲，然后记录分析地物的回波信号。

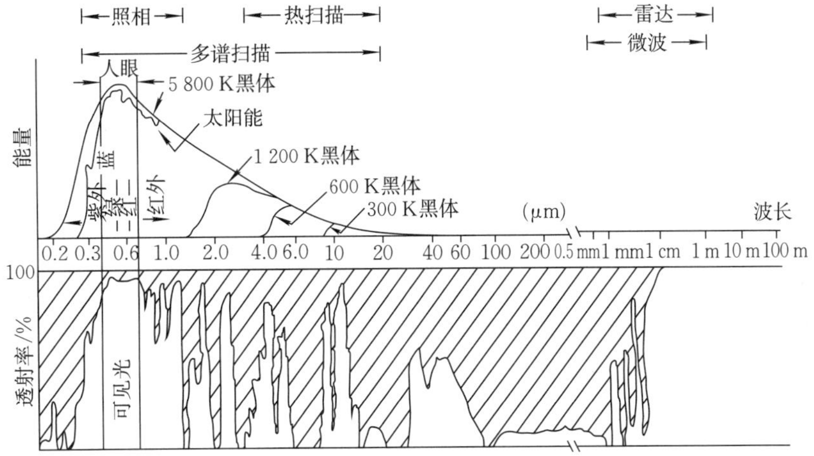

图 2.3　大气窗口

2.3　地物光谱曲线

2.3.1　光谱反射率

遥感之所以能够根据收集到的电磁波来判断地物目标和自然现象，是因为一切物体，由于其种类、特征和环境条件的不同，而具有完全不同的电磁波的反射或发射辐射特征。光谱反射率 ρ_λ 是物体的反射辐射通量 e_{ρ_λ} 与入射辐射通量 E_λ 之比，即

$$\rho_\lambda = \frac{e_{\rho_\lambda}}{E_\lambda} \tag{2.1}$$

式中，反射率 ρ_λ 是物体为理想漫反射体的情况下，整个电磁波长的反射率。

反射率的变化受到诸多因素的影响，如太阳位置、传感器位置、地理位置、地形、季节、气候变化、地面湿度变化、地物本身的变异、大气状况等。

太阳位置主要是指太阳高度角和方位角。如果太阳高度角和方位角不同，那么地面物体入射照度也会发生变化，同一个地物表现的反射率也不同。为了减小这两个因素对反射率变化的影响，遥感卫星轨道大多设计在同一地方时间通过当地上空，但季节的变化和当地经纬度的变化，造成太阳高度角和方位角的变化是不可避免的。

传感器位置是指传感器的观测角和方位角。一般空间遥感用的传感器大部分设计成垂直指向地面，这样传感器位置的影响较小，但卫星姿态引起的传感器指向偏离垂直方向，仍会造成反射率变化。

地物本身的变异。例如,植物的病害将使反射率发生较大变化。土壤的含水量也直接影响着土壤的反射率,含水量越高红外波段的吸收越严重,而水中的含沙量增加将使水的反射率提高。

气候、季节的变化。随着气候、季节的变化,同一种地物的光谱反射率也发生变化。例如,新雪和陈雪、不同月份的树叶等。即使在很短的时间内,各种随机因素的影响(包括外界的随机因素和仪器的响应偏差)也会引起反射率的变化。这种随机因素的影响还表现在同一幅影像中,但是这种因素的影响引起的光谱反射率变化较小。

不同的地理位置、太阳高度角和方位角、地理景观等都会引起反射率变化。此外,海拔高度不同、大气透明度改变也会造成反射率的变化。

2.3.2 地物反射光谱

地物光谱特性是指各种地物各自所具有的电磁波特性(发射辐射或反射辐射)。物体的反射光谱限于紫外、可见光和近红外波段。地物反射光谱是某物体的反射率(或反射辐射能)随波长变化的规律,以波长为横坐标,反射率为纵坐标,所得的曲线即为该物体的反射光谱特性曲线。

1. 不同地物的反射光谱特性

不同地物在不同波段有着不同的反射率,所以不同地物会具有不同反射光谱特性曲线,这可以作为遥感影像判读和分类的物理基础。图 2.4 为 4 种地物的反射光谱特性曲线。从图中曲线可以看出:雪的反射光谱与太阳光谱最相似,在蓝光 0.49 μm 附近有个波峰,随着波长增加反射率逐渐降低;沙漠的反射率在橙光 0.6 μm 附近有峰值,但在长波范围里比雪的反射率要高;湿地的反射率较低,色调发暗灰;小麦的反射光谱与太阳的光谱有很大差别,在绿光处有个反射波峰,在红外部分 0.7～0.9 μm 附近有一个强峰值。

还有,即使同属于一大类,如绿色植物,如果其结构和组成成分不同,它们的反射光谱特性也是不同的。例如,图 2.5 的柑橘、番茄、玉米、棉花 4 种植物的反射光谱特性曲线,在 0.6～0.7 μm 很相似,而其他波长(如 0.25～0.75 μm 波段)的反射光谱特性曲线形状则不同。同一大类地物,各种物体的反射光谱特性曲线的形状也是不一样的,即便是在某波段相似,甚至一样,但在另外的波段还是有很大的区别的。

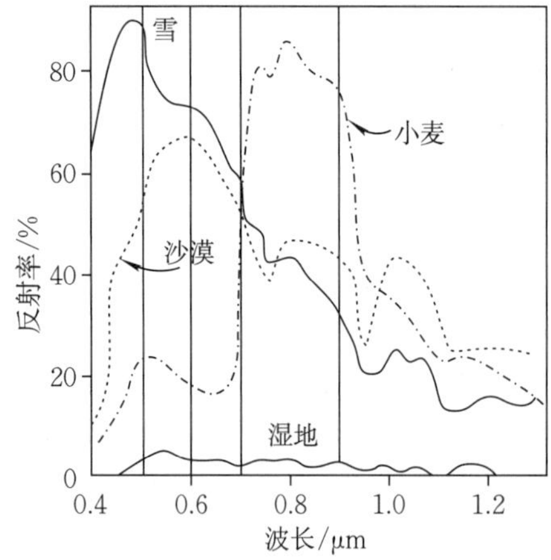

图 2.4 4 种地物的反射光谱特性曲线

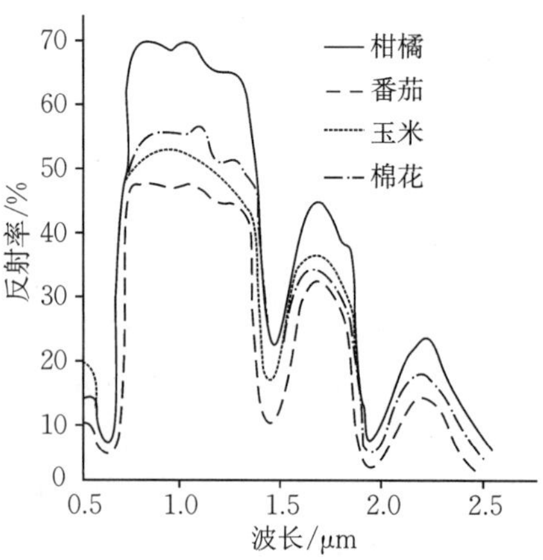

图 2.5 4 种植物的反射光谱特性曲线

2. 同一地物的反射光谱特性

地物的光谱特性一般随时间季节变化,称为时间效应;处在不同地理区域的同种地物具有不同的光谱，称为空间效应。图 2.6 为同一春小麦在花期、灌浆期、乳熟期、黄叶期的光谱测试所得的结果。从图 2.6 中可以看出，花期的春小麦反射率明显高于灌浆期和乳熟期。至于黄叶期，由于不具备绿色植物特征，其反射光谱近似于一条斜线。这是因为黄叶的水含量降低，导致 1.45 μm、1.95 μm、2.7 μm 附近的 3 个水吸收带的影响减弱。当叶片有病虫害时，也有与黄叶期类似的反射率，图 2.7 是病害条件下植被的反射光谱特性曲线。

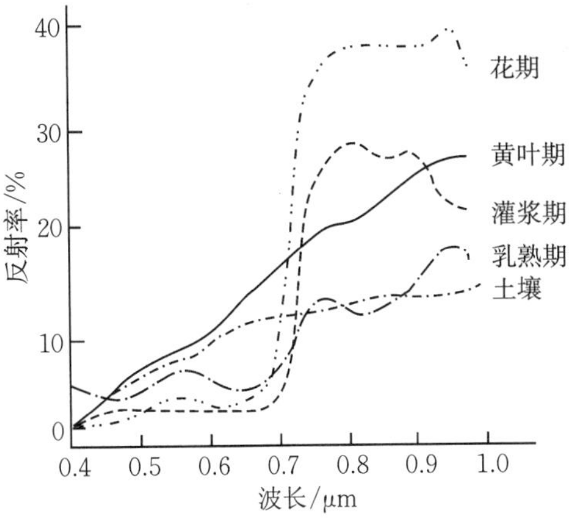

图 2.6　春小麦在不同生长阶段的反射光谱特性曲线

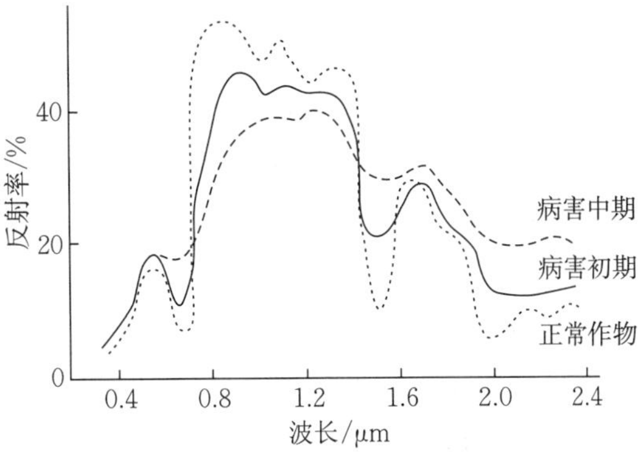

图 2.7　病害条件下植被的反射光谱特性曲线

2.3.3　典型地物反射光谱特性曲线

1. 城市建筑物的反射光谱特性

在城市遥感影像中，通常只能看到建筑物的顶部或部分建筑物的侧面，所以掌握建筑材料所构成的屋顶的光谱特性是研究的主要内容之一。从图 2.8 中可以看出：铁皮屋顶表面呈灰色，反射率较低而且起伏小，所以曲线较平坦；石棉瓦顶反射率最高；沥青砂屋顶，由于其表面铺着反射率较高的砂石，因此其反射率高于灰色的水泥平顶；绿色塑料棚顶的光谱曲线在绿波段处有一反射峰值，与植被相似，但它在近红外波段处没有反射峰值，有别于植被的反射光谱。

2. 城市道路的反射光谱特性

城市中道路的主要铺面材料为水泥砂和沥青两大类，少量部分有褐色土地，它们的反射光谱特性曲线(图 2.9)形状大体相似，水泥砂路在干燥状态下呈灰白色，反射率最高，沥青路反射率最低。

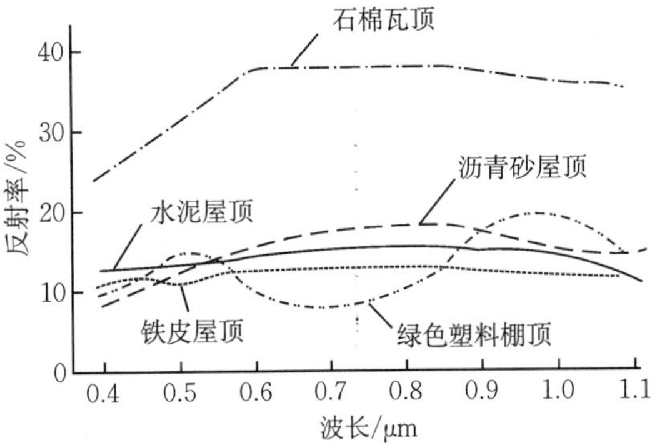

图 2.8　各种建筑物屋顶的反射光谱特性曲线

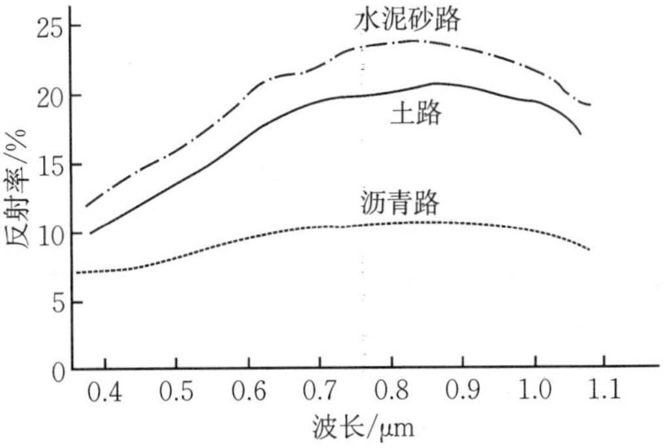

图 2.9　各种道路的反射光谱特性曲线

3. 水体的反射光谱特性

水体的反射光谱特性曲线如图 2.10 所示。水体的反射主要在蓝、绿波段，其他波段吸收率很强，特别在近红外、中红外波段有很强的吸收带，反射率几乎为零，因此在遥感中常用近红外波段确定水体的位置和轮廓，在此波段的黑白正片上，水体的色调很黑，与周围的植被和土壤有明显的反差，很容易识别和判读。但是当水中含有其他物质时，反射光谱曲线会发生变化。水含泥沙时，由于泥沙的散射作用，可见光波段反射率会增加，峰值出现在黄红区。水中含有叶绿素时，近红外波段明显抬升，这些都是影像分析的重要依据。

学而思

(1)海水与清水波谱曲线相似吗？两者光谱曲线有何差异？海水里微生物大量繁殖产生污染，是否可以进行遥感预警？

(2)工业废水非法排放时有发生，试分析清水和工业废水两者光谱曲线是否有差别，有哪些差异特征。

4. 土壤的反射光谱特性

土壤的反射光谱特性曲线如图 2.11 所示。自然状态下土壤表面的反射率没有明显的峰值和谷值。一般来说，土壤的光谱特性曲线与以下一些因素有关，即土壤类别、含水量、有机质含量、砂、土壤表面的粗糙度、粉砂相对百分含量等，此外肥力也对反射率有一定的影响。土壤反射光谱特性曲线较平滑，因此在不同光谱段的遥感影像上，土壤的亮度区别不明显。

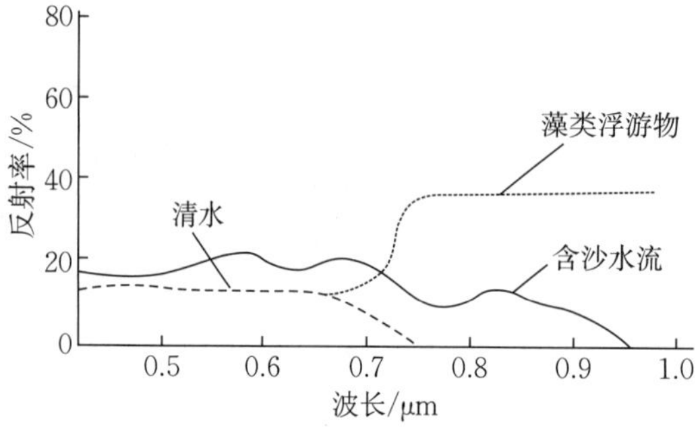

图 2.10 水体的反射光谱特性曲线

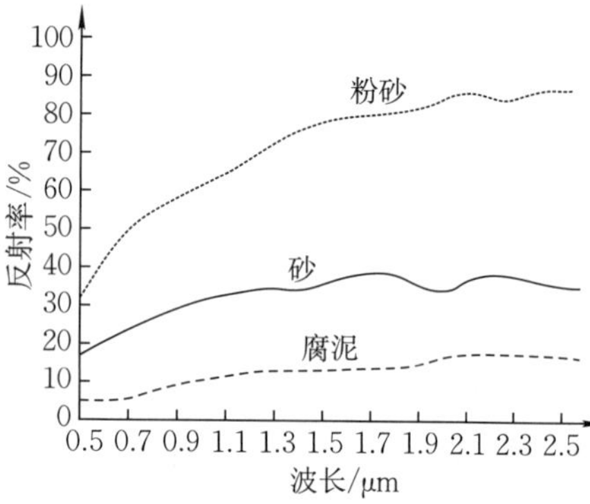

图 2.11 土壤的反射光谱特性曲线

学而思

(1)过度使用化肥可以通过土壤遥感监测发现吗？现代农业地膜技术是否会产生白色污染，对土壤有何危害？遥感是否可以助力农业环境遥感？

(2)搜集新闻和文献，寻找农业遥感应用的典型案例。

5. 植物的反射光谱特性

如图 2.12 所示，由于植物均进行光合作用，因此各类绿色植物具有很相似的反射光谱特性，其特征是在可见光波段 0.55 μm(绿光)附近有反射率为 10%～20%的一个波峰，两侧 0.45 μm(蓝)和 0.67 μm(红)有两个吸收带。这一特征是由叶绿素造成的：叶绿素对蓝光和红光吸收作用强，而对绿色反射作用强。在 0.74 μm 附近反射率急剧增加，在近红外 0.74～1.3 μm 波段内形成高反射区，形成植被独有的“几”字形特征。这是由植被叶的细胞结构造成的高反射率(除了吸收和透射的部分)。中红外波段(1.3～2.5 μm)受到绿色植物含水量的影响，吸收率大增，反射率大大下降，特别是以 1.45 μm、1.95 μm 和 2.7 μm 为中心的波段，是水吸收带，形成低谷。

6. 岩石的反射光谱特性

如图 2.13 所示，岩石成分、矿物质含量、含水状况、风化程度、颗粒大小、色泽、表面光滑程度等都影响反射光谱特性曲线的形态。在遥感探测中可以根据所测岩石的具体情况选择不同的波段。

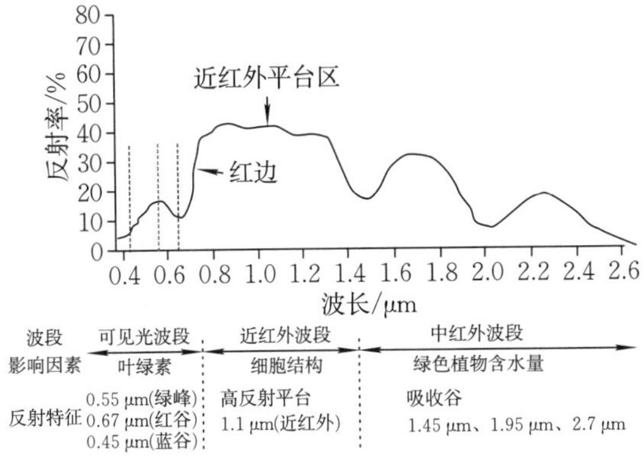

图 2.12　植物的反射光谱特性曲线

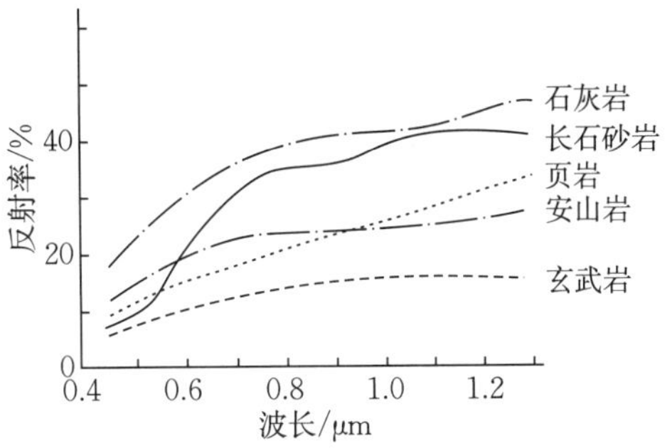

图 2.13　几种岩石的反射光谱特性曲线

2.4　光谱曲线测定

地物光谱特性是指各种地物各自所具有发射辐射或反射辐射的电磁波特性。遥感影像中灰度与色调的变化是遥感影像所对应的地面范围内电磁光谱特性的反映。在遥感影像的三大信息内容——光谱信息、空间信息、时间信息中，光谱信息用得最多。在遥感中，测量地物的反射光谱特性曲线主要有以下三种作用：它是选择遥感波段、设计遥感仪器的依据；在外业测量中，它是选择合适的飞行时间的基础资料；它是有效地进行遥感影像数字处理的前提之一，是用户判读、识别、分析遥感影像的基础。

各种地物的光谱特性可以通过间接地测试各种地物反射、辐射电磁波的特性得到。地物光谱特征(反射光谱特征)测定的原理是：用光谱测定仪器(置于不同波长或波段)分别探测地物和标准板，测量、记录和计算地物对每个波段的反射率，其反射率的变化规律即为该地物的光谱特性。

对可见光和近红外波段的反射光谱特征，在限定的条件下，可以在实验室内对采集的样品进行测试，精度较高。但它不可能逼真地模拟自然界千变万化的条件，一般以实验室所测的数据作为参考。因此，进行地物反射光谱特性的野外测量是十分重要的，它能反映测量瞬间地物实际的反射特性。

学而思

(1)通过观看教师现场展示实验和讨论，了解高光谱测量电磁波光谱曲线的关键步骤。

(2)通过现场识别实验和高光谱发明专利学习讨论，谈谈你对科技创新的观点。

2.4.1 光谱仪的认识

光谱仪(spectrometer)又称分光仪,是将成分复杂的光分解为光谱线的科学仪器,以色散元件将辐射源的电磁辐射分离出所需要的波长或波长区域,并在选定的波长上(或扫描某一波段)进行强度测定。工作原理是由光谱仪通过光导线探头摄取目标光线,经过模/数(A/D)转换变为数字信号。利用便携式计算机或PDA(personal digital assistant)控制光谱仪,可实时将测量结果显示出来,并可以利用光谱仪自带的光谱处理软件(如光谱曲线平滑处理、微分处理等)进行分析。一台典型的光谱仪主要由一个光学平台和一个检测系统组成,主要包括入射狭缝、准直元件、色散元件、聚焦元件、探测器5个部分。

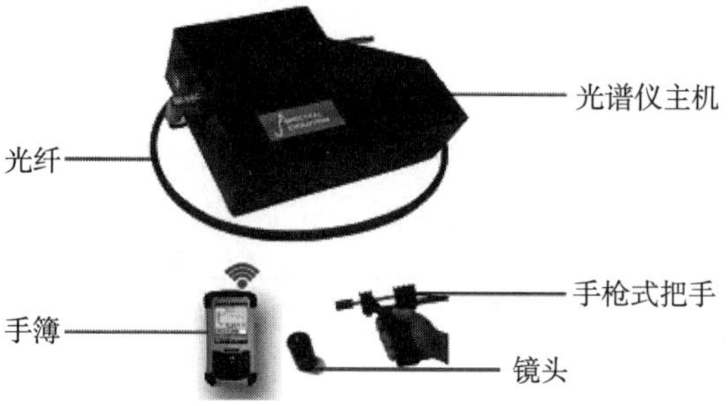

图2.14 光谱仪各组件名称

SR-2500光谱仪是美国Spectral Evolution公司的产品,可以测量辐射度、光谱反射率和光谱透过率。光谱仪主机波长覆盖范围为350～3 500 nm,使用全波段阵列式检测器。仪器配有外置式可充电电池,计算机或手持式触摸屏PDA控制仪器。野外工作时,可以遥控进行光谱测量和数据存储。图2.14为光谱仪的外形及各部件名称。光谱仪品质主要参数包括光谱的覆盖范围、色散率、分辨率、灵敏度、动态范围、信噪比、光谱获取速度等。

2.4.2 地物光谱测定

地物测量获得的光谱反射值会因多种因素发生变化,不仅与光照位置、时间和温度等因素有关,还与地物所处环境、测量仪器性能有关。观测时,要选择合适的光照角,还需要记录地理位置、季节、温度、环境和地物本身的状态。因此,某种地物所测的反射率相近但是不唯一。为了研究不同地物表面的光谱特性,分析被测地物光随时空变化规律,需要使用光谱仪采集研究对象或地表物体的光谱信息。使用SR-2500光谱仪采集样本光谱时,需要完成准备仪器、通信连接、设置参数、光谱数据采集、光谱数据导出等步骤。

(1)准备仪器。首先需要连接电源:将镍氢电池放置于背包中,用连接线穿过背包连接仪器电源端口,并旋紧固定螺丝。然后连接光纤:将光纤线缆前端和手枪式把手连接,将光纤前端插入穿过把手,直到前端伸出枪口3 mm左右,旋紧固定螺旋。

(2)通信连接。光谱测量结果的实时传输,需要设置电脑(或PDA)与光谱仪主机的通信方式。如果光谱仪有内置的蓝牙模块,则可通过无线蓝牙完成通信。

(3)设置参数。光谱仪可以测量辐射亮度、反射率、吸收率3种参量,光谱测量时需要设置光谱测量类型、显示方式、数据存储路径、采集指标等参数。

(4)光谱数据采集。将参考白板放置在样品周围,确定白板与样品面处于同一水平位置,操作者面向光源,用手持手枪式把手测定白板的光谱曲线。移开参考白板,对准地物,仪器探头应垂直目标地物,测量高度和角度与测量参考白板时一致,测定地物光谱曲线。更换测量其他目标。更换目标时,应重复步骤(2)、步骤(3),直到测量完成。

(5)光谱数据导出。光谱测量结束后,可以将数据导出。

2.4.3 高光谱技术应用

光谱仪器本质是实现复色光色散分光和采集的仪器。光谱仪应用很广，在农业、天文、汽车、生物、化学、镀膜、色度计量、环境检测、薄膜工业、食品、印刷、造纸、半导体工业、成分检测、颜色混合及匹配、生物医学、荧光测量、宝石成分检测等领域应用广泛。随着高光谱技术研究的深入，越来越多行业开始应用高光谱来检测产品识别指标或者产品可靠性。国内一些研究机构应用高光谱技术开展检测，如基于近红外光谱的注水肉检测，利用紫外光谱分析方法进行地沟油检测，利用中红外光谱法定量检测烟草木质素，利用中药提取物的中红外光谱进行多组分定量分析，等等，是遥感高光谱分析应用领域的深层交叉与拓展。

思而辩

(1)搜索最新高光谱检测或应用方面的发明专利，讨论探究高光谱测量技术还可以应用于哪些方面，自己有哪些奇思妙想。

(2)将最有创意的想法记录下来变成文字，也许可以是一个新的发明。

阅读下面素材，搜集一些遥感科学故事，讨论你理解的“科学家精神”。

科学家精神是胸怀祖国、服务人民的爱国精神，勇攀高峰、敢为人先的创新精神，追求真理、严谨治学的求实精神，淡泊名利、潜心研究的奉献精神，集智攻关、团结协作的协同精神，甘为人梯、奖掖后学的育人精神。习近平总书记指出，科学成就离不开精神支撑。科学家精神是科技工作者在长期科学实践中积累的宝贵精神财富。

陈述彭院士长期从事地图学、遥感与地球信息科学研究，为中国现代地图学、遥感与地球信息科学的发展做出了杰出贡献。他一生的座右铭就是“靠大家了”，只要事业不断前推，事情继续有人做，这就是他最高兴的事。他是这么说，也是这么做的。从编辑国家大地图集到建立航判室，从制图自动化到建立遥感所，从创建中国地理信息系统到倡导地球信息科学，无论是承担国家重大项目，还是编辑大辞典，他总是团结大家一起去完成。

第3章　遥感平台

遥感技术是一个从地面到空中，乃至太空空间的多尺度、多层次、多视角、多领域立体探测的科学技术，针对不同的高度、不同的应用波段范围，可以划分为不同的遥感平台及传感器。在实际应用中，使用者可以根据解决问题的性质和要求来进行选择。本章重点介绍遥感平台及传感器、卫星轨道、国内外遥感卫星等内容。

3.1　遥感平台概述

遥感平台是搭载遥感传感器的工具。根据运载工具的类型，遥感平台可分为航天平台、航空平台和地面平台，表 3.1 中列举了常用的遥感平台。根据遥感目的、对象和技术特点（如观测的高度或距离、范围、周期、寿命和运行方式等），遥感平台大体分为以下几种。

（1）地面遥感平台，如固定的遥感塔、可移动的遥感车等，高度在 100 m 以下。在平台上放置地物光谱仪、辐射计、分光光度计等，可以测定各类地物的光谱特性。

（2）航空遥感平台（空中平台），主要指一定高度以内的遥感飞机等航空器。按照飞行高度的不同，航空遥感平台又分为低空平台、中空平台和高空平台，主要用于各种调查、空中侦察、摄影测量。

（3）航天遥感平台一般指高度在 150 km 以上的人造地球卫星、宇宙飞船、空间轨道站和航天飞机等。在航天平台上进行的遥感是航天遥感。航天遥感可以对地球进行宏观的、综合的、动态和快速的观察。航天平台主要是人造地球卫星，也是目前遥感监测的主要平台。

表 3.1　常用遥感平台

遥感平台	高度	目的与用途
地球静止轨道卫星	36 000 km	定点地球观测
圆轨道卫星（地球资源观测卫星）	500 ～1 000 km	定期地球观测
小卫星	400 km 左右	各种调查
航天飞机	240 ～350 km	不定期地球观测、空间实验
天线探空仪	100 m ～100 km	各种调查（气象等）
高高度飞机	10 000 ～12 000 m	侦察等大范围调查
中低高度飞机	500 ～8 000 m	各种调查、航空摄影测量
飞艇	500 ～3 000 m	空中侦察、各种调查
直升机	100 ～2 000 m	各种调查、摄影测量
微轻小型无人机	300 m 以下 （120 m 以上空域必须用前报批）	各种调查、摄影测量
牵引滑翔飞机	50 ～500 m	各种调查、摄影测量
系留气球	800 m 以下	各种调查
索道	10 ～40 m	遗址调查等
吊车	5 ～50 m	近距离摄影测量
地面测量车	0 ～30 m	地面实况调查

航天遥感平台需要提供稳定的对地定向，对平台飞行高度、速度等有特定的要求。对于航天平台，按照人造地球卫星运行轨道的高度和寿命，可以将卫星分为 3 类。

（1）低高度卫星，轨道高度为 150～350 km，可获得较高地面分辨率的图像，多数用于军事侦察。

（2）中高度卫星，轨道高度为 350～1 800 km，属于这类的有陆地卫星、海洋卫星、气象卫星等，是目前遥感卫星的主体。

（3）高高度卫星一般是地球同步卫星，高度约为 36 000 km。这类卫星主要为通信卫星和气象卫星，也用于地面动态监测，如监测火山、地震、林火，以及预报洪水等。

学而思

（1）搜集一下无人机遥感图片，讨论无人机遥感平台是否可以应用于监测火山、地震、林火，以及预报洪水。

（2）道路旁监控摄像装置属于遥感平台吗？你还能找到哪些类似案例，讨论一下。

（3）低高度卫星为什么寿命短？分析一下原因。

3.2　遥感传感器

遥感平台需要搭载传感器才能完成对既定目标的观测和信息采集。遥感传感器（sensor），也称敏感器或探测器，是收集、探测，并记录地物电磁波辐射信息的仪器。它的性能指标会直接影响遥感监测能力，通常包含传感器探测电磁波的波段响应程度、传感器的空间分辨率和图像的几何特性、传感器获取地物电磁波信息量的大小和可靠程度等。以光学传感器性能为例，性能指标包含传感器的光谱特性、辐射度量特性和几何特性。

（1）光谱特性主要包括传感器能够观测的电磁波的波长范围，各通道的中心波长等。在感光胶片型的传感器中，其光谱特性主要由所用胶片的感光特性和所用滤光片的透射特性决定；而在扫描型的传感器中，则主要由所用探测元件及分光元件的特性来决定。

（2）辐射度量特性主要包括探测精度、动态范围、信噪比 3 个指标。探测精度包括所测亮度的绝对精度和相对精度，动态范围是传感器可测量的最大信号与可检测的最小信号之比，信噪比是有意义的信号功率与噪声功率之比。除此之外，还有模拟信号转换为数字量时所产生的量化等级、量化噪声等。

（3）几何特性是描述光学传感器几何学特征的物理量，主要指标有视场角、瞬时视场等。视场（field of view，FOV）角指以光学仪器的镜头为顶点，以被测目标的物像可通过镜头的最大范围的两条边缘构成夹角。对于摄像机类的光学设备，由于其感光面是矩形的，因此常以矩形感光面对角线的成像物直径计算视场角。瞬时视场（instantaneous field of view，IFOV）是指传感器内单个探测元件的受光角度或观测视野，它决定了在给定高度上瞬间观测到的地表面积，这个面积就是传感器所能分辨的最小单元。瞬时视场越小，最小可分辨单元越小，图像空间分辨率越高。也就是说，传感器无法分辨小于瞬时视场的目标。

学而练

在桌面上平铺纸张、手机、笔等物品，拿出手机对桌面拍照，变换拍照的高度、角度，观察拍出照片中能够看见多少物品。根据照片结果，讨论传感器视场角的概念。

3.2.1 传感器的分类

传感器的种类繁多,分类方法也多种多样,图 3.1 是传感器详细的分类情况。常见的分类方式有以下三种。

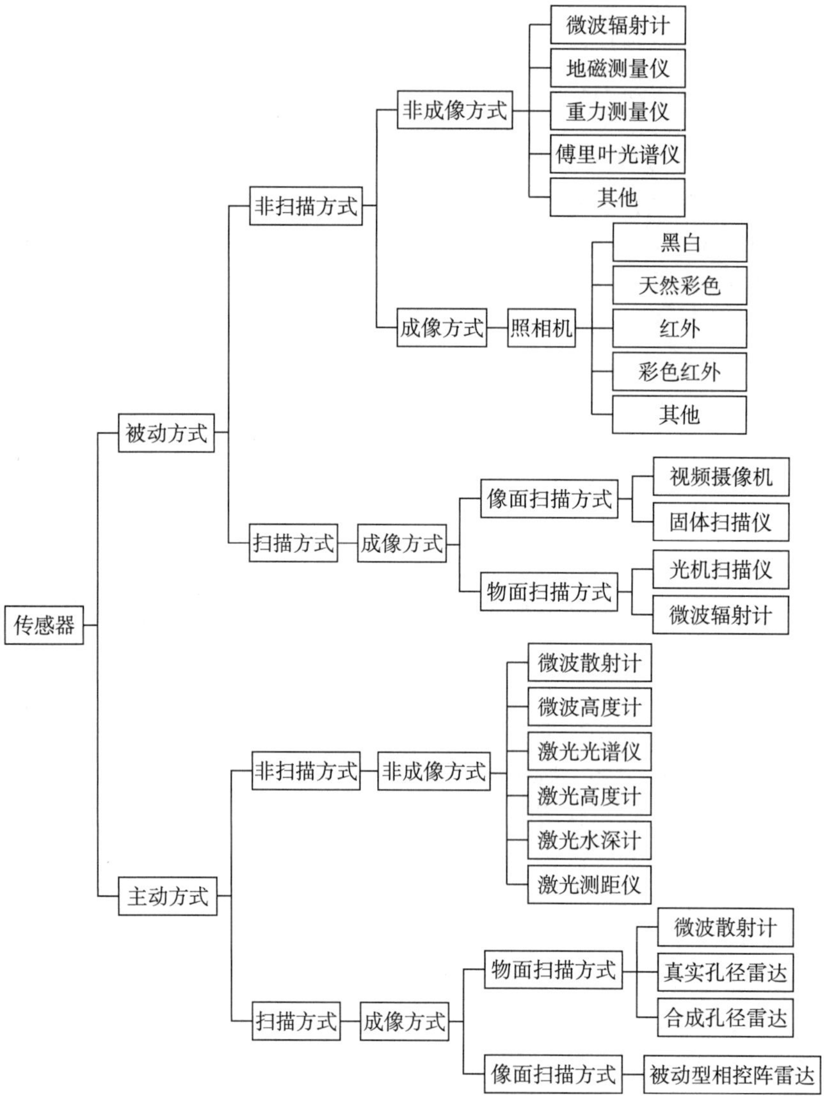

图 3.1 传感器的分类

(1)按电磁波辐射来源的不同,把传感器分为主动式传感器和被动式传感器。主动式传感器向目标发射电磁波,然后收集从目标反射回来的电磁波信息,如合成孔径侧视雷达等;被动式传感器收集的是地面目标反射太阳光的能量或目标自身辐射的电磁波能量,如照相机和多光谱扫描仪等。

(2)按成像原理和所获取图像性质的不同,把传感器分为照相机、扫描仪和雷达三种类型。照相机按所获取图像根据其特性又可细分为框幅式、缝隙式、全景式三种;扫描类型的传感器按扫描成像方式又可以分为光机扫描仪和固体扫描仪(推帚式扫描仪);雷达按其天线形式可分为真实孔径雷达和合成孔径雷达。

(3)按记录电磁波信息方式的不同，把传感器分为成像方式的传感器和非成像方式的传感器。成像方式的传感器的输出结果是目标的图像，而非成像方式的传感器的输出结果是研究对象的特征数据，如微波高度计记录的是目标距平台的高度数据。

3.2.2　传感器的组成

传感器的感知是通过模拟人眼某些功能实现的，仪器收集来自目标物发射或反射的电磁波，其感知范围比人眼要宽很多，可以从紫外线到微波。传感器利用地面、飞机、卫星等平台获得地球表面发射或反射的电磁信息，获取大地、陆地、海洋各个层面的不同信息，通常由收集系统、探测系统、信号处理系统、记录系统 4 部分组成，如图 3.2 所示。

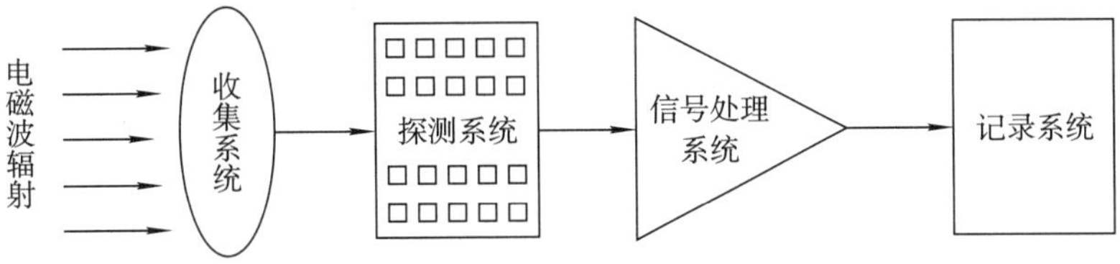

图 3.2　遥感传感器组成

(1)收集系统。收集系统收集或接收目标物发射或反射的电磁辐射能，并把它们进行聚焦，然后送往探测系统。传感器的类型不同，收集系统的设备元件也不一样。摄影机的收集元件是凸透镜；扫描仪用各种形式的反射镜以扫描方式收集电磁波，雷达的收集元件是天线，两者都采用抛物面进行聚光。如果进行多波段遥感，那么收集系统中还包含按波段分波束的元件，如滤色镜、棱镜光栅、分光镜的光片等。

(2)探测系统(探测器)。探测系统将收集到的电磁波辐射能转换成化学能或电能。探测元件是接收地物电磁辐射的器件，常用的探测元件有光电敏感元件、固体敏感元件和波导。其中，光电探测器是利用某些特殊材料的光电效应把电磁波信息转换为电信号，来探测电磁辐射的，其工作波段涵盖紫外至红外波段。热探测器可检测目标辐射的热效应辐射的强度，其灵敏度和响应速度较低，主要集中在热红外波段。雷达天线用于接收微波波束，不同尺寸的波导接收不同波长的微波信息。

(3)信号处理系统。信号处理系统是对探测系统探测得到的化学能或电能等信息进行加工处理，将采集信号进行放大、增强或调制处理，同时将探测系统的化学能或电能转换为数字信号。

(4)记录系统。传感器的最终目的是把接收到的各种电磁波信息用适当方式输出。记录系统是将数字信号保存在存储的介质中，形成遥感的原始数据。

除此之外，不同传感器安装还会有一些特殊要求，遥感平台还应提供传感器合适的环境，如振动和抖动小、电磁干扰小、温度在合适的范围等。高精度高分辨率的传感器对平台有更严格的要求，如平台姿态控制和安装精度的要求等。对于雷达类型的传感器，遥感平台还需要满足安装天线、提供较大功率的电源等条件。对于热红外光谱段的传感器，遥感平台还需要满足能提供传感器冷却到所需工作温度(致冷)的条件，如在卫星上安装辐射致冷器或其他致冷器。

学而思

(1)每位同学手机摄像头的CCD或CMOS(complementry metal oxide sevniconductor)传感器是什么型号的?什么是CCD传感器,它的工作原理是什么?

(2)手机上安装有重力传感器、加速度传感器、磁传感器、光敏传感器、GPS接收传感器、温度传感器、声音传感器,试说出其中传感器的功能和原理。

3.2.3 典型传感器

本小节主要介绍三种典型传感器,其工作原理如图3.3所示。

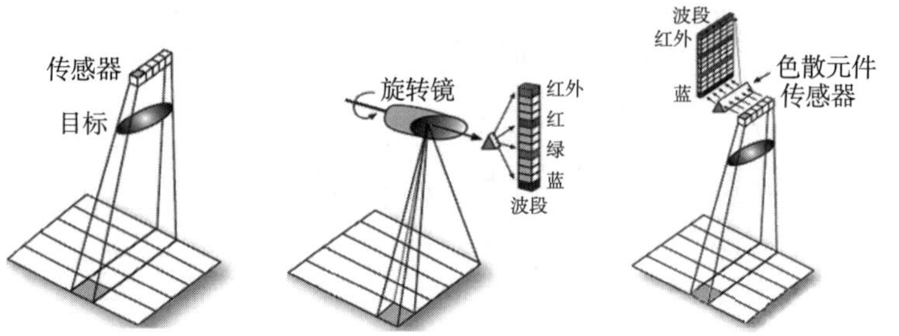

图3.3 典型传感器

(1)固体扫描仪。固体扫描仪是用电荷耦合器件(charge-coupled device,CCD)作为光敏探测器件的成像传感器。固体扫描仪依CCD单元的排列方式分为线阵列和面阵列扫描仪。线阵列在光学焦面上垂直于飞行方向横向排列,当飞行器向前飞行完成纵向扫描时,排列的探测器就好像刷子扫地一样扫出一条带状轨迹,从而得到目标物的二维信息。线性阵列传感器有SPOT卫星的高分辨率可见光传感器(HRV),日本MOS-1卫星上的多光谱自扫描辐射计(multispectral electronic self-scanning radiometer,MESSR)等。

(2)光机扫描仪。光机扫描仪是对地表的辐射分光后进行观测的机械扫描型辐射计,它沿着卫星的飞行方向,利用旋转镜扫描,一个像元一个像元地进行采光。其中扫帚式光机扫描仪,可通过光学系统一次获得一条线的图像,然后由多个固体光电转换元件进行电扫描。极轨卫星及陆地卫星Landsat上的多光谱扫描仪(MSS)、专题测图仪(thematic mapper,TM),气象卫星上的先进甚高分辨率辐射仪(advanced very high resolution radiometer,AVHRR)都属于这类传感器。

(3)高光谱成像光谱仪。高光谱成像光谱仪是遥感进展中的新技术,其图像由多达数百个非常窄的连续的光谱波段组成,光谱波段覆盖了可见光、近红外、中红外和热红外区域的全部光谱带。光谱仪成像时多采用扫描式或推帚式,可以收集200个或200个以上波段的数据,使得图像中的每一像元均得到连续的光谱曲线。

学而思

(1)通过检索资料回答以下问题:高光谱成像光谱仪工作原理是什么?目前都有哪些国家能够生产高光谱成像光谱仪产品?

(2)国产高分卫星系列上都安装了哪些传感器,这些传感器分别属于哪一种类型。选取其中一种传感器,讨论对应传感器性能指标。

3.3　遥感卫星轨道

遥感卫星在绕地球的椭圆轨道上运行，地球位于该椭圆的一个焦点上。图 3.4 是卫星空间轨道的示意图，卫星在空间中的位置可以用椭圆轨道的空间形状、位置和某一时刻卫星在轨道中的位置来确定。

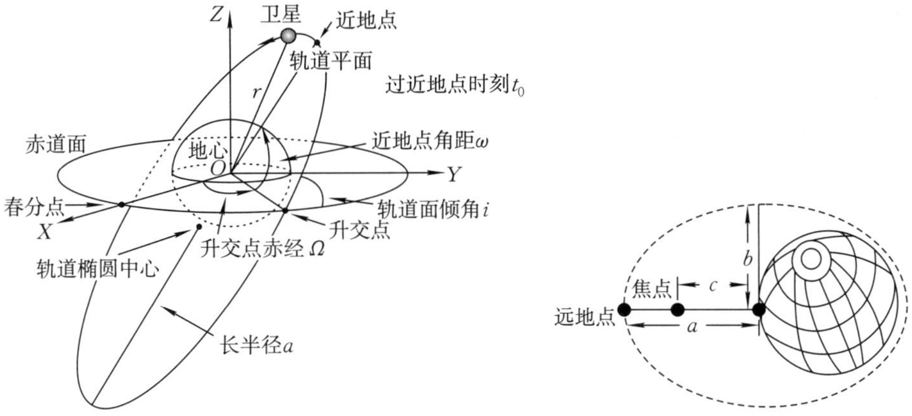

图 3.4　卫星空间轨道

轨道的空间形状位置和某一时刻卫星在轨道中的位置可用下列 6 个参数来描述。

(1)轨道长半径 (a)。轨道长半径是卫星轨道远地点到轨道椭圆中心的距离，它确定了卫星距地面的高度。

(2)卫星轨道偏心率 (e)。轨道偏心率 e 确定了卫星轨道的形状，对于大部分对地观测卫星

$$e=\frac{\sqrt{a^2-b^2}}{a}$$

式中，b 为卫星轨道的短半径，a 为轨道的长半径。当轨道偏心率 e 接近于零，轨道为近圆形轨道。卫星在近圆形轨道上通常是近似匀速运行的，并且距地面的高度变化不大，有利于成像曝光时间的控制和在全球范围内获取比例尺基本一致的影像。

(3)轨道面倾角 (i)。轨道面倾角指卫星轨道面与地球赤道面之间的夹角，它决定了轨道面与赤道面或与地轴之间的关系。当 $i=0°$ 时，轨道面与赤道面重合，这种卫星称为赤轨卫星；当 $0°<i<90°$ 时，卫星运行方向与地球自转方向一致，这种卫星称为顺轨卫星；当 $i=90°$ 时轨道面与地轴重合，这种卫星称为极轨卫星，极轨卫星可以对全球进行观测。

(4)升交点赤经 (Ω)。升交点是卫星由南向北运行时，其轨道面与地球赤道面的交点；反之，卫星由北向南运行时，其轨道面与赤道面的交点称为降交点。升交点赤经指卫星轨道的升交点向径与春分点向径之间的夹角，决定了轨道面与太阳光线之间的夹角，即星下点成像时刻的太阳高度角。

(5)近地点角距 (ω)。升交点向径与近地点向径之间的夹角称为近地点角距。卫星入轨后，其升交点和近地点是相对稳定的，所以近地点角距通常不变，可以决定轨道在赤道平面内的方位。

(6)卫星运行周期(T)。卫星运行周期 T 是指卫星从升交点(或降交点)通过时刻到下一个升交点(或降交点)通过时刻之间的平均时间。

在上述6个轨道参数中,a、e 确定轨道的形状和大小,i、Ω 确定轨道面的方向,ω 确定轨道面中长轴的方向,T 确定任一时刻卫星在轨道中的位置。这些卫星的位置数据在遥感影像的几何校正过程中都需要用到。确定这些轨道参数后,就可以通过测量卫星到测站的距离和距离的变化率来确定卫星的位置,也可以利用来自导航系统卫星的信号来确定卫星的位置。

另外,根据其运行特点可以将轨道分为地球同步轨道和太阳同步轨道。地球同步轨道的运行周期等于地球的自转周期,即卫星与地球转动的角速度相同,其传感器总是朝向地球的固定位置。从地面上各地方看过去,卫星在赤道上的一点静止不动,所以又称静止轨道。太阳同步轨道指卫星的轨道面绕地球的自转轴旋转,旋转方向与地球的公转方向相同,并且旋转的角速度等于地球公转的平均角速度。太阳同步轨道通常属于近极轨道,即卫星旋转的方向与地球自转的方向接近,垂直轨道面接近南北极方向。采用近极轨道,有利于卫星在一段时间内获取包括南北极在内的覆盖全球的遥感影像。

思而辩

(1)选取两个球形物体作参照物,模拟地球同步轨道进行相对运动。通过模拟,讨论地球同步轨道就是静止轨道的原因,且轨道面倾角通常是多少。

(2)采用地球同步轨道的卫星通常为气象和通信领域的卫星,据此说明静止轨道优点。太阳同步轨道通常是陆地卫星所采用的,请说出这样选择的原因。

3.4 国外遥感卫星

3.4.1 美国遥感卫星

1. NOAA 系列卫星

美国国家海洋与大气局(National Oceanic and Atmospheric Administration,NOAA)极轨卫星从1970年12月发射第一颗以来,近50年连续发射了20颗,从NOAA-1到NOAA-20。NOAA卫星共经历了5代,目前使用较多的为第五代NOAA卫星,包括NOAA-15至NOAA-20。NOAA卫星是太阳同步极轨卫星,应用目的为满足日常的气象业务,采用双星运行,同一地区每天可有4次过境机会。

第五代卫星的传感器采用改进型甚高分辨率辐射仪(AVHRR/3)和先进TIROS业务垂直探测器(advanced TIROS operational vertical sounder,ATOVS),包括高分辨率红外辐射探测仪(HIRS-3)、先进的微波探测装置A型(AMSU-A)和先进的微波探测装置B型(AMSU-B),参数如表3.2所示。

2. 陆地卫星(Landsat)系列

陆地卫星的主要任务是调查地下矿藏、地下水资源和海洋资源,监管农业、林业、畜牧业和水资源的合理使用,预测农作物的收成,研究自然植物的生长和地貌,考察和预报各项严重的自然灾害和环境污染,拍摄各种目标图像,以及绘制各种专题地图。从1972年发射算起,Landsat系列卫星已经对地球连续观测几十年,记录了地球表面的大量数据,扩大了人类的视野，已成为环境与资源调查、评价与监测的重要信息源。陆地卫星共发射了 9 颗卫星，其中 Landsat1 至 Landsat3 卫星搭载的传感器有返束光导管摄像仪（RBV）和多光谱扫描仪（MSS）；Landsat4 至 Landsat7 卫星搭载的传感器有多光谱扫描仪（MSS）和专题制图仪（TM/ETM+）；Landsat8 卫星搭载的传感器有陆地成像仪（operational land imager，OLI）和热红外传感器（thermal infrared sensor，TIRS）；Landsat9 卫星搭载二代陆地成像仪（OLI-2）和二代热红外传感器（TIRS-2）。Landsat8 的陆地成像仪有 9 个波段，包括空间分辨率为 30 m 的 8 个波段和一个 15 m 的全色波段，成像幅宽为 185 km×185 km。

相对于 Landsat7 ETM+传感器，为了避免大气吸收特征，Landsat8 的陆地成像仪对波段进行了重新调整：比较大的调整是 OLI Band5（0.845～0.885 μm），排除了 0.825 μm 处水汽吸收特征。OLI 全色波段 Band8 波段范围较窄，这种方式可以在全色影像上更好地区分植被和无植被特征。此外还有两个新增波段，一个是用于海岸带观测的超蓝波段，另一个是包含水汽强吸收特征可用于云检测的短波红外波段。近红外 Band5 和短波红外 Band9 波段与 MODIS 对应的波段接近。TIRS 用与 OLI 匹配的两个长波波段收集信息。TIRS 每天大概可采集 400 景影像，并将其地形校正到同一地理投影下。

表 3.2　第五代 NOAA 卫星搭载传感器参数

仪器参数	HIRS-3	AMSU-A	AMSU-B	AVHRR/3
通道数	20	15	5	6
瞬时视场	1.4°/1.3°	3.3°	1.1°	1.3 mrad
扫描周期/s	6.4	8	2.67	0.1
对地扫描视场数	56	30	90	2 048
视场步进角	1.8°	3.33°	1.1°	1.362 mrad
最大扫描角/(°)	49.5	48.33	48.95	55.4
星下点分辨率/km	20.4/18.9	45	15.0	1.1
扫描宽带/km	2 248	2 226	2 168	2 400

Landsat7 和 Landsat8 卫星的传感器和数据参数见表 3.3。

Landsat 系列卫星数据在采集方式、定标、覆盖特性、光谱特性、输出产品质量和数据可用性上保持充分一致，在长时间序列监测中常用该数据。其中，Landsat8 OLI 和 TIRS 光谱波段的作用如下。

（1）Band1 Coastal，海岸波段。主要用于海岸带观测。

（2）Band2 Blue，蓝波段。用于分辨土壤和植被。

（3）Band3 Green，绿波段。用于分辨植被。

（4）Band4 Red，红波段。处于叶绿素吸收区，用于观测道路，裸露土壤，植被种类等。

（5）Band5 NIR，近红外波段。用于估算生物量，分辨潮湿土壤。

（6）Band6 SWIR1，短波红外波段 1。用于分辨道路、裸露土壤、水，在不同植被之间有较好的对比度，并且有较好的大气、云雾分辨能力。

（7）Band7 SWIR 2，短波红外波段 2。对岩石、矿物的分辨很有用，也可用于辨识植被覆盖和湿润土壤。

（8）Band8 Pan，全色波段。提供 15 m 分辨率的黑白图像，用于增强分辨率。

（9）Band9 Cirrus，卷云波段。包含水汽强吸收特征，可用于云检测。

(10)Band10 TIRS1,热红外 1;Band11 TIRS 2,热红外 2。两个波段可感应热辐射的目标。

表 3.3 Landsat7、Landsat8 卫星传感器参数

<table>
<tr><th>卫星名称</th><th>传感器</th><th>通道号</th><th>波长范围/μm</th><th>空间分辨率/(m×m)</th></tr>
<tr><td rowspan="8">Landsat7</td><td rowspan="8">ETM+</td><td>1</td><td>0.450～0.515</td><td rowspan="5">30×30</td></tr>
<tr><td>2</td><td>0.525～0.605</td></tr>
<tr><td>3</td><td>0.630～0.690</td></tr>
<tr><td>4</td><td>0.775～0.900</td></tr>
<tr><td>5</td><td>1.550～1.750</td></tr>
<tr><td>6</td><td>10.40～12.50</td><td>60×60</td></tr>
<tr><td>7</td><td>2.090～2.350</td><td>30×30</td></tr>
<tr><td>8</td><td>0.520～0.900</td><td>15×15</td></tr>
<tr><td rowspan="11">Landsat8</td><td rowspan="9">OLI</td><td>1</td><td>0.43～0.45</td><td rowspan="7">30×30</td></tr>
<tr><td>2</td><td>0.45～0.51</td></tr>
<tr><td>3</td><td>0.53～0.59</td></tr>
<tr><td>4</td><td>0.64～0.67</td></tr>
<tr><td>5</td><td>0.85～0.88</td></tr>
<tr><td>6</td><td>1.57～1.65</td></tr>
<tr><td>7</td><td>2.11～2.29</td></tr>
<tr><td>8</td><td>0.50～0.68</td><td>15×15</td></tr>
<tr><td>9</td><td>1.36～1.38</td><td>30×30</td></tr>
<tr><td rowspan="2">TIRS</td><td>10</td><td>10.60～11.19</td><td rowspan="2">100×100</td></tr>
<tr><td>11</td><td>11.50～12.51</td></tr>
</table>

3. 高分辨率商业卫星

美国先后发射了 IKONOS、QuickBird、GeoEye-1 和 WorldView 系列等商业高分辨率卫星。

IKONOS 卫星于 1999 年 9 月 24 日由 SpacingImaging 公司发射,是世界上第一颗提供高分辨率卫星影像的商业遥感卫星。波段包括 0.52～0.92 μm(全色)、0.44～0.52 μm(蓝)、0.52～0.60 μm(绿)、0.63～0.69 μm (红)、0.76～0.90 μm (近红外)。其中,全色分辨率为 0.8 m,多光谱 4 个波段分辨率为 3.2 m,幅宽为 11.3 km。

QuickBird 卫星于 2001 年 10 月由美国 DigitalGlobe 公司发射,是当时世界上唯一能提供亚米级分辨率的商业卫星,波段包括 0.44～0.90 μm(全色)、0.44～0.52 μm(蓝)、0.52～0.60 μm(绿)、0.63～0.69 μm(红)、0.76～0.90 μm(近红外)。其中,全色分辨率为 0.61 m,多光谱 4 个波段分辨率为 2.44 m,幅宽为 16.5 km。

GeoEye-1 于 2008 年 9 月 6 日由 GeoEye 公司发射,采用最新的卫星数据采集和轨道定位技术,具有分辨率高、定位精度高、测图能力强、重访周期短等特点。波段包括 0.44～0.80 μm(全色)、0.44～0.51 μm(蓝)、0.51～0.58 μm(绿)、0.64～0.69 μm(红)、0.78～0.92 μm(近红外)。其中,全色分辨率为 0.41 m,多光谱 4 个波段分辨率为 1.65 m,幅宽为 15.2 km。

WorldView 是 DigitalGlobe 公司的商业成像卫星系统。目前 WorldView 已发射 4 颗卫星。

(1)WorldView-1 于 2007 年 9 月 18 日发射成功,可观测波段为全色波段,空间分辨率为

0.5 m，幅宽为 17.6 km。

（2）WorldView-2 于 2009 年 10 月 8 日发射成功，可观测波段为全色和多光谱，空间分辨率：全色波段为 0.46 m，多光谱波段为 1.85 m，幅宽为 16.4 km。

（3）WorldView-3 于 2014 年 8 月 13 日发射成功，可观测波段为全色和多光谱，空间分辨率：全色波段为 0.31 m，多光谱波段为 1.24 m，幅宽为 13.1 km。

（4）WorldView-4 于 2016 年 11 月 11 日发射成功，可观测波段为全色和多光谱，空间分辨率：全色波段为 0.31 m，多光谱波段为 1.24 m，幅宽为 13.1 km。

学而思

（1）美国 EOS 系列卫星主要监测地球表层陆地、海洋、大气状况，通过搜集 EOS 系列卫星资料，说明该卫星上安装了哪类传感器，且对应的光谱和空间分辨率分别是多少。

（2）美国 WorldView-4 卫星全色波段空间分辨率能够达到 0.31 m，在身边找一本书，算一算这个分辨率相当于几本书的长度。

3.4.2　欧洲遥感卫星

1. 哨兵（Sentinel）系列卫星

哨兵系列卫星是欧洲航天局（European Space Agency，ESA）全球环境和安全监视（哥白尼计划）系列卫星。其中，代表性的卫星有 Sentinel-1 卫星、Sentinel-2 卫星、Sentinel-3 卫星和 Sentinel-5P 卫星。

（1）Sentinel-1 卫星。Sentinel-1 卫星是欧洲极地轨道 C 波段雷达成像系统。单个卫星每 12 天覆盖全球一次，双星座重访周期可缩短至 6 天，赤道地区重访周期为 3 天，北极为 2 天。Sentinel-1 卫星可以系统观测地震、山体滑坡和火山隆等地表运动，也用于监测地质灾害、采矿环境变化、城市规划的沉降风险评估，还可以为获取实时的航海海冰地图、检测和跟踪海洋原油泄漏、快速应对洪水和地震等灾害提供关键信息。

（2）Sentinel-2 卫星。Sentinel-2 卫星为高分辨率多光谱成像卫星，包括 Sentinel-2A 卫星和 Sentinel-2B 卫星。单星重访周期为 10 天，双星重访周期为 5 天。主要有效载荷是多光谱成像仪（multispectral instrument，MSI），采用推扫模式，共有 13 个波段，光谱范围为 400～2 400 nm，光谱分辨率为 15～180 nm，可见光空间分辨率为 10 m，近红外空间分辨率为 20 m，短波红外空间分辨率为 60 m，成像幅宽为 290 km。Sentinel-2 卫星主要用于需要全球高分辨率和高重访能力卫星的陆地观测、生物物理变化制图、监测海岸带和内陆水域，以及灾害制图等。

（3）Sentinel-3 卫星。Sentinel-3 搭载的传感器主要包括光学仪器和地形学仪器。光学仪器包括海洋和陆地彩色成像仪（ocean and land color instrument，OLCI）、海洋和陆地表面温度辐射计（sea and land surface temperature radiometer，SLSTR），地形学仪器包括合成孔径雷达高度计（SAR radar altimeter，SRAL）、微波辐射计（microwave radiometer，MWR）和精确定轨系统。Sentinel-3 卫星能系统地测量地球的海洋、陆地、冰和大气，主要应用于海洋地形、沿海地区、内陆水域、海冰和陆冰地区的变化监测。

（4）Sentinel-5P 卫星。Sentinel-5P 卫星携带紫外—可见光—近红外—短波红外（U-V-N-S）推扫式光栅分光计，名为对流层监测仪（tropospheric monitoring instrument，TROPOMI），空间分辨率达 7 km。该仪器能在较高时间分辨率和空间分辨率情况下进行大气化学元素测量,加强无云情况下对流层变化的观测,包括空气质量和污染、臭氧层、气候变化和航空安全监测。

学而思

(1)如果需要研究某个城市大气污染程度,应该选取哨兵系列卫星中哪个卫星,请说明选择理由。

(2)搜集资料并讨论:欧洲空间局对地观测 ERS 系列卫星类型有哪些,这些环境卫星有何作用,对世界生态环保有何意义。

2. 法国 SPOT 系列卫星

SPOT 系列卫星是法国空间研究中心研制的一种地球观测卫星系统,至今已发射 SPOT-1 至 SPOT-7 共 7 颗卫星。

(1)SPOT-1 至 SPOT-3 上搭载有相同的高分辨率可见光传感器(HRV),其全色波段分辨率为 10 m,多光谱分辨率为 20 m,多光谱波段包括绿波段(500～590 nm)、红波段(610～680 nm)和近红外波段(790～890 nm)。

(2)SPOT-4 是一颗光学对地观测卫星。该卫星于 1998 年 3 月发射,有效载荷为 2 台高分辨率可见光近红外成像仪(HRVIR)。HRVIR 拥有 4 个多光谱波段和 1 个单色波段。其中,多光谱波段数据的空间分辨率为 20 m,单色波段数据的空间分辨率为 10 m。另外,还增加了一个多角度遥感仪器,即宽视域植被探测仪(vegetation,VGT),用于全球和区域两个层次,可以对自然植被和农作物进行连续监测,对大范围的环境变化、气象、海洋等应用研究具有重大意义。

(3)SPOT-5 于 2002 年 5 月 4 日发射,星上载有 2 台高分辨率几何成像装置(high resolution geometry,HRG)、1 台高分辨率立体成像装置、1 台宽视域植被探测仪等。相比前几颗卫星,SPOT-5 能够采集更高分辨率的卫星影像,即 2.5 m 分辨率的全色影像和 10 m 分辨率多光谱影像。

(4)SPOT-6 卫星于 2012 年 9 月 9 日由印度极轨卫星运载火箭(PSLV)搭载并成功发射。SPOT-6 全色分辨率为 1.5 m,多光谱分辨率为 6 m,星上载有两台称为"新型 Astrosat 平台光学模块化设备(NAOMI)"的空间相机,总幅宽为 60 km。它将进入由 Astrium Services 分发的极高分辨率卫星 Pleiades-1A 的轨道。SPOT-5 和 SPOT-6 两颗卫星在 2014 年与 Pleiades-1B 和 SPOT-7 一起构成完整的 Astrium Services 光学卫星星座。

(5)SPOT-7 卫星于 2014 年 6 月 30 日在印度达万航天发射中心成功发射。该卫星性能指标与 SPOT-6 相同,具备多种成像模式,包括长条带、大区域、多点目标和三维立体等,适于制作 1∶25 000 比例尺的地图。

3.4.3 日本遥感卫星

1. JERS-1 卫星

日本地球资源卫星一号(JERS-1)是一颗地球观测卫星,由日本宇宙开发事业团于 1992 年发射。星上传感器为合成孔径雷达和光学遥感设备,以及飞行数据记录仪。主要任务是利用合成孔径雷达和遥感设备进行全球观测,用于国土调查、农林渔业、环境保护、灾害监测。合成孔径雷达工作波段为 L 波段,空间分辨率为 18 m。光学相机工作波长为 0.52～

0. 60 μm、0. 63～0. 69 μm、0. 76～0. 86 μm、0. 76～0. 86 μm(前视)、1. 60～1. 71 μm、2. 01～2. 12 μm、2. 13～2. 25 μm、2. 27～2. 40 μm，各波段空间分辨率同样为 18 m。

2. ALOS 卫星

ALOS 卫星于 2006 年 1 月 24 日发射升空，是日本的对地观测卫星。星上载有 3 个传感器：全色遥感立体测绘仪(the panchromatic remote-sensing instrument for stereo mapping，PRISM)，主要用于数字高程测绘；先进可见光与近红外辐射计-2(advanced visible and near infrared radiometer-2，AVNIR-2)，用于精确陆地观测；相控阵型 L 波段合成孔径雷达(phased array type L-band synthetic aperture radar，PALSAR)，用于全天时全天候陆地观测。分辨率：全色波段为 2. 5 m，多光谱波段为 10 m。

学而思

(1)小组搜集资料并讨论，日本 ALOS 系列卫星有哪些类型的传感器，说明这些传感器主要参数和作用。

(2)对比日本 ALOS 陆地卫星和美国 Landsat 陆地卫星的波段数量、分辨率、重访周期，讨论这两种陆地卫星的特点。

3. 4. 4　印度遥感卫星

印度遥感卫星(IRS)共有 4 个系列，IRS-1、IRS-P、IRS-2、IRS-3。该系列卫星主要用于灾害预报、农业、水资源、森林和环境监测，以及基础设施建设、地质勘探、地图绘制等服务，其图像数据也可以提供给印度安全、军事部门使用，具有十分广泛的用途。其中，IRS-1 是陆地观测卫星系列，IRS-P 是专用卫星系列[Cartosat-1(IRS-P5)、Cartosat-2(IRS-P7)是遥感制图卫星]，IRS-2 是海洋和气象卫星系列，IRS-3 是合成孔径雷达卫星系列。

Cartosat-1 卫星，又名 IRS-P5，是印度政府于 2005 年 5 月 5 日发射的遥感制图卫星。它搭载有两个分辨率为 2. 5 m 的全色传感器，可实现连续推扫，形成同轨立体像对，数据主要用于地形图制图、高程建模、地籍制图及资源调查等。Cartosat-2 号制图卫星于 2007 年 1 月 10 日发射，可获取 0. 8 m 分辨率全色影像。

另外，印度还发射了一系列其他高空间分辨率卫星。Cartosat-2A 是一颗全天候的侦察卫星，于 2008 年 4 月 28 日发射成功，重约 690 kg，配有一台先进的全色相机，可以提供特定场景的点成像，用于制图。相机能拍摄可见光谱区域的黑白照片，空间分辨率达 1 m，幅宽为 9. 6 km。Cartosat-2B 卫星是印度空间研究组织自主研发并设计制造的第 17 代卫星，于 2010 年 7 月 12 日被送入预定轨道。它配备一部全色相机，可以从距地 800～900 km 的太空拍摄分辨率为 0. 8 m 的图像。Cartosat-2C 卫星于 2016 年 6 月发射成功，其全色相机拍摄分辨率达 0. 6 m。

学而思

(1)搜集资料并讨论，印度 Cartosat 系列卫星有哪些类型传感器，说明这些传感器主要参数和作用。

(2)对比印度 Cartosat 陆地资源系列卫星的波段数量、分辨率、重访周期，讨论印度遥感技术的先进程度和特点。

3.5 国内遥感卫星

3.5.1 高分系列卫星

高分辨率对地观测系统(以下简称"高分系统")利用天基、临近空间和航空平台等多种观测手段,实现对陆地、海洋、大气等各类对地观测信息的获取,其数据广泛应用于农业、林业、水利、国土、气象,以及国家安全等众多领域。该系统由天基观测系统、临近空间观测系统、航空观测系统、地面系统、应用系统等组成。高分系列卫星是"高分专项"所规划的高分辨率对地观测的系列卫星。它是《国家中长期科学和技术发展规划纲要(2006—2020年)》所确定的16个重大专项之一。该专项系统于2010年经过国务院批准启动实施。截至目前,高分系列已经从高分一号发展到高分十四号,高分一号至七号民用公开卫星参数见表3.4。

表3.4 高分系列卫星参数

卫星名称	传感器	轨道高度/km	重访周期	发射时间
高分一号	2m全色、8 m多光谱相机, 16 m多光谱宽幅相机	645	4 d/41 d (侧摆/不侧摆)	2013-04-26
高分二号	1 m全色、4 m多光谱相机	631	5 d/69 d (侧摆/不侧摆)	2014-08-19
高分三号	1 m C-SAR合成孔径雷达	—	—	2016-08-09
高分四号	可见光近红外50 m、 中红外400 m地球同步轨道凝视相机	36 000	20 s	2015-12-28
高分五号	大气痕量气体差分吸收光谱仪, 大气主要温室气体探测仪, 大气多角度偏振探测仪, 大气环境红外甚高分辨率探测仪, 可见短波红外高光谱相机,全谱段光谱成像仪	705	—	2018-05-08
高分六号	2 m全色、8 m多光谱高分辨率相机, 16 m多光谱中分辨率宽幅相机	630～650	2 d (组网)	2018-06-02
高分七号	0.8 m全色、2.6 m多光谱双线阵立体相机, 激光测高仪,足印相机	505.9	≤60 d	2019-11-03

高分一号(GF-1)卫星搭载了两种类型的(高分相机PMS和宽幅相机WFV)多光谱相机。其中,高分相机PMS由两台相机组成,即PMS1、PMS2,可获取2 m的全色黑白影像、8 m的多光谱彩色影像(蓝、绿、红、近红外4个波段),以及多光谱和全色融合之后的2 m真彩色产品。宽幅相机WFV,由4台相机组成,即WFV1、WFV2、WFV3、WFV4,可获取16 m的多光谱彩色影像(蓝、绿、红、近红外4个波段),同时成像幅宽可达800 km左右。

高分七号(GF-7)卫星搭载的双线阵立体相机可有效获取20 km幅宽、优于0.8 m分辨率的全色立体影像和2.6 m分辨率的多光谱影像,通过立体相机和激光测高仪复合测绘的模式,实现1∶10 000比例尺立体测图。

3.5.2 资源系列卫星

目前,我国资源卫星主要包括资源一号至资源三号系列卫星。

(1)资源一号(ZY-1)。资源一号卫星是由中国和巴西联合研制的,也称为中巴地球资源卫星(China Brazil earth resources Satellite,CBERS)。目前已发射成功的有 CBERS-01 星、CBERS-02 星、CBERS-02B 星、CBERS-04 星和 CBERS-04A 星。

CBERS-04 于 2014 年发射升空,搭载有多光谱相机、红外相机和一台宽视场相机。多光谱相机全色波段分辨率为 5 m,多光谱波段分辨率为 10 m,幅宽为 60 km;红外相机分辨率为 40 m,幅宽为 120 km;宽视场相机分辨率为 73 m,幅宽为 866 km。

CBERS-04A 于 2019 年年末发射升空,搭载宽幅全色多光谱相机、多光谱相机和宽视场相机。宽幅全色多光谱相机,全色分辨率为 2 m,多光谱分辨率为 8 m,幅宽为 90 km;多光谱相机分辨率为 17 m,幅宽为 90 km;宽视场相机分辨率为 60 m,幅宽为 685 km。

(2)资源二号(ZY-2)。资源二号卫星是一颗传输型遥感卫星,于 2002 年发射升空,其上搭载一台 3 m 分辨率的全色相机,主要用于城市规划、农作物估产和空间科学试验等领域,可数字式地向地面传送对地观测数据。同时,资源二号卫星具有轨道机动能力,运行轨道可以随时调整。

(3)资源三号(ZY-3)。资源三号卫星是中国第一颗自主的民用高分辨率立体测绘卫星,星上搭载有前后视相机、正视相机和多光谱相机。其中,前后视相机分辨率为 3.5 m,幅宽为 52 km;正视相机分辨率为 2.1 m,幅宽为 50 km;多光谱相机分辨率为 5.8 m,幅宽为 52 km。资源三号卫星可以通过立体观测,测制 1∶5 万比例尺地形图,为国土资源、农业、林业等领域提供服务。

阅读下面素材,讨论我国遥感卫星发展情况。你还可以搜集到哪些类似素材?

北京时间 2023 年 3 月 30 日 18 时 50 分,我国在太原卫星发射中心使用长征二号丁运载火箭,成功将宏图一号 01 组卫星发射升空。宏图一号 01 组卫星由 4 颗合成孔径雷达遥感卫星组成,发射入轨后组成国际首创的车轮式编队,可以全天候对地观测,提供商业遥感数据服务,主要用于全球陆地高精度测绘、服务重大地质灾害应急调查等。

宏图一号由 1 颗主星和 3 颗辅星组成,它们在太空中组成车轮式的编队,犹如在太空中飞行的车轮,主星位于中部,3 颗辅星均匀分布在车轮轮毂上。这种编队飞行的方式可以有效提高卫星的测绘效率。另外,宏图一号 01 组卫星利用合成孔径雷达对地球进行成像和测绘,采用这种技术的卫星不受天气环境的影响,可以全天时、全天候对地观测。

据了解,4 颗卫星将具备在 1 年内完成全球陆地范围测图的能力,并实现分钟级星地数据传输,数据在河南鹤壁数据中心存储并进行处理应用,日处理数据约 1.5 T,可广泛应用于国内应急减灾、生态环境、自然资源等场景。未来,卫星将提供优于 10 m 分辨率的、全球的高分辨率数字高程模型数据,满足 1∶50 000 比例尺的地形测图,极大提升我国在提供全球公共性的基础地理信息产品方面的国际影响力。

第 4 章　遥感数据表达与获取

在遥感平台中，航天遥感平台目前发展最快、应用最广。该类遥感数据的接收和预处理均由地面站承担。遥感卫星地面站是一个复杂的高技术系统，其任务是接收、处理、存档和分发各类遥感卫星数据。那么数据是如何从真实环境到传感器再经过地面接送站到达用户的？本章将详细介绍目前航天遥感系统中，数字遥感影像、遥感数据的获取及数据的一般结构。

4.1　遥感影像数据

4.1.1　遥感影像类型

遥感数据是传感器获取地物辐射电磁波的记录，是提取目标属性、空间分布等有用信息的基础。根据不同传感器的作用及功能特点，获取的遥感数据可分为图像数据和非图像数据两大类。图像数据（也称遥感影像）不仅记录了目标的辐射信息，还反映了其空间位置；非图像数据输出的只是目标的某些特征信息，如光谱辐射计记录的是地物的反射光谱特性，微波高度计记录的是目标距平台的高度数据。两者最根本的区别在于有无空间特性信息。由于图像数据能同时反映地物的光谱信息和空间信息，因此一般认为遥感影像是遥感的主体数据，其他数据则为遥感的辅助数据。

遥感影像种类很多，分类方法也各不相同，一般可按传感器、波段、颜色、记录介质、表示形式等对遥感影像进行分类，如表 4.1 所示。

表 4.1　遥感影像类型

分类方法	图像类型	备注
按传感器分类	画幅式、推帚式、光机扫描、雷达等	也可分为扫描与非扫描两类
按是否用镜头成像分类	光学和非光学	微波雷达和激光雷达是非光学成像
按波段分类	紫外、全色、近红外、热红外、微波等	还可以进一步细分
按波段间隔大小分类	多光谱、高光谱、超光谱等	
按图像颜色分类	彩色和黑白	彩色又分为真彩色和假彩色
按表示形式分类	空间域和频率域	
按记录介质分类	模拟和数字	

(1)按获取图像的传感器类型可将遥感影像分为画幅式图像、缝隙扫描图像、推帚式扫描图像、光机扫描图像、雷达图像等。

(2)按是否用镜头成像又可分为光学图像和非光学图像。

(3)按记录波段和波段间隔大小(即光谱细分程度)可分为紫外图像、全色图像、近红外图像、热红外图像、微波图像、多光谱图像、高光谱图像和超光谱图像等。

(4)按颜色可分为彩色图像和黑白图像。

(5)按表示形式可分为空间域(简称空域)图像和频率域(简称频域)图像。

(6)按记录介质则可分为模拟图像和数字图像。

下面将重点介绍模拟图像和数字图像。

学而思

(1)用手机对景物拍一张照片,讨论以下问题:这张照片是哪种类型的。是模拟图像还是数字图像?是彩色图像还是黑白图像?是光学图像还是非光学图像?

(2)搜集资料,找胶片冲洗的老相片,说明彩色胶片摄影的照像、洗像过程。

4.1.2　遥感模拟图像

模拟图像是以感光材料为载体所显现的图像,可以用一个连续函数 $f(x,y)$ 表示,x、y 代表像点的位置,$f(x,y)$ 为影像密度,反映了像点对应地物的反射特性。根据传感器的成像特点,$f(x,y)$ 不仅与地物反射光谱特性有关,还与感光材料类型、摄影时所用滤光片及摄影处理条件等因素有关。

在胶片片基上涂上感光乳剂(卤化银)就形成了感光材料。摄影时,卤化银在接收光照后,能发生光化学反应,从而使卤和银分离,析出微小的银颗粒,形成肉眼看不见的潜像。析出银颗粒的多少与其接收的光能量成正比。摄影后,再对潜像进行显影和定影处理就形成了一幅固定图像。感光材料分为正片和负片,正片称为相纸或拷贝片,主要用于印相和拷贝;负片称为感光胶片,用于摄影时记录地物的反射光谱能量。显然,感光胶片的感光性能是影响模拟图像色调的因素之一。感光胶片按显示的色彩可分为黑白胶片和彩色胶片两类。

从模拟图像的记录介质和成像过程可以看出,模拟图像具有以下几个特点。

(1)模拟图像是连续图像,可以连续反映地物的空间分布和反射特性,图像上的每个图像点都是数学意义上的几何点。

(2)由于感光胶片光谱响应的限制,模拟图像能表达的光谱范围十分有限,只局限在 0.9 μm 以下的紫外、可见光和近红外区域。

(3)模拟图像只能用于目视分析和手工量测,对其进行的各种处理,如平滑、锐化、频谱分析、彩色增强等也只能用光学方法来完成。为适合计算机自动处理,必须用数字化设备将模拟图像转换成数字图像。

4.1.3　遥感数字图像

数字图像主要记录在磁带、磁盘、光盘等介质上,可以方便地进行存储和传输。它是以光电转换器件为探测元件的,并将接收的地物辐射电磁波变为模拟的电压或电流信号,再经过模数转换,量化为灰度值。光电探测元件的光谱响应范围很宽,能探测从紫外到远红外的所有波段;输出的动态范围大,有利于量化出更多的灰度级,获取反差适中的图像;信噪比高,使数字图像的视觉质量远远优于模拟图像。

数字图像是一个离散的数字矩阵或阵列,矩阵中的每个元素代表一个像元(或像素),其行和列号代表像元的位置,其值的大小则代表对应地物辐射电磁波的强弱。数字图像可用一个离散函数 $f(i,j)$ 来表示,其中 i、j 是正整数,分别表示像元的行、列号,$f(i,j)$ 也是正整数,称为像元的灰度值,如图 4.1 所示。

局部放大图像

列(j)

行(i)

	0	1	2	3	4	5	6	7	8	9	10
0	123	122	122	123	121	121	121	127	132	135	137
1	122	121	119	121	124	129	129	131	132	133	134
2	122	130	132	131	131	135	137	136	132	129	129
3	130	140	145	148	143	139	140	141	134	126	127
4	138	140	141	144	143	140	145	147	133	123	129
5	141	138	135	136	138	140	144	146	137	133	139
6	141	140	139	138	140	141	144	150	154	159	169
7	143	144	143	145	148	146	144	149	156	163	170
8	148	147	143	144	149	146	143	146	150	157	165
9	146	144	143	144	144	139	136	142	146	155	161
10	146	146	144	143	144	144	139	136	142	146	155

灰度矩阵

图 4.1　遥感数字图像

与模拟图像相比,数字图像有以下特点。

(1)数字图像不是一个连续函数,是对地物电磁波辐射特性和地物空间分布的离散化采样。

(2)由于采用光电探测器件,数字图像光谱表达范围很宽,可反映地物从紫外、可见光到远红外所有波段的反射和发射特性。

(3)数字图像不但能用于目视分析和手工量测,而且特别适合进行计算机分析和处理。

学而思

(1)20 世纪战地记者记录了很多历史瞬间,都是通过黑白胶片摄影记录下来的,是宝贵资料。现在很多影视剧在引用这些片段题材的过程中,利用高科技手段,使画面变成了彩色,试说明这个图像转换的原理。

(2)如果你有一张小时候黑白照片,需要哪些步骤可以将其变成彩色的?

4.1.4　图像数字化过程

获取数字图像有两个基本途径:一是利用各种数字传感器直接获得,二是用数字化设备将模拟图像转换为数字图像(图 4.2)。将目标影像转换为数字图像需要经过两个过程:采样与量化。采样时,应将连续的图像平面按一定的间隔离散为若干个小方格并取其平均密度,每个小方格即代表一个像元。像这样将图像按平面坐标离散并取值的过程称为采样,相邻像元间的距离称为采样间隔。通过模数转换,将密度转换为离散的整数值,这个过程称为量化。

(1)图像采样。在图像数字化时,如何选取合适的采样间隔是一个非常重要的问题。如果选用的采样间隔过小,虽然图像信息没有损失,但是采样后的数据量过大,且有冗余信息;如果采样间隔过大,会使图像信息损失严重,采样后图像就不能正确恢复原图像。因此,采样间隔不能过大,也不能过小,应在保证原图像信息没有损失的条件下选择最大的采样间隔。理论上，最佳采样间隔可用采样定理来确定。

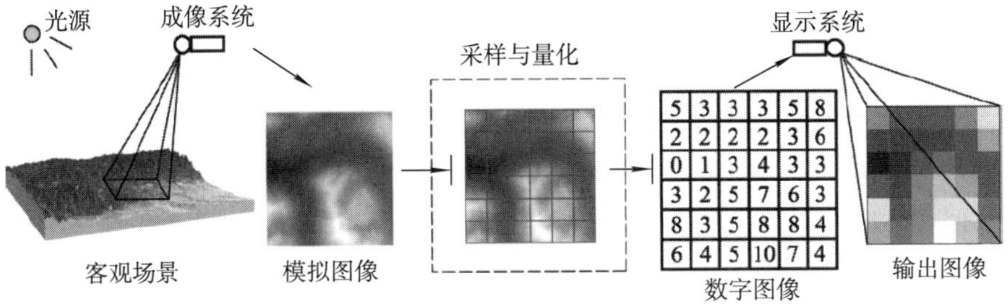

图 4.2　图像的数字化过程

采样定理要求采样后的图像没有信息损失，能完全恢复原图像。根据采样定理，假设连续图像函数 $f(x,y)$ 在 x、y 方向的最高空间频率分别为 u_c 和 v_c。那么，当采样间隔为 Δx 和 Δy 时，考虑使采样后的数据量最小，最为合适的数字化采样间隔应为

$$\Delta x = \frac{1}{2u_c}$$

$$\Delta y = \frac{1}{2v_c}$$

对于实际图像，图像分辨率就是其最高空间频率。图像分辨率在数值上等于影像上每毫米能分辨的最大线对数，并且这个值是可以被估算或测定的。如果模拟图像的影像分辨率为 R，则对其数字化时，采样间隔 d 应为

$$d = \frac{1}{2R}$$

这里，之所以采样间隔不区分 x、y 方向，而用一个值 d 来代替，是因为图像分辨率没有方向性。

（2）图像量化。量化就是将图像像元点对应的亮度连续变换区间转换为单个特定值的过程，即将原始灰度图像的空间坐标幅度值离散化。量化等级 G，通常是 2 的整数幂，即 $G=2^n$，这里 n 是正整数，且正好等于一个像元所占用内存的比特数。因此，常用比特数多少来表示图像的量化等级。

目前常见的数字图像有 6 bit、8 bit、10 bit，表示图像被量化了 64、256、1 024 级，相应的灰度范围为 0～63、0～255、0～1 023。图像灰度的量化级越多，图像细节越丰富，视觉效果越柔和，图像质量就越高，但数据量也会急剧上升。因此，在实际工作中应根据影像密度的动态范围，合理选择量化等级。

学而练

（1）搜集资料，选取一张黑白照片，查询这张照片的量化等级。

（2）利用任意一个图像处理软件平台，打开上面选择的这张照片的数据文件，看看这个照片像元最大值、最小值分别是多少。

4.2　遥感影像数据结构

遥感数据可用一个二维数组来表示。元素的值表示传感器探测到的像元对应面积上目标地物的电磁辐射强度。采用这种方法，可以将地球表面一定区域范围内的目标地物信息记录

在一个二维数组(或二维矩阵)中。在数组中,每个像元的量化等级越多,图像层次越丰富,灰度分辨率越高,图像的质量也越好;量化等级越少,图像层次欠丰富,灰度分辨率越低,会出现图像轮廓分层的现象。

4.2.1 通用二进制文件格式

图像数据通常采用串流记录方式存储于磁带、磁盘或光盘等介质中,常用的串符型数据排列格式有 3 种,即逐像元按波段次序记录格式、逐行按波段次序记录格式和按波段次序记录格式,如图 4.3 所示。

文件头	40 (1,1,1)	44 (1,1,2)	10 (1,1,3)	40 (1,2,1)	44 (1,2,2)	10 (1,2,3)	42 (1,3,1)	45 (1,3,2)	12 (1,3,3)	
	40 (2,1,1)	45 (2,1,2)	10 (2,1,3)	55 (2,2,1)	55 (2,2,2)	50 (2,2,3)	62 (2,3,1)	60 (2,3,2)	82 (2,3,3)	
	42 (3,1,1)	45 (3,1,2)	12 (3,1,3)	60 (3,2,1)	60 (3,2,2)	80 (3,2,3)	65 (3,3,1)	60 (3,3,2)	80 (3,3,3)	文件结尾

(a) BIP格式

文件头	40 (1,1,1)	40 (1,2,1)	42 (1,3,1)	44 (1,1,2)	44 (1,2,2)	45 (1,3,2)	10 (1,1,3)	10 (1,2,3)	12 (1,3,3)	
	40 (2,1,1)	55 (2,2,1)	62 (2,3,1)	45 (2,1,2)	55 (2,2,2)	60 (2,3,2)	10 (2,1,3)	50 (2,2,3)	82 (2,3,3)	
	42 (3,1,1)	60 (3,2,1)	65 (3,3,1)	45 (3,1,2)	60 (3,2,2)	60 (3,3,2)	12 (3,1,3)	80 (3,2,3)	80 (3,3,3)	文件结尾

(b) BIL格式

文件头	40 (1,1,1)	40 (1,2,1)	42 (1,3,1)	40 (2,1,1)	55 (2,2,1)	62 (2,3,1)	42 (3,1,1)	60 (3,2,1)	65 (3,3,1)	文件结尾
文件头	44 (1,1,2)	44 (1,2,2)	45 (1,3,2)	45 (2,1,2)	55 (2,2,2)	60 (2,3,2)	45 (3,1,2)	60 (3,2,2)	60 (3,3,2)	文件结尾
文件头	10 (1,1,3)	10 (1,2,3)	12 (1,3,3)	10 (2,1,3)	50 (2,2,3)	82 (2,3,3)	12 (3,1,3)	80 (3,2,3)	80 (3,3,3)	文件结尾

(c) BSQ格式

图 4.3 遥感数字图像记录格式

(1)BIP 格式。逐像元按波段次序(band interleaved by pixel,BIP)记录格式是逐像元将 n 个波段的灰度值按波段顺序排列在数据集中。图 4.3 中例举的图像矩阵包含 3 个波段的数据。当按 BIP 格式存放时,首先存放矩阵中第一个像元(1,1)各波段的灰度值,其顺序是(1,1,1)、(1,1,2)、(1,1,3);然后再按(1,2,1)、(1,2,2)、(1,2,3)的顺序存放第二个像元(1,2)的灰度值,依此类推,直到所有像元存放完毕,如图 4.3(a)所示。最后在数据集的结束处放置一个文件结尾(end-of-file,EOF)标记。

(2)BIL 格式。逐行按波段次序(band interleaved by line,BIL)记录格式的文件将每行像元的 n 个波段灰度值按顺序放置到数据文件中。当对图 4.3 所示图像按 BIL 格式存放时,首先放置第 1 行第 1 波段所有的像元值，然后放置第 1 行第 2 波段所有的像元值，再放置第 1 行第 3 波段所有的像元值，接下来存放第 2 和第 3 行，如图 4.3(b)所示。

(3)BSQ 格式。按波段次序(band sequential，BSQ)记录格式是将每个波段全部像元值放在一个单独的文件中。每个波段文件都有各自开始的文件头和文件结尾标记，如图 4.3(c)所示。Landsat4 和 Landsat5 上，所用计算机兼容磁带(computer compatible tape，CCT)的记录格式就是 BSQ 格式。

学而练

选取 3 种颜色的便利贴来完成这个试验，一个颜色的便利贴代表一个波段观测序列。遥感影像一行可以用一行便利贴来完成，每个便利贴可以写上代表像元灰度值的数值。按照 BIP 格式、BIL 格式和 BSQ 格式对便利贴进行排列。实际做一做，你会发现什么？

4.2.2 传感器文件格式

不同的传感器研发或运行机构一般会给所分发的卫星数据设计一种分发格式，如 Landsat 系列卫星的 FAST 格式、SPOT 系列卫星的 DIMAP 格式、EOS 系列卫星的 HDF 格式、IKONOS 卫星的 GeoTIFF 格式等。

以 Landsat 系列卫星文件格式进行简要说明。快速格式(fast format)最早是由美国 EOSAT(earth observation satelite)针对 Landsat 系列产品制定的，有过 3 个版本，即 FAST-A、FAST-B、FAST-C。其中，FAST-A 在 20 世纪 90 年代初期停止使用，FAST-B 用来记录 Landsat5 的 TM 数据产品，后来美国 Space Imageing(EOSAT 重组后的名称)开发了 FAST-C 版本以适应更多种类的卫星数据产品(如印度卫星等)。

Landsat7 一般采用 FAST-L7A 格式。FAST-L7A 是在 FAST-C 基础上发展而来的，以适应 Landsat7 的 ETM+传感器的特征。它包括 3 部分文件，文件名固定格式分别为 HPN. fst、HRF. fst、HTM. fst，分别代表全色波段、可见光波段和热红外波段的数据。FAST-L7A 有 3 个头文件，分别用来说明不同的波段组。而对每一波段组，头文件的大小也由以往的一个 1 536 字节的记录扩展为 3 个 1 536 字节的记录。每个波段组的头文件记录的内容按顺序分别是：

(1)管理记录(administrative)，包含产品标识信息、图像标识信息及读取每个波段图像所需的特定参数，如产品编号、景号、时相、卫星及传感器代码、图像尺寸、波段组成、像元间隔和各波段文件名等。

(2)辐射记录(radiometric)，包含辐射校正所必需的系数，这些系数用于将每个波段图像的像元值转化为星上传感器入口处的光谱辐射值。

(3)几何记录(geometric)，包含图像的大地测量位置信息，如地图投影、地球模型、图像角点、中心点的大地测量坐标值、图像定向角及太阳高度角和方位角等，该记录的信息有助于将图像与其他数据进行配准。

学而练

(1)搜集资料，中国卫星的传感器有哪些文件格式？与其他国家传感器文件格式做一下对比分析。

(2)高分一号、高分二号遥感数据用的是哪一种传感器文件格式，列出它的头文件记录内容。

4.2.3 商业软件图像文件格式

现在商业化的遥感影像基础处理软件都支持多种格式之间相互转换，格式类型包括TIFF、GeoTIFF(“.tif”“.tiff”)、ENVI IMG、ERDAS IMG、BMP、JPG。下面主要介绍其中三种。

(1)TIFF。TIFF(tagged image file format)是一种灵活的图像文件格式，广泛用于照片和图像存储。TIFF文件的结构包括三个主要部分：文件头位于文件的开始部分，包含正确解释文件其他部分所需的信息；图像文件目录(image file directory，IFD)包含有关图像的所有信息，提供了一系列的指针(索引)，这些指针告诉我们各种有关的数据字段在文件中的开始位置，并给出每个字段的数据类型及长度；图像数据即图像文件目录指向的地址所存储的相关图像信息。TIFF支持多种类型的图像，包括二值图像、黑白灰度图像、带调色板的彩色图像和RGB真彩图像。TIFF支持多种压缩方法，如RGB无压缩、RLE(run-length encoding)压缩及JPEG压缩等。

(2)GeoTIFF。GeoTIFF(geographic tagged image file format)是一种常用的地理信息图像文件格式，它结合了图像数据和地理信息数据，支持将地理坐标、投影信息、椭球体参数等地理信息嵌入图像文件中，但文件大小相对较大，占用存储空间较多。GeoTIFF文件由三大部分组成，即图像数据、标头数据和地理标记。图像数据部分存储像元值；标头数据包含了图像的尺寸、分辨率、数据类型等基础信息；地理标记则包含用于描述图像中每个像元对应地理位置的信息，如坐标系、投影方式等。

(3)ENVI文件格式。ENVI标准文件格式是指一种特定的遥感数据存储格式，主要由头文件(“.hdr”)和与之对应的影像文件(通常为“.img”格式)组成。ENVI头文件包含用于读取图像数据文件的信息，如卫星成像时的成像参数、卫星的轨道参数、传感器的姿态参数、影像数据类型、波段的存储方式、波段总数、影像记录长度、几何及辐射处理参数等其他相关信息。“.img”格式的影像文件会存储遥感影像中每个波段的数据。

4.3 遥感影像特征

遥感应用时，需要了解监测对象的多种信息：①目标地物的大小、形状及空间分布特点；②目标地物的属性特点；③目标地物的变化动态特点。根据这些信息可以确定所需要的遥感影像数据的数字特征，如图像的空间分辨率、时间分辨率、光谱分辨率和辐射分辨率等指标。

4.3.1 空间分辨率

空间分辨率指图像上能够区分的地面最小单元的尺寸或大小，或指传感器区分两个目标的最小角度或线性距离的度量。空间分辨率在数量上相当于遥感可识别的最小地面距离或最小目标物的大小。遥感影像的空间分辨率反映了其对两个非常靠近的目标物的识别、区分能力，有时也称为分辨力或解像力，通常用像元分辨率来表示。

对于现代的光电传感器图像，空间分辨率通常用地面分辨率和影像分辨率来表示。地面分辨率定义为影像能够详细区分的最小单元(像元)所代表的地面实际尺寸的大小。地面分辨率在不同的比例尺的具体影像上的反映，称为影像分辨率，不同卫星影像的空间分辨率不同，成图比例尺也不同。

像元分辨率指单个像元所对应的地面面积大小，单位为米或千米。如 Landsat TM 影像的星下点像元对应地面面积为 28.5 m×28.5 m，其空间分辨率约为 30 m；QuickBird 商业卫星影像的一个像元相当地面面积 0.61 m×0.61 m，其空间分辨率为 0.61 m。对于光电扫描成像系统，像元在扫描线方向的尺寸大小取决于系统几何光学特征的测定，而飞行方向的尺寸大小取决于探测器连续电信号的采样速率。

一般说来，传感器系统的空间分辨率越高，其识别物体的能力越强。同一地物在不同空间分辨率下表现截然不同：一个建筑物在 0.5 m 空间分辨率下，建筑物影像非常清晰，细节也一览无余；在 10 m 空间分辨率下，只能看出地物大体轮廓，已较难区分地物类型。空间分辨率的大小，仅表明影像细节的可见程度，但真正的识别效果还与地物的几何、物理特性及背景因素有关。实际上每一目标在图像上的可分辨程度，不完全取决于空间分辨率的具体值。例如，在空间分辨率为 80 m 的 Landsat MSS 影像上，沙漠、水域、草原、农作区中，仅有宽度为 15～20 m 的公路仍清晰可辨，这是因为其独特的形状和较单一的背景所致。

不同遥感目的因其空间大小精度要求等内容不同，其空间分辨率的要求是不同的，表 4.2 给出了不同空间尺度的遥感应用对空间分辨率的要求。

表 4.2　遥感应用对空间分辨率的要求

分辨率等级	基本要求范围	应用领域
高空间分辨率	小于 5 m	城市违建监测、矿山开采执法
	5 m	城市交通密度分析
	10 m	交通规划设计、污染源识别、城市居住密度分析
中空间分辨率	20 m	水污染控制、作物长势及估产、土种识别
	50 m	水土保护、植物群落、洪水灾害、地热开采、森林火灾监测与预报、城区地质研究
低空间分辨率	100 m	海岸带变化、环境质量评价、资源调查、森林清查、矿产资源普查

4.3.2　时间分辨率

时间分辨率是关于遥感影像重复获取间隔时间的一项性能指标。航天遥感探测器按一定的时间周期重复采集数据，这种重复周期又称回归周期、重访周期，由遥感平台的轨道高度、轨道倾角、运行周期、轨道间隔、偏移系数等参数所决定。

对同一地区重复采集数据的最小时间间隔称为时间分辨率。它能提供地物动态变化的信息，可用来对地物的变化进行监测，也可以为某些专题要素的精确分类提供附加信息。时间分辨率包括两种情况：①传感器本身设计的时间分辨率，受卫星运行规律影响，不能改变；②根据应用要求，人为设计的时间分辨率，它一定等于或大于卫星传感器本身的时间分辨率。例如，SPOT 和 QuickBird 等卫星影像均可提供编程服务，可以调整卫星传感器运行状态，从而获取研究区某一期望时间的影像。遥感的时间分辨率对于自然灾害影响评价、冲突区域监控、农作物长势监控等应用具有重大意义。

遥感的时间分辨率范围较大。以遥感卫星的轨道重复周期来说，静止气象卫星（地球同步气象卫星）的拍摄传输时间分辨率为 0.5 小时 1 次；太阳同步气象卫星的时间分辨率为每天

2 次;Landsat 为 16 天 1 次;CBERS 为 26 天 1 次,利用相机侧扫功能可以缩至 4～5 天。

根据重访周期的长短,时间分辨率可分为 3 种类型:①超短或短周期时间分辨率,可以观测到一天之内的变化,以小时为单位;②中周期时间分辨率,可以观测到一年内的变化,以天为单位;③长周期时间分辨率,一般可观测以年为单位的变化。

天气预报、灾害监测等需要短周期的时间分辨率,常以小时为单位;植物、作物的长势监测、估产等需要时间分辨率以旬或日为单位;城市扩展、河道变迁、土地利用变化等多需要时间分辨率以年为单位。总之,可根据不同的遥感目的,采用不同的时间分辨率。

4.3.3 光谱分辨率

光谱分辨率指传感器在接收目标辐射的波谱时能分辨的最小波长间隔,也称波谱分辨率。波长间隔越小,光谱分辨率越高。在黑白全色摄影中,照相机用一个综合的宽波段(0.4～0.7 μm,波段间隔为 0.3 μm)记录下整个可见光波段的反射辐射;Landsat TM 有 7 个波段,能较好地区分同一物体在 7 个不同波段的光谱响应特性的差异;成像光谱仪 AVIRIS 有 244 个波段(0.4～2.45 μm,波段间隔仅为 10 nm),可以捕捉到不同物质反射特性的微小差异。表 4.3 是一些常用传感器的光谱分辨率。

表 4.3 部分遥感传感器的光谱分辨率

传感器	卫星名	国家或机构	波段数目	波长范围/μm	波段宽度/nm
OLI-2/TIRS-2	Landsat9	美国	11	0.43～2.3	约 60
WF-1	OrbView4	美国	200	0.45～5	约 10
LISS3	IRS-P6	印度	4	0.50～0.85	70～150
HRS	SPOT-5	法国	5	0.49～1.75	70
高光谱成像仪	环境一号卫星	中国	110～128	0.4～0.95	10
多光谱相机	高分二号卫星	中国	4	0.45～0.89	70～120

一般来说,传感器的波段越多,波段宽度越窄,地面物体的信息越容易区分和识别,针对性越强,遥感应用的效果也越好。成像光谱仪所得到的图像在地表植被和岩石的化学成分分析中具有重要意义,因为高光谱遥感能够提供丰富的光谱信息,足够的光谱分辨率可以区分出那些具有诊断性光谱特征的地表物质。但是,面对大量多波段信息及它所提供的这些微小的差异,要直接将这些差异与地物特征联系起来仍比较困难。

对于特定的目标选择的传感器,并非波段越多、光谱分辨率越高效果就越好,而要根据目标的光谱特性和必需的地面分辨率进行综合考虑。在某些情况下波段太多、分辨率太高、接收到的信息量太大,形成海量数据,反而会“掩盖”地物辐射特性,不利于快速探测和识别地物。因此,要根据需要,恰当地利用光谱分辨率。

4.3.4 辐射分辨率

辐射分辨率指传感器对光谱信号强弱的敏感程度、区分能力,即探测器的灵敏度——传感器探测元件在接收光谱信号时能分辨的最小辐射度差,或指对两个不同辐射源的辐射量的分辨能力。在遥感影像上表现为每一像元的辐射量化等级。遥感影像的辐射分辨率越高,越能清楚地反映地物的辐射亮度变化细节,因此遥感影像的可检测能力也越强。

辐射分辨率与探测器的响应率和传感器系统内的噪声有直接关系,一般为噪声等效温度的 2～6 倍。为了获得较好的温度鉴别力，红外系统的噪声等效温度限制在 0.1～0.5 K，而使系统的温度分辨率达到 0.2～3.0 K。目前，TM6 图像的温度分辨率可达到 0.5 K。

图像的空间分辨率与辐射分辨率和光谱分辨率之间是有一定的关系的。一般而言，瞬时视场越大，最小可分辨像元越大，空间分辨率越低，同时，光通量即瞬时获得的入射能量也越大，辐射测量越敏感，对微弱能量差异的检测能力也越强，即辐射分辨率越高。瞬时视场越大，入射能量越大，也越有利于光谱分辨率的提高。因此，空间分辨率的增大，将伴之以辐射分辨率和光谱分辨率的降低。可见，高空间分辨率与高辐射分辨率、高光谱分辨率往往呈现出矛盾的一面，因此对这些指标的确定需要综合考虑。

4.4　遥感数据获取

高中低分辨率对地观测技术的综合发展，为遥感影像的应用和推广带来了新的机遇和挑战。研究人员和用户可通过商业平台购买一些遥感数据，还可以通过互联网获取遥感和其他类型的地理空间数据。下面是一些现有遥感影像数据的获取平台。

4.4.1　美国地质调查局地球检索器

美国地质调查局(United States Geological Survey，USGS)是隶属于美国内政部的科研机构，其主要任务为调查地下矿藏、海洋资源、地下水资源，预估农作物产量，研究地形地貌，预测自然灾害及环境污染，以促进全球资源的合理使用，并绘制地形地貌、水文、矿藏、植被及人口分布等专题图。美国地质调查局(官网为 htts://earthexplorer. usgs. gov)提供最新、最全面、免费公开的全球卫星影像，包括 Landsat 系列卫星数据、SPOT 数据、MODIS 数据、高程模型数据及其他地理信息产品与服务等。

美国地质调查局地球检索器的首界面的左侧可以设置研究区域，右侧则出现所选区域的经纬度，并自动在地图上进行标注。同时，可以选择所需要的数据类型，并设置研究范围的经纬度和可具体到日的时间范围。检索结果中可以针对具体的某景影像在线查看，也可查看其所覆盖的具体位置，该景影像所对应的元数据及影像信息也可免费下载。该地球检索器需登录美国地质调查局账户才能导出元数据信息或下载所需数据。

4.4.2　全球综合地球观测系统

全球综合地球观测系统(global earth observation system of systems，GEOSS)是一种全面协调可持续的分布式地球观测系统，其数据官网为 http://www geoportal. org。为了提高不同角度对地球覆盖物的监测，系统将各类地球观测系统进行集中联合，系统内是由各国和组织提供的大量观测系统采集数据信息，实现了对地观测信息的协同和共享。此外，全球综合地球观测系统中的数据可以免费访问，具有可互操作性。该系统体系通过全球综合地球观测系统平台，主动将世界各地现有计划的观测系统连接在一起，针对目前存在差距的新系统，制定共同的技术标准，以便将来自数千种不同仪器的数据组合成一致的数据集。

4.4.3 中国遥感卫星地面站存档卫星遥感数据目录服务系统

中国遥感卫星地面站(remote sensing ground station,RSGS)存档卫星遥感数据目录服务系统是一种为全国提供遥感影像卫星数据及空间遥感信息服务的中国专用遥感地面站,官网为 http://eds.ceode.ac.cn,是中国大陆唯一的国家级民用多种资源卫星接收与处理基础设施,具备强大的卫星数据接收处理能力。

该地面站现已形成完整的卫星数据接收、传输、存档、处理及分发体系,并建立中国遥感卫星地面站存档卫星遥感数据目录服务系统。此外,该地面站于 1986 年实现对美国 Landsat5 卫星数据的接收与处理,于 1993 年实现对欧空局 ERS-1 及日本 JERS-1 卫星 SAR 数据的接收与处理,分别于 1997 及 2008 年实现对加拿大 RADARSAT-1 及 RADARSAT-2 卫星数据的接收与处理,于 2002 年实现对法国 SPOT-5 卫星数据的接收与处理,于 2015 年实现对法国 Pleiades 卫星数据的接收与处理。我国所发射的一系列对地观测卫星(CBERS-01、HJ-1A、资源一号 02C、高分一号等)数据则于 1999 年起由该地面站全权负责接收。

中国遥感卫星地面站检索平台可以设置研究区域、遥感影像类型及时间范围等。根据实际需求,在检索结果中选中所需数据,然后进行下载,将下载的压缩包数据解压,即可得到所需要的数据文件列表。

学而练

(1)若拟进行 2008—2020 年河北省唐山市土地利用与覆盖遥感应用研究,则可以从哪些平台上获取免费遥感数据。练习一下,看看是否能成功下载。

(2)根据下载数据分级,回答什么是原始数据,而数据 1A 级、2B 级代表什么意思。如果监测中低纬度地区植被面积变化,可以选取哪些卫星数据,使用什么级别的数据。

4.4.4 地理空间数据云平台

2010 年,由中国科学院计算机网络信息中心科学数据建设部门运行维护的地理空间数据云(geospatial data cloud,GDC)平台正式启动。地理空间数据云中的数据源包括镜像数据及数据产品两部分,其中镜像数据包括引进的原始数据资源,如数字高程模型(digital elevation model,DEM)、MODIS、Landsat 系列卫星、LUCC 数据集、NCAR、NOAA 及 EO-1 等。同时,在镜像数据及科学数据中心存档数据的基础上,将国内外发展趋势与国内用户所提出的需求相结合,采用极具权威性的遥感影像处理方法进行了数据精加工,生产优质数据(官网为 http://www gscloud.cn)。

地理空间数据云检索平台可以设置研究区域、数据源及时间范围。根据实际需求,能在检索结果中筛选数据类型,然后进行下载。

4.4.5 地理国情监测云平台

地理国情监测云平台(geographical information monitoring cloud platform,GIMCP)是北京数字空间科技有限公司推出的首家全行业数据共享概念平台,由时空数据平台和数值模拟研究平台结合而成。GIMCP 自 2012 年 10 月上线至今,一部分时空信息系列产品已经取得研究成果,并依据产品成果,逐渐形成了独具特色的海量遥感影像数据库(官网为 http://www.

dsac. cn)。地理国情监测云平台提供的数据为加工过的数据资源，用户无法设置检索条件，只能根据所给出的固定检索条件进行选择。数据源可选择 Landsat、Sentinel-1A、Sentinel-2A、CBERS、资源三号、高分一号或高分六号 WFV、环境小卫星、MODIS、NOAA 的 AVHHR、SRTM 的地形数据，这些数据基本可以免费获取。

阅读下面资料，参考总书记讲话，说说你认为的“遥感信息共享平台”的含义。

2023 年 8 月 23 日，国家主席习近平在金砖国家领导人第十五次会晤上的讲话中提出，中国将设立“中国—金砖国家新时代科创孵化园”，为科技创新成果转化提供支撑；依托金砖国家遥感卫星星座合作机制，探索建立“金砖国家全球遥感卫星数据与应用合作平台”，为各国农业、生态、减灾等领域发展提供数据支持。

2023 年 9 月 4 日，国家主席习近平致 2023 中国国际智能产业博览会的贺信中指出，当前，互联网、大数据、云计算、人工智能、区块链等新技术深刻演变，产业数字化、智能化、绿色化转型不断加速，智能产业、数字经济蓬勃发展，极大改变全球要素资源配置方式、产业发展模式和人民生活方式。中国高度重视数字经济发展，持续促进数字技术和实体经济深度融合，协同推进数字产业化和产业数字化，加快建设网络强国、数字中国。中国愿同世界各国一道，把握数字时代新趋势，深化数字领域国际交流合作，推动智能产业创新发展，加快构建网络空间命运共同体，携手创造更加幸福美好的未来。

我国天地一体化的空间基础设施建设取得重大进展，构建了以卫星通信、卫星遥感、卫星导航为主体的天地一体化国家空间基础设施体系。我国已实现从地球静止轨道到低轨卫星群、从可见光到红外、从多光谱到高光谱、从光学遥感到雷达遥感的对地观测能力，构建了我国高分辨率对地观测系统的骨干网，带动了陆地资源环境、海洋监视监测、天气和气候观测等一批星座的立项建设，推动构建起以卫星通信、卫星遥感、卫星导航为主体的天地一体化国家空间基础设施体系。

我国遥感卫星发展迅速，特别是高分专项的实施，构建起了稳定运行的高分卫星遥感系统。与此同时，遥感卫星应用仍存在效益不高、数据共享难、应用服务分散等问题。2022 年，为推动我国遥感数据共建共用共享，国家航天局会同有关部门，组织国家航天局对地观测与数据中心、中国资源卫星应用中心、国家卫星气象中心等 7 家共建单位通力合作，联合建设国家遥感数据与应用服务平台。该平台聚合了高分卫星、民用航天科研卫星、国际合作卫星、气象卫星、海洋卫星等 30 多颗卫星的数据资源，实现全国覆盖信息产品、研究成果的动态集成共享。其中，国际版平台具备全球共享的服务能力。

基础理论篇习题与练习

(1)与传统对地观测手段比较,遥感有什么特点?举例说明。

(2)遥感有哪几种分类方式?分类依据是什么?

(3)试阐述当前遥感的发展现状及趋势。

(4)遥感影像具有哪些特征?举例解释每一特征。

(5)遥感系统包含哪些要素?画一个示意图解说一下。

(6)用遥感专业知识解释“夕阳方照桃花坞,柳絮飞来片片红”。

(7)详述 BSQ、BIL、BIP 这 3 种存储方式,并说明其各自的适用场合。

(8)什么是太阳轨道?请阐述太阳同步轨道的主要用途。

(9)电磁波波谱区间主要分为哪几段?其中遥感探测利用最多的是什么波段?仔细分析原因。

(10)阐述太阳辐射和地球辐射的特点,以及当这些电磁辐射经过大气时产生哪些物理过程。

(11)为什么地物光谱的测量十分重要?为什么说地物的光谱曲线如同人的指纹?说出几种主要地物的光谱曲线特点,并对比分析光谱差异的原因及规律。

(12)航天遥感平台有哪些?地面遥感平台有哪些?航空遥感平台有哪些?对比三者的应用范围,分析各平台的优势与不足。

(13)若开展城市热岛效应与植被或城市化进程相互影响的研究,选用哪些卫星数据更合适。

(14)哪些陆地卫星数据适合开展中低纬度地区作物种植面积提取与长势连续监测任务。

(15)极轨气象卫星与静止气象卫星在进行气象观测中各自有哪些优势。

(16)用中红外波段进行海温遥感时,是白天的数据可靠还是晚上的数据可靠?为什么?

(17)卫星的重访周期和重复周期有什么区别?

(18)当前常用的传感器有哪些?2000 年以来我国主要的卫星遥感数据有哪些?

(19)若监测中国东北地区的火灾,应该使用什么遥感数据?为什么?

(20)若对特定地区的洪涝灾害进行监测,应该怎样选择遥感数据?

(21)高光谱分辨率影像与多光谱影像在波段设置上的差异有哪些?产生这种差异的可能原因是什么?

(22)近 3 年的新闻中,哪些国内外重要的环境实践使用了遥感影像作为证据。请查找资料,总结分析遥感数据在国土安全中的作用和影响。

(23)分别对中国西北地区、西南地区、东南地区进行地表覆盖分类,试分析遥感数据选择的差异。

第二篇
遥感影像处理

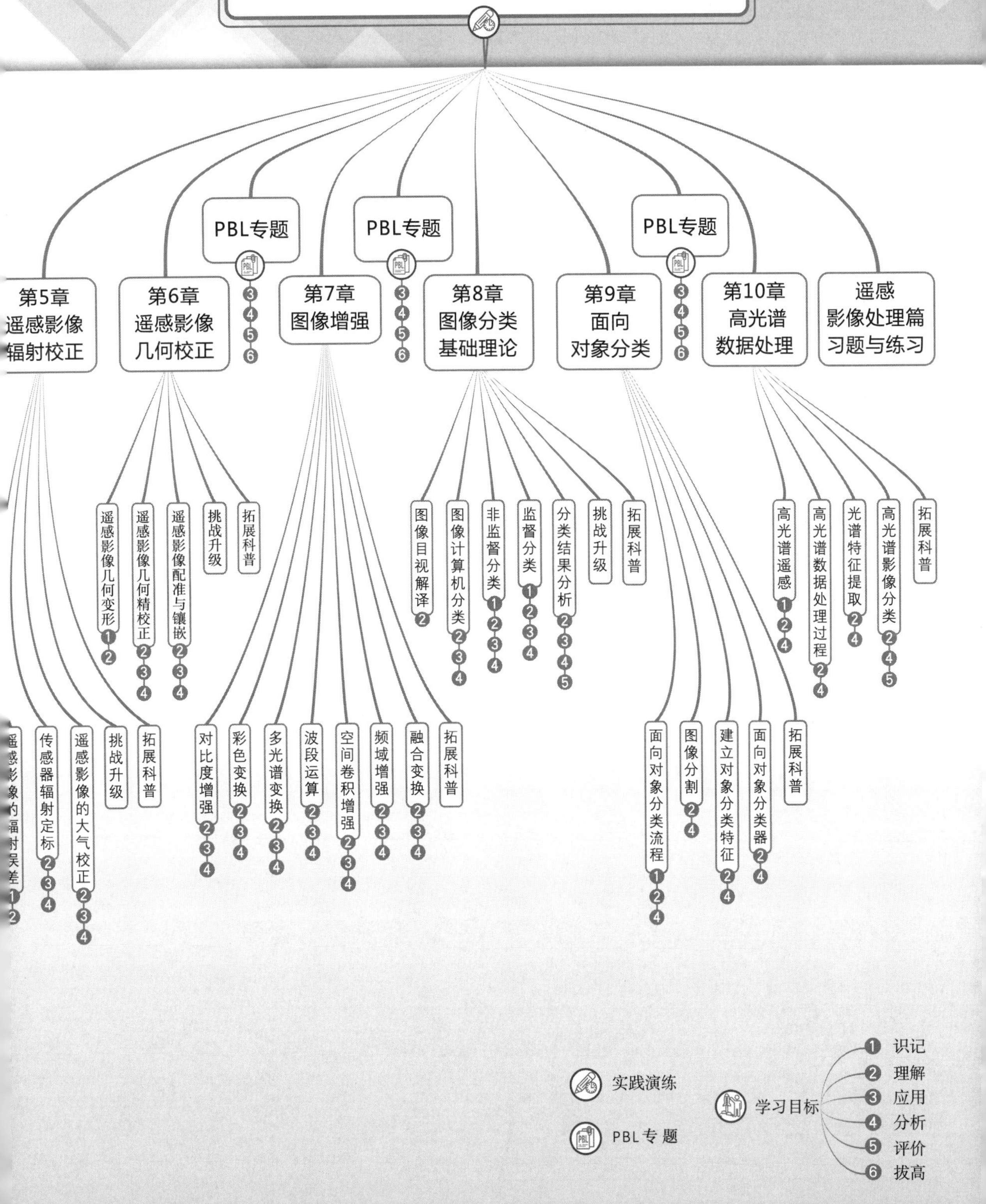

PBL专题 3 4 5 6
PBL专题 3 4 5 6
PBL专题 3 4 5 6
第5章 遥感影像辐射校正
遥感影像的辐射误差 1 2
传感器辐射定标 2 3 4
遥感影像的大气校正 2 3 4
挑战升级
拓展科普
第6章 遥感影像几何校正
遥感影像几何变形 1 2
遥感影像几何精校正 2 3 4
遥感影像配准与镶嵌 2 3 4
挑战升级
拓展科普
第7章 图像增强
对比度增强 2 3 4
彩色变换 2 3 4
多光谱变换 2 3 4
波段运算 2 3 4
空间卷积增强 2 3 4
频域增强 2 3 4
融合变换 2 3 4
拓展科普
第8章 图像分类基础理论
图像目视解译 2
图像计算机分类 2 3 4
非监督分类 1 2 3 4
监督分类 1 2 3 4
分类结果分析 2 3 4 5
挑战升级
拓展科普
第9章 面向对象分类
面向对象分类流程 1 2 4
图像分割 2 4
建立对象分类特征 2 4
面向对象分类器 2 4
拓展科普
第10章 高光谱数据处理
高光谱遥感 1 2 4
高光谱数据处理过程 2 4
光谱特征提取 2 4
高光谱影像分类 2 4 5
拓展科普
遥感影像处理篇习题与练习
实践演练
PBL专题
学习目标
1 识记
2 理解
3 应用
4 分析
5 评价
6 拔高

导 读

当太空中的遥感卫星获取了地球数字图像，并传回地面时，遥感的工作是否就结束了？答案显然是否定的。相反，这正是遥感数字图像处理工作的开始。遥感影像处理，是利用计算机图像处理系统对遥感影像中的像元进行系列操作的过程。

遥感影像中包含着很多信息，通过数字化(成像系统的采样和量化、数字存储)后，才能有效地进行信息分析和内容提取。并在此基础上，对影像数据进行处理“再加工”，如校正图形对齐坐标、增强地物轮廓，能够极大地提升图像处理的精度和信息提取的效率，这个过程可以称为遥感数字图像处理。

遥感影像处理篇主要介绍对遥感影像进行辐射校正和几何纠正、图像整饰、投影变换、镶嵌、特征提取、分类及各种专题处理的方法和操作手段。这些具体数据处理流程和操作要点可以参考《遥感技术与应用实验与实习教程》，学习者应该努力达到以下学习目标。

(1)能够描述遥感影像辐射误差、几何误差产生的原因，能够描述常用的遥感影像增强方法及其常用的图像处理情境。

(2)能够独立完成遥感数字图像和光学影像在分析、判读、理解、识别前的处理过程，即辐射校正、几何校正、图像增强、图像融合等；能够描述 PIE，ERDAS IMAGINE，ENVI，PCI Geomatica，eCognition 等遥感影像处理软件的主要功能和应用；能够通过搜集文献资料，实验验证，小组讨论等方式，主动依据图像特征、生产需求等因素探究遥感影像处理的某一关键技术，选择适合的图像预处理方法。

(3)能够以严谨的态度对待遥感数据处理，尊重数据处理各环节的真实结果；能够精益求精、不惧艰辛，与团队并肩奋斗，利用卫星数据解决更多场景的应用服务。

第 5 章　遥感影像辐射校正

利用传感器观测目标的反射或辐射能量时，传感器得到的测量值与目标光谱反射率或光谱辐射亮度等物理量是不一致的，这是因为测量值中包含了太阳位置条件、大气条件（薄雾等）、传感器性能不完备等条件所引起的失真。为了正确评价目标的反射或辐射特性，必须消除这些失真。消除图像数据中依附在辐射亮度里的各种失真的过程称为辐射校正。一般所购买的遥感影像有些是已经消除了辐射量失真的，但有些引起图像失真的辐射量仍会存在，在实际问题中，应视具体情况加以处理。

5.1　遥感影像的辐射误差

传感器接收到的能量包含了由太阳位置、大气条件、地形影响和传感器本身的性能等引起的各种失真。辐射误差是遥感影像或传感器观测值与目标反射率（reflectance）或辐射亮度（radiance）等物理量之间的差值。这些辐射误差来源于传感器响应、大气传输过程（云和雾）和太阳照射的影响（位置和角度）等。

5.1.1　传感器响应特性的影响

对于遥感传感器来说，探测装置对电磁波辐射存在一定的响应特征，在记录这些电磁信号强弱的过程中不可避免存在一定程度的误差。例如，对于光电扫描系统来说，传感器接收系统收集到的电磁波信号须经光电转换系统变成电信号记录下来，探测器的响应特性就会产生辐射误差。

因传感器响应特性的影响产生的误差主要包括电子系统误差、照度测量误差、辐射计标定误差、天线引起的误差等。其中，电子系统误差是由探测器线性度、电子元件线性度、背景噪声、热漂移等引起的误差。

5.1.2　大气影响引起的辐射误差

电磁辐射在大气传输过程中，大气会对其产生吸收和散射作用，入射到传感器的电磁波能量除了地物本身的辐射以外，还有大气引起的散射光，这些辐射畸变会降低遥感影像的对比度和清晰度，使得图像的分辨力降低。

传感器接收的电磁波能量包含三部分（图 5.1）：①太阳光经大气衰减后照射到地面，经地面反射后，又经大气第二次衰减进入传感器的能量[图 5.1(a)]；②大气散射、反射和辐射的能量[图 5.1(b)]；③地面本身辐射的能量经大气后进入传感器的能量[图 5.1(c)]。

5.1.3　太阳高度角引起的辐射误差

太阳位置的变化会导致地表接收到的太阳辐射能量发生变化，通常以太阳高度角和太阳方位角进行描述。其中，太阳高度角是指地球上某地的太阳入射方向与地平面之间的夹角，与太阳天顶角互余。太阳高度角引起的辐射误差是指太阳光倾斜照射时获取的图像与太阳光垂直照射时获取的图像的辐射值差异。太阳位置在一日内随着时间变化,太阳高度角也会发生变化。同一地点地物由于太阳高度角变化,实际地物光谱辐射值会发生变化,对应的地物反射率也就发生了改变,如图 5.2 所示。

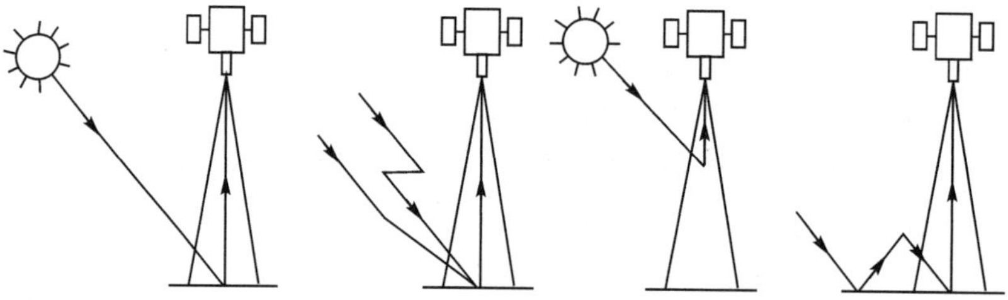

(a) 地面反射太阳光　(b) 大气影响　(c) 地面辐射

图 5.1　进入传感器的辐射能量示意

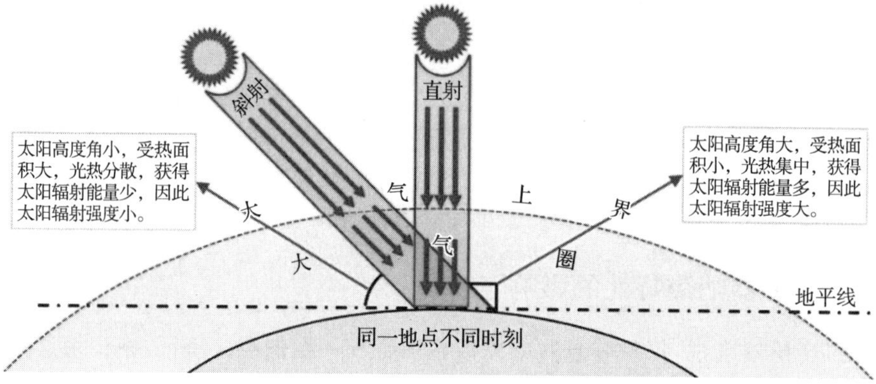

图 5.2　同一地点不同时刻太阳高度角辐射误差

另外,太阳位置在年内随着时间的不同而不同,从而导致不同地方、不同季节、不同时期获取的遥感影像之间存在辐射差异。太阳高度角变化引起的辐射误差会使图像产生阴影现象,阴影会覆盖阴坡地物,对图像的定量分析和自动识别产生影响。因此,太阳高度角辐射校正考虑了太阳在地球上的相对位置的季节变化,在做辐射校正时,需要确定成像时刻的时间、季节和地理位置,从而确定成像时刻的太阳高度角。

5.1.4　地形影响引起的辐射误差

地形起伏也会对太阳的辐射照度产生影响。地形对太阳辐射的影响主要表现为不同倾角的地表对入射辐射亮度产生影响,造成一幅遥感影像中同类地物灰度不一致的现象。特别是在山区,遥感数据的光谱信息受地形影响是非常大的。

如果太阳光垂直入射水平地表时的太阳辐射为 E_0,则太阳光垂直入射到坡度为 α 的坡面上,入射点处的太阳辐射 E 为

$$E = E_0 \cos\alpha \tag{5.1}$$

因此,由地形起伏引起的辐射误差在校正时,需要知道区域的高程数据,获得各坡面的倾角。目前不易实施,一般情况下不对其做校正。在需要时可采用比值图像来校正,消除或部分减小地形的影响。

5.1.5　其他原因引起的辐射误差

遥感影像中有时因各种探测器特性的差别、干扰和故障等，引起不正常的条纹和斑点，它们不但会造成直接引用错误信息的问题，而且在统计分析中也会引起不好的效果，应该予以消除或减弱。

其中，条纹误差主要是由探测器引起的。条纹误差判定和削弱的常用方法为直方图去除法，或在垂直扫描线方向上采用最邻近法、三次卷积内插法等。

斑点误差主要由噪声原因造成，具有分散和孤立的特点。校正斑点亮度值可取其邻域8个像元亮度值的平均值。

学而思

(1)遥感影像上会有多种地物，在这些地物边缘附近出现斑点了，是否需要校正？

(2)选取一个有鲜艳色彩的物体为观测对象，拿出手机对其从不同光线条件和角度进行拍照。对比这些照片中目标影像亮度值的变化，思考一下这样的原因。

5.2　传感器辐射定标

5.2.1　辐射定标的内容

辐射定标是指为了消除传感器本身所带来的辐射误差，并将传感器记录的无量纲的数字量化(digital number，DN)值(也称灰度值或亮度值)转换成具有实际物理意义的大气顶层表观辐射亮度值或反射率值的过程，即建立传感器每个探测元所输出信号的数字量化值与其对应像元内的实际地物辐射亮度值之间的定量关系。辐射定标是将遥感影像的灰度值转换为绝对的辐射亮度值，这有利于研究人员计算地物的光谱反射率或光谱辐射亮度，也是实现不同时序、不同传感器之间影像数据对比的关键。辐射定标分为绝对定标和相对定标。

绝对定标要建立传感器测量的数字与对应的辐射亮度之间的数量关系，即定系数，在卫星发射前后都要进行。卫星发射前的绝对定标在地面实验室或试验场进行，即用传感器观测辐射亮度值已知的标准辐射源以获得定标数据。卫星发射后，由于存在各种因素影响传感器的响应，因此在卫星运行过程中要定期进行定标。其方法是将传感器内部设置的电光源有关参数测量后，随辅助数据下传到地面。

相对定标又称为传感器探测元件归一化，是为了校正传感器中各个探测元件响应度差异，而对卫星传感器测量到的原始亮度值进行归一化处理的一种过程。由于传感器中各个探测元件之间存在差异，使传感器探测获得的数据图像中出现一些条带。相对定标的目的就是降低或消除这些影响。当相对定标方法不能消除影响时，可以用一些统计方法如直方图均衡化、均匀场景图像分析等来消除。

5.2.2　辐射绝对定标的方式

(1)传感器实验室定标。发射前的实验室定标是原始定标，它是在传感器发射前进行的实验室光谱定标，一般利用传感器测量多个已知辐射亮度的辐射源，从而建立多个量测方程，通过对方程进行求解得到增益系数和偏置量,准确度最高。在遥感定量化研究中,常常需要将空中传感器接收到的电磁波能量信号直接与地物光谱仪接收到的电磁波能量信号及地物的物理特性联系起来,再加以分析研究,这就需要对地面传感器和空中传感器进行实验室定标。

(2)传感器星上内定标。当卫星发射入轨后,由于发射的影响和卫星工作环境温度的变化,造成系统性能衰退、感应元器件的老化等问题,使得发射前的定标参数可能发生变化,需要采用新的定标源进行在轨定标。星上定标既可以检测卫星内部变化,又能提供实时定标数据。光学遥感的星上内定标一般采用灯定标、太阳定标及黑体定标。星上定标是部分系统和部分口径定标,没有模拟传感器的成像状态,会影响定标的精度。

(3)传感器场地外定标。由于星上定标系统的不稳定性,以及大气层外辐射源辐射特性的不确定性,需要检验和修正星上定标的准确性和可靠性。辐射校正场定标属于在轨定标,该方法通过选取或建立合适的辐射定标场地(如敦煌辐射校正场、嵩山辐射校正场等),在传感器处于正常运行和外界环境相对稳定的条件下,通过同步测量定标场中大面积均匀性稳定地物的光谱反射率和大气参量,并利用大气辐射传输模型计算出传感器入瞳处辐射亮度值,从而建立传感器入瞳处辐射亮度与传感器输出的数字量化值之间的转换关系。由于辐射校正场的在轨定标方法以大面积均匀性地物作为定标源,能够实现全孔径、全视场、全动态范围的定标,同时考虑了大气辐射传输和周围环境的影响,能够保证传感器在运行状态下获取与地面图像完全同条件的绝对校正。

阅读辐射定标的遥感故事,讨论遥感背后科学精神——毫厘标定误差“较劲儿”。

茫茫戈壁、突兀沙丘、浩瀚草原,三千米海拔的青海湖会让人想到什么?是自然奇观的地貌?还是神秘悠远的历史文化?对于中国资源卫星应用中心定标试验队而言,这意味着驻守数月的坚持:迎接高寒酷暑的担当,以戈壁大漠为家,与沙尘草场共舞,与高原湖泊为伴。人迹罕至之地,艰难险峻之处,只要卫星定标需要,就有他们拼搏奋斗的身影。

在2020年我国首颗民用亚米级卫星高分七号大型定标试验中,中国资源卫星应用中心定标试验队带领100余名外协人员在呼伦贝尔历经4次失败后,精细研究,机动调整策略,兵分两路开展了“呼伦贝尔—锡林浩特”双线作战。历经2个多月近600小时的野外奋战作业,借助两市6旗县11苏木(乡镇)的12嘎查(村)30余家牧民草场区域,克服了环境条件严苛、定标难度大等诸多困难,试验队成功完成高分七号卫星激光测高仪10余次外场定标任务,实现激光点位预测精度优于15 m,激光高程产品精度优于0.15 m,为高分七号卫星1∶10 000高精度测绘制图提供了保障。

2022年,试验队面对大气环境监测卫星与陆地生态系统碳监测卫星紧迫的激光定标测试任务压力,经历夜间布设、临时发电、雨天作业、沙尘下测点等困难,借助内蒙古锡林郭勒盟苏尼特左旗、阿巴嘎旗多个乡镇牧民家60余万平方米的草场,铺设了1万余套地面探测器,在不同草场蜘蛛网般的铁丝网阵中,将小碗一样的“探测器”布设成万亩草原中的又一种“羊群”,为实现探测精度优于1 mg/L的二氧化碳柱浓度产品处理提供了可靠的定标参数基准。

5.3　遥感影像的大气校正

大气的吸收、散射及其他随机因素影响导致图像模糊失真，造成图像分辨率和对比度相对下降，消除这些影响的处理过程称为大气校正(atmospheric correction)。

遥感影像的大气校正方法有多种，按校正后的结果可以分为绝对大气校正和相对大气校正。相对大气校正方法校正后得到的图像，相同的传感器输出值表示相同的地物反射率，其结果不考虑地物的实际反射率。绝对大气校正方法是将遥感影像的传感器输出值转换为地表反射率或地表辐射亮度。

利用地面实况数据进行大气校正是一种常用的方法，它利用预先设置的已知反射率的标志，或者利用测出的目标物反射率，将地面实测数据与传感器输出的图像数据进行比较，来消除大气的影响。但这种方法仅适用于地面实况数据特定的地区及时间，因而具体实施存在一定难度。

从遥感影像出发，分析其成像机理和成像过程，可以对其进行大气粗略校正，常用的方法包括直方图最小值去除法、回归分析法等。另外，还可以利用辐射传输方程对大气影响进行定量分析，从而去除遥感影像中大气的影响。

5.3.1　直方图最小值去除法

一幅图像中总可以找到一种或者几种辐射亮度(或反射率)接近于零的地物类型，如地形起伏区域的山地阴影、反射率较低的水体等。理论上认为图像洁净且有一定深度和面积的水体或深暗地形阴影时，这些地区直接反射能量应为0或接近于0。但因受大气影响，可见光各波段图像直方图的底端灰度值不为0，直方图产生漂移值a。可以通过直方图统计某个波段的灰度值，找出图像中的最小灰度值。校正时，将该波段中每个像元的灰度值都减去这个最小灰度值，可改善图像辐射畸变误差。

根据具体大气条件，各波段要校正的大气辐射值是不同的。波长越短，散射作用越强，这个波段遥感影像因大气影响的辐射误差数值越大。图5.3是一幅遥感影像第一波段(可见光)和第五波段(红外)相同地物的灰度统计结果。图5.3(a)中第五波段最黑目标的灰度值为零。如果第五波段图像的最小灰度值为0，对应第一波段相应目标的最小灰度值为a，那么a就是第一波段图像的大气校正需要去除的最小灰度值。同理可以计算出其他波段大气校正的灰度值。

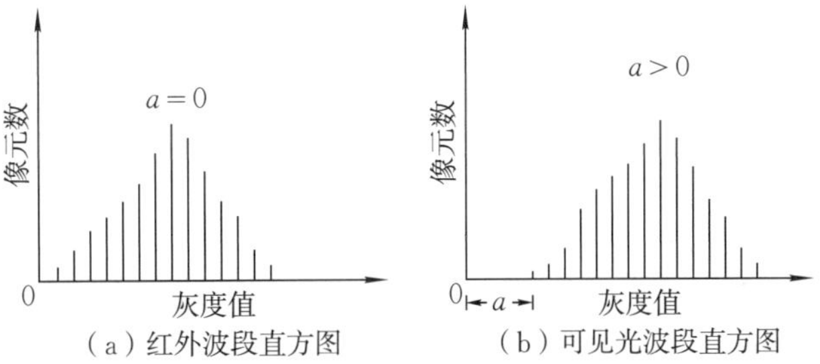

图5.3　直方图最小灰度去除法

5.3.2 回归分析法

假设地面目标的反射率与获取的遥感影像对应地物的灰度值具有相关性,将地面测定的结果与卫星图像对应像元的灰度值进行回归分析,并在此基础上对整幅遥感影像进行辐射校正。由于大气散射主要影响短波部分,波长较长的波段几乎不受影响,因此可用其校正其他波段的数据。以 Landsat 系列卫星搭载的专题测图仪(TM)为例,在受大气影响较小的波段和待校正的某一波段图像中,通常认为红外波段(TM7)图像是无散射影响的标准图像。可以根据它对其他波段(TM1、TM2、TM3)的影像进行大气散射校正。首先选择图像中灰度值高的和灰度值低的一些目标,提取每一目标的两个波段的灰度值,然后进行线性回归分析。拟合公式为

$$Y = a_1 + b_1 X \tag{5.2}$$

式中,X 为 TM7 波段灰度值,Y 为其他波段灰度值。通过最小二乘解算出回归方程系数 a_1、b_1 的值。由此公式可以对其他波段图像进行校正,其中截距就是其他波段的大气校正值。

学而练

(1)选取某地区的 Landsat8 遥感影像数据集。从中提取第一波段和第七波段的数据,对应选取 100 个格网点的数据进行数理统计。计算该波段灰度值的最小值、最大值及方差。

(2)利用 MATLAB 仿真平台或者 Excle 软件,绘制第一波段和第七波段 100 个数据的直方图,通过对比找出第一波段大气校正最小灰度值。同时,拟合两个波段的线性回归方程,求解方程。对比直方图并对两种方法进行回归分析,求解结果有何差异?

5.3.3 辐射传输模型

在诸多的大气校正方法中,校正精度较高的方法是辐射传输模型(radiative transfer models)法。辐射传输模型法是利用电磁波在大气中的辐射传输原理建立的模型,是对遥感影像进行大气校正的方法,如 6S 模型(second simulation of the satellite signal in the solar spectrum model)、LOWTRAN 模型(low resolution transmission model)、MODTRAN 模型(moderate resolution transmission model)等。其中,6S 模型的应用最为广泛。

6S 模型模拟了电磁波传输过程中的大气吸收和大气散射两个方面。大气吸收方面,6S 模型不仅采用统计带模式计算整层大气的透射率,而且还同时考虑了 H_2O、O_3、CO_2、CO、CH_4、O_2、N_2O 等 7 种主要吸收气体的作用;大气散射方面,6S 模型通过模拟大气分子和气溶胶散射来进行处理。遥感影像大气校正时,需要利用 6S 模型输出文件中的大气校正系数进行逐像元的校正,虽然方法有较高的校正精度,但是模型参数复杂,校正过程效率偏低。6S 模型中具体参数主要如下。

(1)几何参数(geometrical parameters)。卫星传感器成像过程中,卫星、太阳和观测目标(地球)之间会保持一定的相对位置,描述这一相对位置的参数称为几何参数,包括太阳天顶角、卫星天顶角、太阳方位角、卫星方位角和成像时间。模型内置的卫星种类较少,用户需要自行输入遥感影像的几何参数。

(2)大气模式(atmospheric model)。为了提高 6S 模型的适用性,模型中提供 7 种大气模式,国内学者常用的有中纬度夏季和中纬度冬季两种模式,其余 5 种分别为无大气吸收、热带、

亚北极地区夏季、亚北极地区冬季、美国标准大气(1962 年)，用户可以根据待处理遥感影像所在区域选择合适的大气模式。同时，6S 模型还可以自定义大气模式，只需要输入研究区域的海拔、气压、臭氧含量等参数即可自定义大气模式，参数自定义的大气模式理论上更符合研究区域的真实情况。

(3)气溶胶类型(aerosol type)。6S 模型中提供了 6 种标准气溶胶模式，国内区域常用大陆型气溶胶、海洋型气溶胶、城市型气溶胶、沙漠型气溶胶 4 种气溶胶类型，生物质燃烧型气溶胶和平流层模式气溶胶在国内应用不广泛。同时，6S 模型中也可以按照尺度分布自定义气溶胶类型，通过输入的参数，如粒子半径、粒子分布、体积比、复折射指数的实部和虚部来定义研究区域的气溶胶类型。

(4)气溶胶含量(aerosol concentration)。6S 模型中气溶胶含量参数的输入方式有两种：一种是输入已知的气象参数能见度 v (单位为 km)，然后模型根据 v 数值计算出气溶胶光学厚度(aerosol optical depth, AOD)(波长 550 nm 处)；另一种是直接输入波长 550 nm 处 AOD 的值。考虑到气溶胶含量参数获取的便利性和准确性，有些研究选择直接输入 550 nm 处 AOD 的值。

(5)目标高度(target altitude)和传感器高度(sensor altitude)。目标高度是指目标的海拔，单位为千米。模型内置 3 种传感器高度模式，即卫星观测、地面观测和飞机观测。

(6)光谱条件(spectral condition)。6S 模型有效的光谱波段范围是 0.25～4.0 μm，可见光、近红外和中波红外波段都处于这个范围内。6S 模型内置了约 190 个卫星通道的光谱响应函数，分别对应 MODIS、POLDER、ASTER 等多种卫星传感器。

(7)地表反射率类型(ground reflectance type)。6S 模型提供两种地表反射率类型，分别为均一地表和非均一地表。其中，均一地表中分为有方向效应和无方向效应两种类型，非均一地表模型提供 9 种地表反射率模式，供用户选择。

挑战升级

(1)选取 Landsat8 遥感影像，打开影像头文件，从中找出辐射校正对应的行列，看看是否有 6S 传输模型所需要类型的参数指标？利用遥感软件对影像进行有 6S 传输模型大气校正试验。

(2)如果城市建成区内有大量高层建筑物，那么遥感影像中会出现大量阴影，一般情况下阴影是难以消除的。查阅资料，了解消除影像中高层建筑物阴影的方法，说明其中数学方法并分析原因。

第6章　遥感影像几何校正

由于遥感平台位置、运动状态、地面起伏等因素的影响，遥感影像成图时，图像本身的几何形状与其对应的地物形状是不一致的，会发生形变。从遥感影像目视结果，当实际图像上某些地物位置偏移、地物形状不规则，即说明遥感影像发生了几何畸变，因此要通过数学方法来完成遥感影像的几何校正。

本章重点介绍遥感影像产生几何形变的原因和常用纠正原理，详细说明遥感影像几何多项式纠正的数学模型和关键参数，以及多幅图像配准和镶嵌的原理和技术流程。

6.1　遥感影像几何变形

遥感影像几何变形相对于地面地物真实形态，是平移、缩放、旋转、偏扭、弯曲及其他变形综合作用的结果。遥感影像的变形误差可分为静态误差和动态误差。静态误差是在成像过程中，传感器相对于地球表面呈静止状态时所具有的变形，如地貌高低起伏，地球曲率等原因。动态误差主要是在成像过程中由地球旋转、卫星或飞机的飞行姿势变化所产生的变形。

6.1.1　遥感平台运动姿态产生几何变形

无论是卫星还是飞机，运动过程中，由于种种原因产生的飞行姿势变化会引起影像变形。遥感平台在运动过程中会有航高航速变化、还会有俯仰、翻滚和偏航等姿态变化，由此产生的几何形变如图6.1所示。

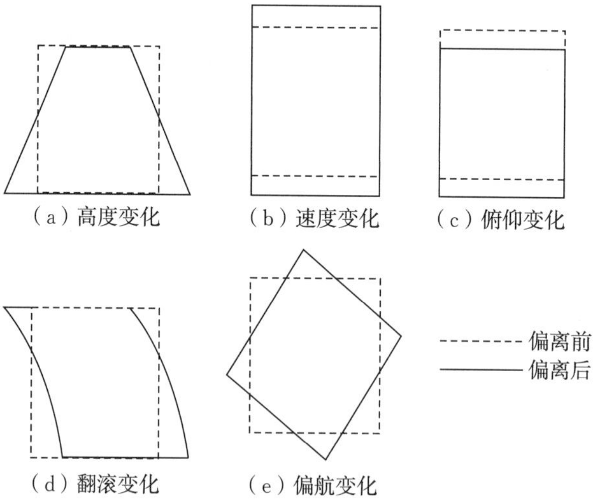

图6.1　遥感平台位置与运动状态改变对图像的影响

遥感平台运动过程中受力学因素影响，航高不是一个绝对固定数值。遥感卫星运行的轨道本身就是椭圆的，航高始终发生变化，而传感器的扫描视场角不变，从而导致图像扫描行对应的地面长度发生变化[图 6.1(a)]。卫星的椭圆轨道本身就导致了卫星飞行速度的不均匀，而其他因素也可导致遥感平台航速的变化。航速快时，扫描带超前，航速慢时，扫描带滞后，由此可导致图像在卫星前进方向上(图像上下方向)的位置错动[图 6.1(b)]。遥感平台的俯仰变化能引起图像上下方向的变化，即星下点俯时后移，仰时前移，发生行间位置错动[图 6.1(c)]。遥感平台姿态翻滚是指以前进方向为轴旋转了一个角度，可导致星下点在扫描线方向偏移，使整个图像的行向翻滚角引起偏离的方向错动[6.1(d)]。遥感平台在前进过程中发生偏航，相对原前进航向偏转了一个小角度，从而引起扫描行方向的变化，导致图像的倾斜畸变[图 6.1(e)]。

6.1.2　地面起伏产生几何变形

当地面存在起伏时，会产生局部像点的位移，使原来本应是地面点的信号被同一位置上某高点的信号代替。这种由地面起伏引起像点位移称为投影差。由于高差的原因，实际像点 P' 距像幅中心的距离相对于理想像点 P'_0 距像幅中心的距离移动了 Δr，如图 6.2 所示。

根据相似三角形原理，可以近似认为地面上投影差为

$$\Delta\gamma = \frac{R \cdot h}{H - h}$$

式中，H 为摄影航高，R 为地面点到地底点的水平距离，h 是地面起伏区域高差。从公式可以看出地面起伏产生图像的像点位移。特别是在地形高差变化较大的区域，扭曲变形的问题更加突出。由于影像上任意一点都存在像点位移，且位移的大小随点位的不同而不同，因此当地面起伏较大或者一幅遥感影像内部影像点高差很大时，都需要进行地形几何纠正。

除此之外，还有其他因素也会产生遥感影像几何形变。例如，大气层是一个非均匀的介质，电磁波在大气层传输过程中会受到大气折射的影响，其传播路径不是一条直线，因此大气折光也会引起像点位移，如图 6.3 所示。地球表面是曲面，当传感器扫描地球表面时，会产生像点位置的移动和像元对应地面宽度不等等现象。还有，在卫星前进过程中，传感器对地面扫描获得图像时，地球自转影响较大，也会产生影像偏离。

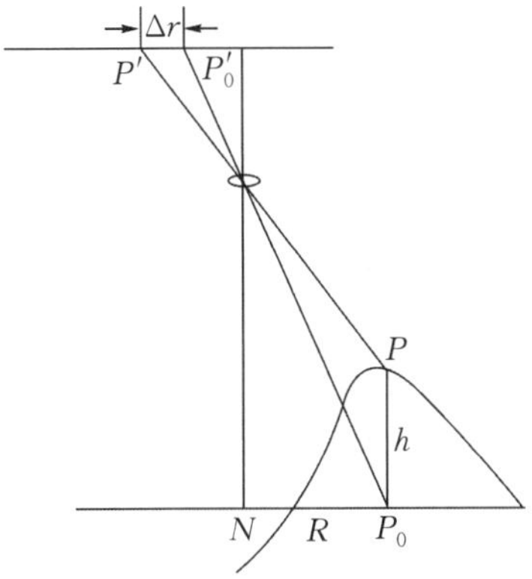

图 6.2　高差引起的像点位移

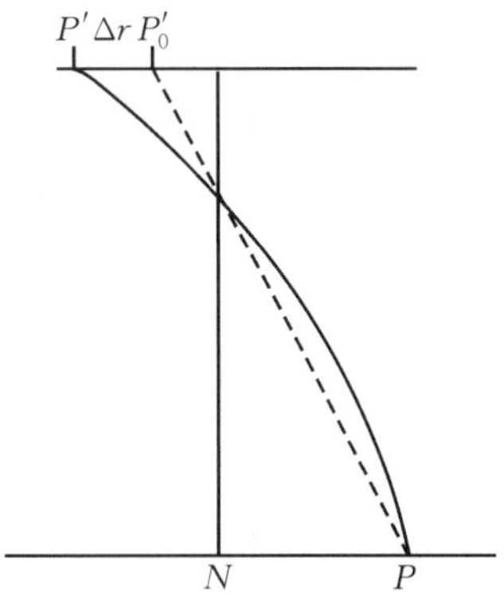

图 6.3　大气折光引起的像点位移

由于这些因素的综合影响，所得遥感影像上各地物的几何形状、尺寸、方位等特征与参照系统中的表达要求不一致，存在几何变形，这种变形也称为几何畸变(geometric distortion)。

学而练

在一张 A4 纸上,均匀画上间隔为 1 cm 的方格网,再将纸张平放在桌面上。拿出你的手机,对它进行拍照。变换拍照的高度、角度,也可以在运动中拍照,观察拍出照片上格网线的变化情况。结合遥感形变知识点,思考为什么会出现这些情况,分析一下原因。

6.2 遥感影像几何精校正

遥感影像几何校正目的就是消除原始影像中几何变形,产生一幅符合某种参照系统表达要求的新影像。

6.2.1 几何校正概念

遥感影像几何校正(geometric correction)是指从具有几何畸变的影像中消除畸变的过程,也可以说是定量确定图像上的像元坐标(图像坐标)与地表目标物的地理坐标(地图坐标)的对应关系(坐标数学变换式),使其符合地图投影系统的过程。如果说大地基准面和地图投影已经确定了地图坐标系,那么几何纠正是将地图坐标系统赋予遥感影像数据的过程,因此几何校正后影像数据就会包含地理参考(geo-referencing)。

几何校正原理如图 6.4 所示。图中每个实线网格表示一个像元,虚线交点为网格中心代表像元中心。图 6.4(a)是几何校正前的图像。图像原来也是由行列整齐的等间距像元点组成的,由于几何变形,图像中像元点位置发生扭曲形变,对应像元点间距不相等。图 6.4(b)是校正后影像行列,格网均匀。几何校正的目的就是建立两图像格网像元之间的数学变换关系式,完成图像像元空间位置的转换,同时对坐标变换后的像元进行赋值。

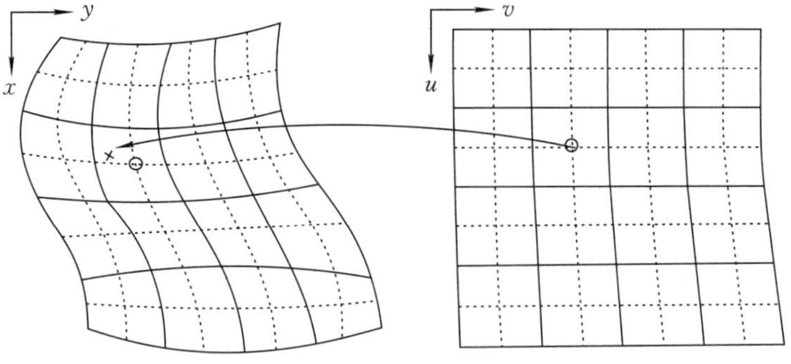

(a) 校正前　　(b) 校正后

图 6.4　遥感影像几何校正前后

遥感影像几何校正有直接法和间接法,实践中通常是以间接法为主。所谓间接法,是从图 6.4(b)空白的输出图像阵列出发,按照行列的顺序依次对每个输出像元点位反求原始图像图 6.4(a)坐标中的位置,即

$$\left.\begin{aligned} x &= G_u(u,v) \\ y &= G_v(u,v) \end{aligned}\right\} \tag{6.1}$$

式中,G_u 和 G_v 是间接纠正变换函数。坐标变换完成后,将所算得的原始图像点位上的灰度值取出,填回到空白图像图 6.4(b)的点阵中相应的像元点位上去。

遥感影像几何校正通常分为两个阶段处理，第一阶段是几何粗校正，第二阶段是几何精校正。

几何粗校正即系统误差纠正。当已知遥感影像的构像方程时，就可以把与传感器构造有关的几何校正参数(焦距等)及传感器位置、姿态等的测量值代入构像方程对原始图像进行几何校正。粗校正一般由遥感数据地面接收站处理，对由传感器系统自身所导致的几何畸变的纠正很有效，但处理后的影像仍有很大偏差，需要进行深层次几何精校正处理。

几何精校正。遥感影像总体畸变可以看作是挤压、扭曲、缩放和偏移等基本变形的综合作用的结果。几何精校正不考虑引起这些畸变的原因，只考虑如何利用数学模型来完成影像校正。精校正采用一种数学模型来近似描述遥感影像的几何畸变过程，利用畸变遥感影像与标准地图或参考图像之间一些同名像点或地面控制点(ground control point，GCP)，来求解几何畸变模型的参数，再通过几何畸变模型对原始图像进行几何校正。一般过程包含以下几步：①根据遥感影像所含几何畸变的性质和数据特点，选择适合的几何校正方法和几何校正模型，如严格物理模型、有理函数模型、多项式模型等；②选取地面控制点或同名像点，根据地面控制点和对应像点坐标进行平差，求解畸变校正模型参数；③检查影像几何畸变能否充分进行校正，验证校正方法和模型的有效性；④对原始图像像元位置进行几何位置变换、灰度重采样。

阅读以下专利摘要，搜集一些论文或专利，讨论还有哪些几何精校正方法。

发明名称——一种提高地球同步轨道卫星对地观测影像几何校正精度的方法

摘要：本发明涉及一种提高地球同步轨道卫星对地观测影像几何校正精度的方法，包括：根据地球同步轨道卫星的轨道数据预先计算出逐像元中心位置的经度和纬度，并存储于栅格数据文件中；将高分辨率数字高程数据作为几何精校正基准数据，在地球同步轨道卫星扫描区域内，沿海岸线生成高密度的地标点；通过开源科学计算库读取地球同步轨道卫星原始遥感影像数据，并输出为地理空间数据 GeoTIFF 格式；根据开源科学计算库将所获取的栅格数据文件信息和相关地理投影信息，以地理空间元数据的方式更新到存储有卫星影像的 GeoTIFF 文件中；将地理空间数据作为遥感影像重投影的基本信息，完成地球同步轨道卫星遥感影像的几何校正。

6.2.2　基于多项式的遥感影像几何精校正

多项式几何校正模型有原理直观、计算简单、与传感器类型无关等优点，应用广泛，对于相对平坦地区，遥感影像具有足够高的校正精度。该模型不仅适合对各种类型传感器获取的遥感影像进行几何校正，还适合图像到图像的几何配准。

1. 多项式精校正数学模型

多项式校正是通过选用一个适当的多项式来描述校正前后图像相应点之间的坐标关系，直接对图像变形的本身进行数字模拟。首先利用控制点的原始图像坐标和校正后像元坐标进行平差，计算出多项式中的系数，然后用该多项式计算校正后图像像元在原始畸变图像上的坐标。假设图像校正控制点在原始畸变图像的像元坐标为 (x,y)；校正后图像的同名像元坐标为(X,Y)，设两者之间存在 n 次多项式的坐标变换函数关系，即

$$\left.\begin{aligned} x &= a_0+(a_1X+a_2Y)+(a_3X^2+a_4XY+a_5Y^2)+(a_6X^3+a_7X^2Y+a_8XY^2+a_9Y^3)+\cdots \\ y &= b_0+(b_1X+b_2Y)+(b_3X^2+b_4XY+b_5Y^2)+(b_6X^3+b_7X^2Y+b_8XY^2+b_9Y^3)+\cdots \end{aligned}\right\} \tag{6.2}$$

几何校正关键是解算出多项式方程中畸变校正模型参数 a_i、b_i($i=1,2,\cdots,m$)的数值。一般在实际应用时,会选取二次多项式模型,即

$$\left.\begin{aligned} x &= a_0+(a_1X+a_2Y)+(a_3X^2+a_4XY+a_5Y^2) \\ y &= b_0+(b_1X+b_2Y)+(b_3X^2+b_4XY+b_5Y^2) \end{aligned}\right\} \tag{6.3}$$

此时需要求解畸变校正参数 a_0、a_1、a_2、a_3、a_4、a_5 和 b_0、b_1、b_2、b_3、b_4、b_5,共计 12 个参数。

2. 选取地面控制点

在存在几何畸变的原始图像空间(待纠正图像)和标准空间(参考图像)中寻找像元坐标的参考点,或者同名像点,称这些参考点为控制点。控制点数量、分布和精度直接影响几何纠正的效果,选取控制点可以采用图像—图像、图像—地形图等方式进行。

(1)控制点特征。控制点选取图像上有明显、清晰定位的识别标志,如道路和河流等线性地物的交叉口、建筑物边界、农田边界线等。在没做过地形纠正的图像上选控制点时,应在同一地形高度上进行。选取为地面控制点的地物不随时间发生变化,还应满足一定数量要求,并且均匀分布在整幅图像内。

(2)控制点数量。对于 n 次多项式畸变校正模型,如果解算式(6.2)畸变校正模型中参数 a_i、b_i($i=1,2,\cdots,m$),则需要大量的控制点,控制点计算公式为

$$N=\frac{(n+1)(n+2)}{2}$$

式中,N 为校正所需控制点数量,n 为多项式校正模型的次数。

为了提高几何校正的精度,实际工作中所采集的控制点个数往往多于 N,计算时通常采用最小二乘拟合来求解系数。由线性理论可知,对于二次多项式式(6.3)共有 12 个畸变校正参数,则必须列出至少 12 个方程来完成解算。因此要求解式(6.3)最少需要 6 个控制点的原始畸变图像,并与校正后图像像元坐标进行平差计算。

3. 检验模型精度

地面控制点选定后,要在原始畸变图像与参考图像或地图上,分别读出各个控制点所在原始畸变图像的像元坐标 (x,y) 和校正后图像的像元坐标 (X,Y)。当两者之间建立多项式关系式后,利用控制点数据按照最小二乘法回归求出多项式系数,计算每个地面控制点的均方根误差(root mean square error,RMSE)

$$RMSE=\sqrt{(x'-x)^2+(y'-y)^2}$$

式中,(x,y) 为地面控制点在原始畸变图像中的坐标,(x',y') 为由多项式计算得到的相应控制点的估算坐标。

学而思

在几何校正过程中,思考控制点一般都会选取哪些地方。使用以农业用地为主的遥感影像和以城市建筑为主的遥感影像,实际选取控制点。讨论控制点密度和分布形式,以及其是否受高程差异影响。

通过计算各控制点的均方根误差,既可检查有无较大误差的地面控制点,又可得到累积的

总体均方根误差。用户可提前给定一个可以接受的最大均方根误差，若控制点的实际总均方根误差超过这个值，则需对控制点进行更新操作（删除较大均方根误差的地面控制点，重新调整已有控制点、重新选取新的控制点），必要时重新确定多项式阶数。多项式阶数的确定，取决于对图像中几何变形程度的认识。如果变形不复杂，那么一阶多项式就可以满足要求，并非多项式的阶数越高，纠正的精度越高。

4. 灰度值的重采样

灰度值的重采样是当校正后图像阵列中的任一像元在原始畸变图像中投影点的坐标值不为整数时，原始图像阵列中该非整数点位并无现成的点存在，于是采用适当的方法把该点位周围邻近整数点位上灰度值对该点的灰度贡献积累起来，构成该点位的新灰度值的过程。现在经常采用的方法有最邻近法、双线性内插法、三次卷积内插法。

(1)最邻近法。该法实质是将采样点位的灰度值简单地指定为与其最邻近像元的灰度。如图 6.5 所示，每个采样点位用黑点表示，坐标为 (x_s, y_s)。最邻近像元用空心圆表示，其坐标通过对采样点坐标取整（用符号[·]表示，$[x_s]$、$[y_s]$分别为不大于 x_s 和 y_s 的整数）后得出，图中最邻近像元对角线坐标为$([x_s],[y_s])$和$([x_s]+1,[y_s]+1)$。最邻近法优点是计算简便，处理速度快。但这种方法校正后图像上可能会有地物不连贯的现象发生。当相邻像元灰度值差异较大时，如线性地物特征，就会产生较大的偏差。

(2)双线性内插法。双线性内插法如图 6.6 所示，选取与采样点最邻近的 4 个像元灰度值计算其灰度值，利用它们的加权平均值获得输出像元值。加权的权重是指邻近像元与其采样点距离的倒数或相对比值，一般情况下与采样点距离越小计算得出的权值越大。与最邻近法相比，双线性内插法中每个像元值是在几个邻近像元灰度值的基础上得来的，不连贯的现象明显改善，校正后图像整体上比较自然。这种方法精度和计算量比较适中，并带有低通滤波效果，边缘产生一定平滑效果。

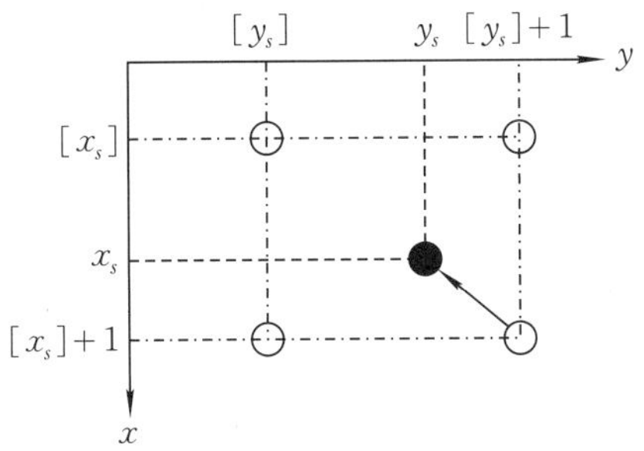

图 6.5　最邻近法

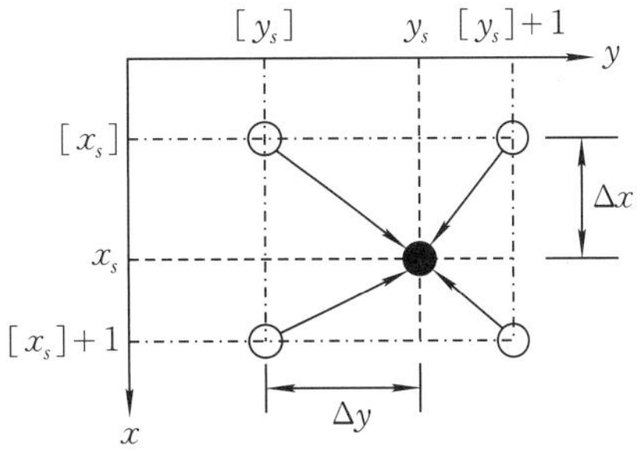

图 6.6　双线性内插法

(3)三次卷积内插法。三次卷积内插法是用一个三次重采样函数 $\omega(t)$ 来近似表示辛克函数，即

$$\omega(t)=\begin{cases}1-2t^2+|t|^3, & 0\leqslant|t|\leqslant 1\\ 4-8|t|+5|t|^2-|t|^3, & 1\leqslant|t|\leqslant 2\\ 0, & 2\leqslant|t|\end{cases}$$

式中，t 为卷积核的参数，$t=\dfrac{x-x_j}{h}$，其中 h 为采样间隔，x_j 为插值点 x 的相邻像元。三次卷积内插法的内插精度较高且带有边缘增强的效果，但计算量大。

学而思

(1)实际应用中,如何选取几何校正中灰度值的重采样的方法?列举其他重采样插值方法。

(2)如果一幅遥感影像几何变形严重,一般会选取三次卷积内插法以保证质量。思考采用该方法的原因。

6.3 遥感影像配准与镶嵌

6.3.1 图像配准

许多遥感影像处理时需要对多源数据进行对比和分析。在实际数据生产过程中,同一地区的图像或者相邻地区有重叠区图像,由于几何校正误差的影响,重叠区的相同地物不能重叠,这对图像后续处理过程(如图像融合、变化检测、模式识别等操作)带来很大影响,遇到这种情况,可以利用重叠区的匹配点和相应计算模型进行精确配准。

图像配准的实质就是前述的遥感影像的几何校正,根据图像的几何畸变特点,采用一种几何变换将图像归化到统一的坐标系中,当找到足够数量的同名点后,就可以用多项式拟合法,将一个图像与另一个图像进行配准。图像之间的配准一般有两种方式,即相对配准和绝对配准。相对配准可以进行图像间匹配、图像与地图匹配,通常以多源数据图像中的一幅图像为参考基准图像,选取任意坐标系,将其他图像与其进行配准。绝对配准以地面控制坐标为基准,或者选择某个地图坐标系,采集一定数量控制点,将多源数据图像统一变换到这个坐标系。

学而思

(1)在遥感数据分析、计算机视觉、图像处理等很多领域都会用到图像配准,搜集资料,研究一个典型应用案例,并进行分享。

(2)人有一双眼睛,当你同时看见一个目标后,双眼都会成影像。思考双眼是如何完成快速识别与配准的,以及有哪些可以借鉴的仿生技术已经应用在智能识别领域。

遥感影像配准流程根据配准算法有微小差异,但是总体流程包括:首先对两幅图像进行特征提取,通过相似性度量找到匹配的同名像点或者特征点对;然后通过匹配的特征点对得到图像空间坐标变换参数;最后由坐标变换参数进行图像配准。特征提取是配准技术中的关键,准确的特征提取为特征匹配的成功进行提供了保障。因此,寻求具有良好不变性和准确性的特征提取方法,对于匹配精度至关重要。

图像配准方法有基于灰度信息法、变换域法和基于特征法 3 个主要类别。遥感影像配准主要采用基于灰度信息法的配准。这种方法一般不需要对图像进行复杂的预先处理,而是利用图像本身具有灰度的一些统计信息来度量图像的相似程度。基于灰度信息法主要特点是实现简单,但应用范围较窄,不能直接用于校正图像的非线性形变。其匹配的关键是通过数字相关方法自动确定多源图像间同名点,在最优变换的搜索过程中往往需要巨大的运算量。下面介绍利用基于灰度信息法图像如何自动获取同名点,这个过程也称为数字相关。

首先取出以待定点为中心的小区域中的图像信号,然后取出其在另一图像中相应区域的图像信号,计算两者的相关函数,以相关函数最大值对应的区域中心点为同名点,即以图像信号分布最相似的区域为同名区域,其中心点为同名点。

数字相关的过程首先是在参考图像上选取以目标点为中心,大小为 $m \times n$ 的区域作为目标区域 T_1(图 6.7),并确保目标点(最好是明显地物点)在区域的中间。然后确定搜索图像的搜索区 S_1,其大小为 $J \times K$,显然 $J > m$、$K > n$(图 6.7)。S_1 的位置和大小选择必须合理,使得 S_1 中能完整地包容一个模板 T(大小为 $m \times n$),其位置的确定可以是大致估计或者根据粗加工处理以后坐标的相对误差来确定的。将模板 T 放入搜索区 S_1 内搜索同名点,从左至右、从上到下,逐像元的移动搜索区模板大小的窗口,来计算目标区和搜索区之间的相关系数。最后取相关系数最大者为同名区域,其中心为同名点。选取下一个目标区,重复上述步骤得到其在搜索区的同名点。

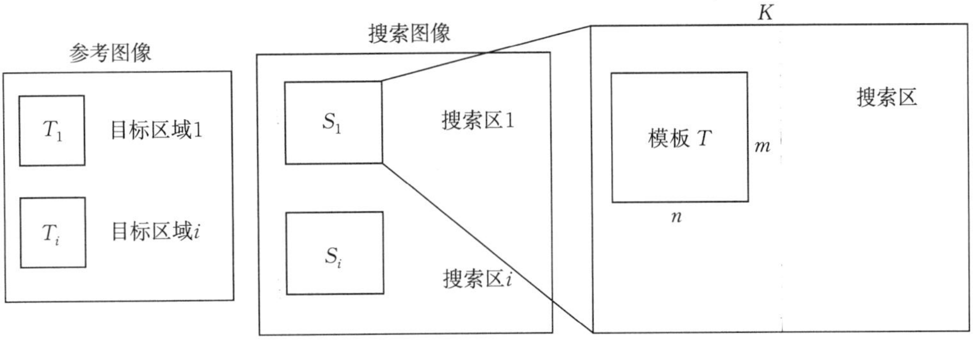

图 6.7 数字相关过程

一般计算两者的相关性采用数字相关系数法。用两幅图像标准化的协方差除以两信号的方差,其结果即为相关系数。对于图像信号 f、g,其相关系数为

$$\rho(f,g)=\frac{C_{fg}}{\sqrt{D_{ff}D_{gg}}}$$

式中,C_{fg} 是两信号的协方差,D_{ff} 是信号 f 的方差,D_{gg} 是信号 g 的方差。

而对两个离散的数字图像,其灰度数据 f、g 的相关系数表达式为

$$\rho(c,r)=\frac{\sum_{i=0}^{m-1}\sum_{j=0}^{n-1}(f_{i,j}-\bar{f})(g_{i-\frac{m+1}{2}+c,j-\frac{n+1}{2}+r}-\bar{g}(c,r))}{\sqrt{\sum_{i=0}^{m-1}\sum_{j=0}^{n-1}(f_{i,j}-\bar{f})^2\sum_{i=0}^{m-1}\sum_{j=0}^{n-1}(g_{i-\frac{m+1}{2}+c,j-\frac{n+1}{2}+r}-\bar{g}(c,r))^2}} \tag{6.4}$$

式中

$$\bar{f}=\frac{1}{m\times n}\sum_{i=0}^{m-1}\sum_{j=0}^{n-1}f_{i,j}$$

$$\bar{g}(c,r)=\frac{1}{m\times n}\sum_{i=0}^{m-1}\sum_{j=0}^{n-1}g_{i,j}$$

其中,f 为目标区域的灰度窗口;g 为搜索区 S 内大小为 $m \times n$ 的灰度窗口;(i,j) 为目标区中像元的行列号;(c,r) 为搜索区灰度窗口的中心坐标,窗口移动后 (c,r) 随之变化;m、n 为目标区和搜索区窗口的行数和列数;$\rho(c,r)$ 为目标区 f 和搜索区窗口 g 在 (c,r) 处的相关系数。当模板 T 在搜索区 S 中搜索完后,ρ 最大者对应的 (c,r) 即为目标区域中心点的同名点。

6.3.2 图像镶嵌

图像镶嵌指在一定数学基础控制下，将多景相邻遥感影像拼接成一个大范围、无缝的图像的过程。当研究区域包含不同的图像文件时，需要将不同的图像文件合在一起形成一幅完整的图像，这就需要图像镶嵌。通过镶嵌处理，可以获得更大范围的地面图像，如图 6.8 所示。

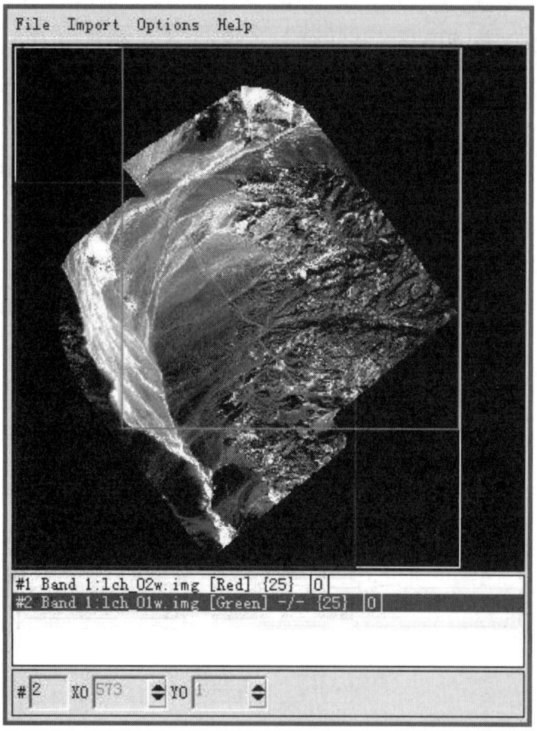

图 6.8 图像镶嵌

1. 图像镶嵌的过程

(1)选好图像，制定好实施方案。每景参与镶嵌的卫星影像的质量要尽可能好(无云或少云)，同时各图像的成像时间尽可能比较接近，以减少后续的色调调整等工作的工作量与难度。应根据图幅分布情况，选出处于工作区中心部位的一幅图像作为镶嵌的基准像幅，其他图像以它为基准依次由近到远进行镶嵌。

(2)图像预处理。图像预处理主要包括几何校正、辐射校正、去条带和斑点等。几何校正即对要镶嵌的图像进行精确配准，使它们处于同样的空间坐标系统之下。

(3)确定实施方案。首先要确定标准像幅，一般位于研究区中央，其次确定镶嵌顺序，即以标准像幅为中心，由中央向四周依次进行。

(4)重叠区确定。遥感影像镶嵌主要是基于相邻影像的重叠区，无论是色调调整，还是几何拼接，都是将重叠区作为基准进行的，其准确与否直接影响镶嵌结果。

(5)相邻图像颜色匹配。不同时相或者成像条件存在差异的图像，由于图像辐射水平不一样，图像亮度差异较大。图像颜色匹配即利用一定的方法对相邻图像进行颜色匹配，使不同时相的图像在颜色上相互协调一致。

(6)图像镶嵌。在重叠区内选择一条连接两幅图像的拼接线，拼接后，需要在重叠区进行色调平滑，使得根据这条拼接线拼接起来的新图像，不露拼接的痕迹。

2. 图像镶嵌的注意问题

(1)镶嵌过程中，需要指定一幅遥感影像为参考图像，镶嵌过程中对比度匹配、地理投影、像元大小、数据类型均以参考图像为基准。

(2)图像镶嵌中要保证相邻图幅间有一定的重叠区，镶嵌之前有必要对各镶嵌图像之间在全幅或重叠区上进行匹配，以便均衡镶嵌后输出图像的亮度值和对比度。

(3)在重叠区，各图像之间应有较高的配准精度，必要时要在图像之间利用控制点进行配准。

(4)选择合适的方法来决定重叠区上的输出亮度值，常用的方法包括取重叠的同一区域图像之间的平均值、最小值、最大值或指定一条切割线(切割线两侧的输出值对应其邻近图像上的亮度值)，或线性插值(根据重叠区上像元离两幅相邻图像的距离指定权重，进行线性插值)。

挑战升级

(1)选取地形起伏较大的中高分辨率遥感影像，开展遥感影像精校正对比试验：方法一，直接运用多项式进行几何精校正；方法二，运用投影差改正后的多项式进行几何精校正。对比同一幅遥感影像两种方法校正结果的精度，进行讨论，分析原因。

(2)如果城市建成区内有大量高层建筑物，那么进行几何精校正时，应如何选取控制点，是否需要考虑投影差对几何精校正的影响。选取建成区高层建筑较为密集区域的中高分辨率遥感影像，开展遥感影像精校正对比试验。

第7章 图像增强

当图像不清晰，或者有用信息不够突出，或者想把感兴趣的某些特征强调出来时，就需要进行图像增强处理。图像增强是为了突出相关的专题信息，提高图像的视觉效果，以便更容易地识别图像内容，更可靠地提取有用的定量化信息。例如，图像的对比度较低或希望突出地物边缘信息时，就可以用计算机图像处理技术来改善图像质量。

图像增强的方法主要有对比度增强、图像滤波、彩色增强、图像运算、多光谱变换等。本章重点介绍图像增强的原理和方法，以及如何根据遥感影像特点和需求选择图像增强方法，如何进行图像增强处理。

7.1 对比度增强

7.1.1 图像直方图

图像直方图是图像像元值分布的相对频率的表达，反映的是图像离散灰度值的概率密度函数。一幅图像可以划分像元灰度值区间，统计每个灰度值区间内出现像元的频数，从而求出其图像灰度值的直方图。通过观察图像直方图的形态，可以粗略地分析图像的质量，如图7.1所示。实际工作中：若图像的直方图接近正态分布，则说明图像中像元的灰度值接近随机分布，是一幅适合用统计方法分析的图像；若观察直方图的峰值偏向灰度值坐标轴左侧，则说明图像偏暗；若峰值偏向坐标轴右侧，则说明图像偏亮；若峰值提升过陡、过窄，则说明图像的灰度过于集中。偏暗、偏亮和灰度过于集中均是图像质量较差的反映。

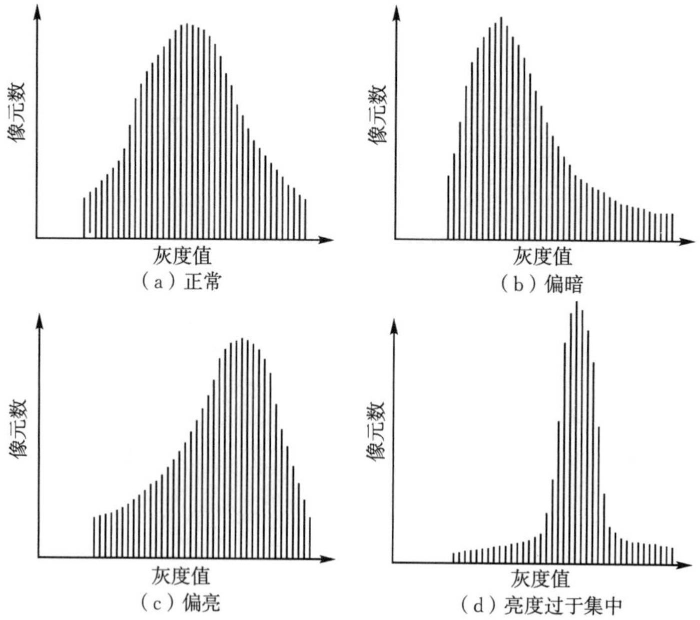

图7.1 从直方图形态判断图像质量

直方图变换是指可以通过改变和调整图像的灰度直方图，改变图像值的分布和结构关系的反差增强方法。直方图对比度变换是一种调整图像直方图的亮度范围，或者扩大某个区间直方图的亮度差异，从而改善图像质量的图像处理技术。常用的方法有对比度线性变换、直方图均衡化等方法。对比度扩展的图像增强是通过单个像元的运算从整体上改善图像的质量。

学而练

(1)用手机对着同一个物体进行拍照，统计拍摄照片的灰度直方图，看看你拍的照片属于图 7.1 中哪一种情况。

(2)搜集 2～3 张数字化照片，通过软件绘制它的直方图，对比不同照片所对应直方图的区别，建立直方图与灰度显示的感观认知。

7.1.2　直方图线性变换

直方图的线性变换是图像增强处理最常用的方法，它是通过一个线性变换函数来改善图像对比度。一般情况下，当线性变化时，变换前图像灰度值 x_a 的范围为$[a_1, a_2]$，变换后图像灰度值 x_b 的范围为$[b_1, b_2]$。若变换关系是直线，则变换方程为

$$x_b = \frac{b_2 - b_1}{a_2 - a_1}(x_a - a_1) + b_1 \quad (x_a \in [a_1, a_2], x_b \in [b_1, b_2]) \tag{7.1}$$

通过式(7.1)可对图像灰度进行线性变换，达到改善图像灰度动态范围的目的。

学而思

(1)在式(7.1)所示的线性拉伸函数中，$k = \frac{b_2 - b_1}{a_2 - a_1}$ 恰好表示线性拉伸线段的斜率，当其数值大于 1 时，代表图像是对比度拉伸还是压缩？

(2)一般遥感影像处理时通常会将原影像线性拉伸 2%，思考这样做的原因。

有时为了更好地调节图像的对比度，需要在一些亮度段进行拉伸，而在另一些亮度段进行压缩，这种变换称为分段线性变换。最常见的分段线性变换如图 7.2 所示，图 7.2 将灰度值分成 3 段进行线性变换。

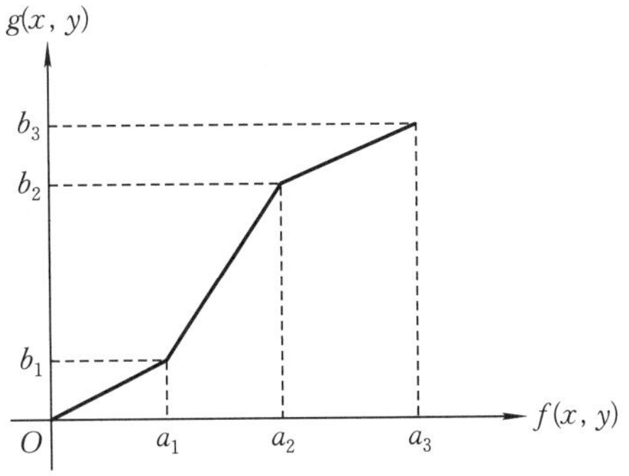

图 7.2　分段线性变换

图中，$f(x,y)$ 表示原图像灰度值，$g(x,y)$ 表示处理后图像的灰度值，两者的最大值均为 255。由图 7.2 可以得到三段线性变换函数的表达式，即

$$g(x,y) = \begin{cases} \frac{b_1}{a_1} f(x,y), & 0 \leqslant f(x,y) < a_1 \\ \frac{b_2 - b_1}{a_2 - a_1}(f(x,y) - a_1) + b_1, & a_1 \leqslant f(x,y) < a_2 \\ \frac{b_3 - b_2}{a_3 - a_2}(f(x,y) - a_2) + b_2, & a_2 \leqslant f(x,y) < a_3 \end{cases} \tag{7.2}$$

通过调节 a_1、a_2、a_3 及 b_1、b_2、b_3 的值，可以灵活地对目标区域的灰度值进行改变，达到改变原始图像中感兴趣区域对比度的需求。虽然分段线性变换可以较为灵活地进行分段调整，

但是映射方式不够光滑,会放大噪声。

当感兴趣的部分并不是频数高的亮度范围时,直方图扩展就不适用,这时可以采用特定扩展。特定扩展是根据需要给出扩展曲线,亮度扩大的倍数取决于曲线的纵坐标的大小。扩展坐标可以取高斯分布曲线、对数曲线、指数曲线等。当希望较大扩展图像中间亮度的范围时,可以采用高斯分布曲线;当需要较大扩展图像低亮度的范围时,可以采用对数曲线;指数变换是扩大亮度值较高部分的亮度间隔,即进行拉伸,同时缩小亮度值较低部分的亮度间隔,即对其进行压缩。

7.1.3 直方图均衡化和规定化

由于成像的原因,有些遥感影像的灰度值集中在较窄的范围内,表现为图像对比度低、细节不够清晰。为了拉开灰度值的分布范围或使灰度均匀分布,增大反差,使图像细节清晰,通常采用直方图均衡化及规定化变换方法。直方图均衡化是将原图像进行拉伸处理,使直方图变为均匀的直方图,从而获得一幅灰度分布均匀的新图像。图像经过直方图均衡化使得其灰度分布均匀,达到了对比度增强的效果,提高了图像质量。

直方图均衡化处理的"中心思想"是把原始图像的灰度直方图从比较集中的某个灰度区间变成在全部灰度范围内的均匀分布。直方图均衡化就是对图像进行非线性拉伸,重新分配图像像元值,使一定灰度范围内的像元数量大致相同,就是把给定图像的直方图分布改变成"均匀"直方图的分布。这样就增加了像元灰度值的动态范围,从而可达到增强图像整体对比度的效果,适合背景和前景都太亮或者太暗的图像,能更好显示细节。

从图 7.3 中可以看出,原来整幅影像灰度范围是从 45 至 225,通过均衡化后,灰度范围扩大到 0 至 255,画面对比度和清晰程度提升明显。

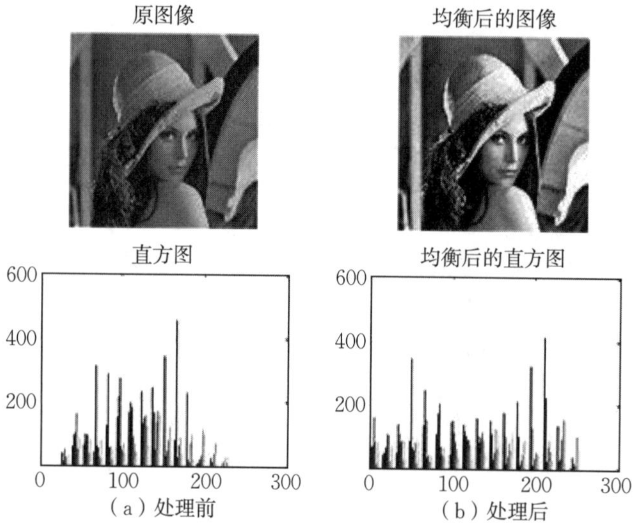

图 7.3 直方图均衡化前后效果对比

直方图规定化是通过一个灰度映像函数,将原灰度直方图改造成所希望的直方图。这样能够有目的地增强某个灰度区间的图像,同时人为地修正直方图的形状,使之与期望的形状相匹配。直方图规定化可以按照预先设定的某个形状来调整图像的直方图,建立原始图像和期望图像之间的关系,从而弥补了直方图均衡化不具备交互作用的特性。

学而思

(1)大气散射可能使影像反差降低，此时是否可以采用对比度增强的方式消除？

(2)选取任一景遥感影像，进行对比度增强操作。讨论一下如何采用对比度增强方式减弱大气散射影响。

7.2　彩色变换

亮度值的变化可以改善图像的质量，但就人眼对图像的观察能力而言，一般正常人眼只能分辨20级左右的亮度级，而对彩色的分辨能力则可达100多种，远远大于对黑白亮度值的分辨能力。不同的彩色变换可不同程度增强图像的可读性，在此介绍常用的3种彩色变换方法。

7.2.1　单波段彩色变换

单波段黑白遥感影像可按灰度分层，对每层赋予不同的色彩，使之成为一幅彩色图像。这种方法又叫密度分割，即按图像的密度进行分层，每一层所包含的灰度值范围可以不同。例如：灰度值0～10为第一层，赋给值1；灰度值11～15为第二层，赋给值2；灰度值16～30为第三层，赋给值3；等等。再给1、2、3分别赋不同的颜色，于是生成一幅彩色图像。目前计算机显示彩色的能力很强，理论上完全可以将256层的黑白灰度赋予256种颜色。

对于遥感影像而言，将黑白单波段影像赋上彩色总是有一定目的的，如果分层方案与地物光谱差异对应得好，那么可以区分出地物的类别。例如，在红外波段，水体的吸收很强，在图像上表现为接近黑色，这时若取低亮度值为分割点并以某种颜色表现，则可以分离出水体；同理，砂地反射率高，取较高亮度为分割点，可以从亮区以彩色分离出砂地。因此，只要掌握地物光谱的特点，就可以获得较好的地物类别图像。当地物光谱的规律性在某一影像上表现不太明显时，也可以简单地对每一层亮度值赋色，得到的彩色影像也会较一般黑白影像的目视效果好。

7.2.2　多波段彩色合成

根据加色法彩色合成原理，选择遥感影像的某3个波段，分别赋予红、绿、蓝3种原色，就可以合成彩色影像。由于原色的选择与原来遥感波段所代表的真实颜色不同，因此生成的合成色不是地物真实的颜色，这种合成叫作假彩色合成。

多波段影像进行彩色合成时，方案的选择十分重要，它决定了彩色影像能否显示较丰富的地物信息或突出某一方面的信息，常用方法有红绿蓝(RGB)彩色合成法。假彩色合成选用的波段应该以地物的光谱特征作为出发点，不同的波段采用不同的合成方式，用来突出不同的地物信息。在Landsat9的OLI影像中，波段3为绿波段(0.53～0.59 μm)，波段4为红波段(0.64～0.67 μm)，波段5为近红外波段(0.85～0.88 μm)，对波段5、4、3分别赋予红、绿、蓝色合成的假彩色图像称为标准假彩色图像。类似地，对于中国高分一号卫星多光谱影像，选择波段4(0.77～0.89 μm)、波段3(0.63～0.69 μm)、波段2(0.52～0.59 μm)分别赋予红、绿、蓝色合成可得标准假彩色图像，突出了植被、水体、城乡、山区、平原等特征，植被为红色、水体为黑色或蓝色、城镇为深色，地物类型信息丰富。

实际应用时，应根据不同的应用目的，经实验、分析，寻找最佳合成方案，以达到最好的目视效果。通常,以合成后的信息量最大和波段之间的信息相关最小作为合成的最佳目标。例如,TM影像的4、5、3波段依次被赋予红、绿、蓝色,并进行合成,可以突出较丰富的信息,包括水体、城区、山区、平原及线性特征等,有时这一合成方案甚至优于标准的4、3、2波段的假彩色合成。

学而练　(1)一景高分一号遥感影像,有几个多光谱波段,对应分辨率是多少?

(2)对高分一号遥感数据进行假彩色合成,有几种合成方案?哪种合成结果中,植被是红色,水体是深色?

7.2.3 HLS变换

色调、明度和饱和度(HLS)是一种将RGB色彩模型中的点在圆柱坐标系中表示的方法,是运用最广的颜色系统之一。HLS中:色调(hue)是色彩的基本属性,就是平常所说的颜色名称,如红色、黄色等;明度(lightness)是由黑色向白色变化的程度,取0%~100%;饱和度(saturation)是色彩的纯度,饱和度越高色彩越纯,饱和度低则色彩变灰,取0%~100%。

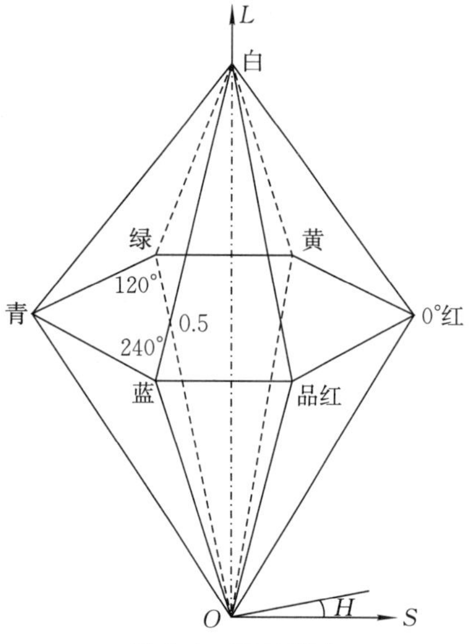

图7.4　HLS模式

HLS模式可以用近似的颜色立体来定量化。如图7.4所示,颜色立体曲线锥形变为上下两个六面金字塔。环绕垂直轴的圆周代表色调(H),以红色为0°,逆时针旋转,每隔60°改变一种颜色并且数值增加1,一周360°刚好6种颜色,顺序为红、黄、绿、青、蓝、品红。垂直轴代表明度(L),取黑色为0,白色为1,中间为0.5。从垂直轴向外沿水平面的发散半径代表饱和度(S),与垂直轴相交处为0,最大饱和度为1。根据这一定义,对于黑白色或灰色,色调H无定义,饱和度$S=0$。当色调处于最大饱和度时$S=1$,这时$L=0.5$。严格地说,从视觉角度看,饱和度最大时,不同色调的明度是不相同的值。

当色彩的表达定量化,并且从常用的红绿蓝(L_R,L_G,L_B)表达方式转换到HLS表达方式时,有一种计算方法设计如下。

HLS表达中,H为0~360实型,L和S为0~1实型,但当$S=0$时H无定义值。变换前红绿蓝各波段的归一化亮度值用带下标的L表示即L_R、L_G、L_B,变换后的明度值用不带下标的L表示。设下标max为L_R、L_G、L_B三个值中的最大值,下标min为L_R、L_G、L_B三个值中的最小值,则有:

(1)明度值$L=(L_{max}+L_{min})/2$,对于特殊情况$L_{max}=L_{min}$,说明$L_R=L_G=L_B$为灰色,这时$S=0$,H无定义值。

(2)对于一般色彩情况,饱和度的计算公式如下。

若$L \leqslant 0.5$,则$S=(S_{max}-S_{min})/(S_{max}+S_{min})$。

若$L>0.5$,则$S=(S_{max}-S_{min})/[(1-S_{max})+(1-S_{min})]$。

(3)计算色调时,设 $\Delta H = H_{\max} - H_{\min}$,可以按如下情况讨论。

当 $H_R = H_{R,\max}$ 时,$H = 60(H_G - H_B)/\Delta H$,这时色调位于黄和品红之间。

当 $H_G = H_{G,\max}$ 时,$H = 60[2 + (H_B - H_R)/\Delta H]$,这时色调位于青和黄色之间,所以以红段为基准加上 2,跳到绿段附近。

当 $H_B = H_{B,\max}$ 时,则 $H = 60[4 + (H_R - H_G)/\Delta H]$,色调跳到蓝段附近,即品红和青之间。

以上 H 如为负值,则加 360°成为第四象限的正值。

通过以上运算可以把 RGB 模式转换为 HLS 模式。这两种模式的转换对于定量地表示色彩特性,以及在应用程序中实现两种表达方式的转换具有重要意义。

学而练

(1)HLS 变换是常用一种变换方法,说明这种方法的优点,并尝试用程序实现一幅图片由 RGB 模式到 HLS 模式的转换。

(2)HSV 变换是把标准的 RGB 图像变换到色调、饱和度和亮度(HSV)空间,检索 HSV 颜色变换的计算方法。说明它的优点是什么。

7.3　多光谱变换

遥感多光谱影像的波段越多,信息量越大,对图像解译越有帮助。同时,遥感影像多波段数据之间会有不同程度的相关性,存在着数据冗余。例如,2021 年发射的 Landsat9 卫星,有 11 个波段的多光谱信息,有些波段信息之间会存在一定相关性。对遥感影像进行某种多光谱信息的线性变换后,可以获得一个新的波段数据集,达到保留主要信息,增强感兴趣目标特征,改善图像信噪比的目的。

遥感多波段影像的光谱增强是在多光谱空间中进行的。多光谱空间是一个 n 维坐标系,每个坐标轴代表多波段影像的一个波段,坐标值表示该波段像元的灰度值(亮度值),图像中每个像元对应光谱空间中的一个点。设定多光谱空间是一个 n 维坐标系,像元点 $\boldsymbol{X}$ 在坐标系中的位置可以表示成一个 n 维向量,即

$$\boldsymbol{X} = \begin{bmatrix} x_1 \\ x_2 \\ x_3 \\ \vdots \\ x_n \end{bmatrix} = [x_1 \quad x_2 \quad x_3 \quad \cdots \quad x_n]^{\mathrm{T}}$$

式中,每个分量 $x_i (i = 1, 2, \cdots, n)$ 表示该点在第 i 个波段所对应灰度值。设像元点 $\boldsymbol{X}_A$ 对应的 5 个波段的灰度值分别是 45、38、63、27、18,则像元点 $\boldsymbol{X}_A$ 对应的光谱空间向量为

$$\boldsymbol{X}_A = \begin{bmatrix} x_{A1} \\ x_{A2} \\ x_{A3} \\ x_{A4} \\ x_{A5} \end{bmatrix} = [45 \quad 38 \quad 63 \quad 27 \quad 18]^{\mathrm{T}}$$

多光谱变换增强的本质是对遥感影像实行线性变换，使多光谱空间的坐标系按一定规律进行旋转后，达到增强图像上某些信息目的。典型的变换主要有两种，即 K-L(Karhunen-Loeve)变换和 K-T(Kauth-Thomas)变换。

7.3.1 K-L 变换

K-L 变换，其数学原理属于线性类的主成分变换。基本原理：对某 n 个波段的多光谱影像图进行一个线性变换，将该多光谱影像组成的光谱空间乘以一个线性变换矩阵 $\boldsymbol{A}$，产生一个新的光谱空间，即产生一幅新的 n 个波段的多光谱影像。其表达式为

$$\boldsymbol{Y}=\boldsymbol{A}\boldsymbol{X}$$

式中，$\boldsymbol{X}$ 为 K-L 变换前多光谱空间的像元矢量，$\boldsymbol{Y}$ 为变换后多光谱空间的像元矢量，$\boldsymbol{A}$ 为一个 $n\times n$ 的线性变换矩阵。

K-L 变换实质是变换后的光谱空间坐标系与变换前的光谱空间坐标系旋转了一个角度，使变换后的光谱空间中各个分量之间彼此互不相关，信息是相互独立的。以二维空间为例(图 7.5)，假定某图像像元的分布呈椭圆形，那么经过旋转后，新坐标系的坐标轴一定分别指向椭圆的长半轴和短半轴对应的主分量方向，这是因为长半轴这一方向的信息量最大。图像中像元矢量逐个乘以矩阵 $\boldsymbol{A}$，可得到新图像中的像元矢量。矩阵 $\boldsymbol{A}$ 的作用是给多波段的像元灰度值赋予加权系数，实现线性变换。变换前各波段之间有很强的相关性，但经过 K-L 变换组合，输出图像的各分量之间的相关性将最小。

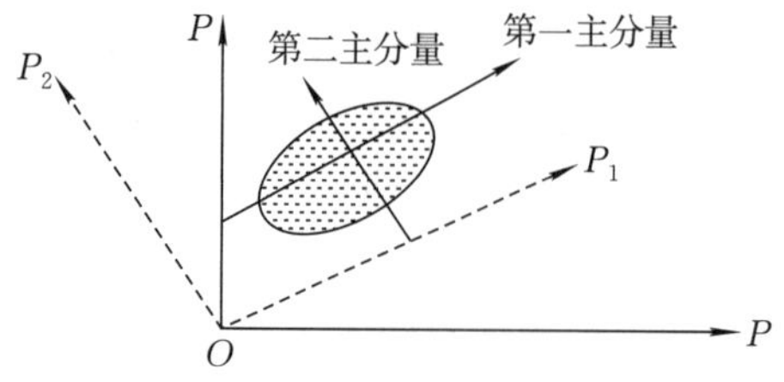

图 7.5 主成分变换中的坐标旋转

从数学角度，K-L 变换设法将原来数据重新组合成一组新的、相互无关的综合变量，同时根据实际需要，可以从中取出几个较少的综合变量，尽可能多地反映原来变量的信息。当这个变换用于图像增强时，变换后 $\boldsymbol{Y}$ 向量前几个主分量包含了主要的地物信息和边缘特征信息。通常情况下，第一主分量集中了最大的信息量，约 80%以上，第二主分量、第三主分量的信息量依次快速递减，到了第 n 分量，信息几乎为 0。经过主成分变换后的前三个主分量集中变换前数据 90%以上的特征信息，最后的分量几乎全是噪声，所以这种变换又用于噪声分离。

7.3.2 K-T 变换

K-T 变换也称缨帽变换(tasseled cap)，是一种坐标空间发生平移、旋转的线性变换，变换后的坐标轴方向与某些地物，特别是与植被生长及土壤有着密切的关系。K-T 变换为植被研究，特别是为农业特征分析提供了数据增强方法。

K-T 变换与 K-L 变换不同的是其变换后的分量尚有残余的相关。通过缨帽变换可获得六项特征，其中前三项特征向量具有明确的物理景观含义，后三项分量没有与景物明确的对应关系，因此变换后只取前三项分量。将 3 个坐标分量立体化成三维形态，其外观像一顶带穗的帽子，所以称“缨帽变换”。三项分量所表示的特征如下。

第一特征为亮度，是参与变换的 6 个波段的加权和，反映出图像总体反射率的综合效果。

第二特征为绿度，是近红外与可见光部分的差值，反映了绿色生物量的特征，是可见光波

段植物光合作用吸收与近红外植物强反射的综合影响，与地面植被覆盖、叶面积指数及生物量有很大关系。

第三特征为湿度，是可见光（蓝、绿、红）与近红外共 4 个波段反射能量的综合与中红外两个波段反射能量的差值，反映地面水分条件，特别是土壤湿度状态。

为了更好地分析农作物生长过程中植被与土壤特征的变化，将亮度和绿度两分量组成的二维平面叫作“植被视面”，将湿度和亮度两分量组成的二维平面叫作“土壤视面”，湿度与绿度组成第三个面叫作“过渡区视面”。这三个分量共同组成一个新的三维空间，植被和土壤的特征便看得更清楚了。图 7.6 反映农作物生长过程在三个视面中的位置。虚线表示植物的生长过程。其中，点 1 位置为种子破土前的裸土；点 2 附近植物生长，叶子逐渐茂密，绿度增长，而阴影扩大，导致亮度降低；到点 3 附近植物最茂盛，裸土和阴影几乎全部被植物覆盖而使绿度和亮度都增加了；直到农作物衰老枯萎，绿度迅速降低，到达点 4。这一过程在“植被视面”上十分清楚。靠近亮度的底边线是土壤线，可反映不同类型的裸土位置。“土壤视面”图中除了亮度，又增加了湿度分量。在植物生长过程中，湿度从点 1 向点 2 和点 3 逐渐增加，经过一个恒定过程，再出现稍许变化。这一平面中没有表现出土壤线的线状规律，而是散布在整个土壤面中。只有“过渡区视面”既反映了植被信息又反映了土壤信息，故称为“过渡区视面”。

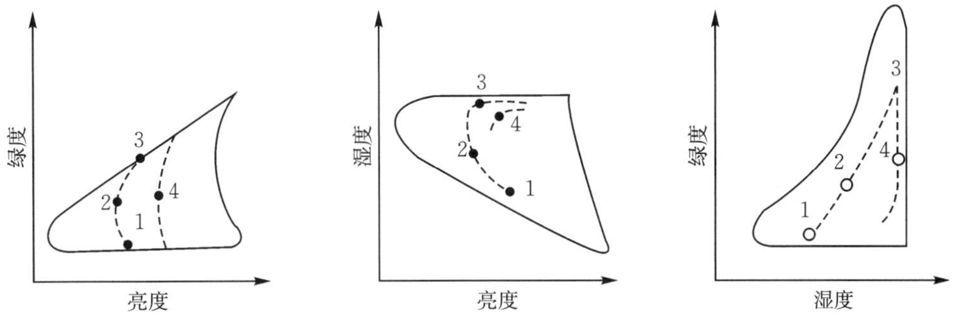

（a）植被视面　（b）土壤视面　（c）过渡区视面

1—裸土(种子破土前)； 2—生长； 3—植被最大覆盖； 4—衰老

图 7.6　农作物生长视面

学而思

(1)某些植被指数可以提供独特的生物物理信息，请总结常用的植被指数并分析植被指数的研究进展。

(2)景观生态学是对相互作用的生物体的结构、功能和变化的研究，可以用来解译水体、陆地表面、土壤、植被和土地利用等之间的相互作用。你知道的生态指标有哪些？其原理是什么？

7.4　波段运算

对多光谱图像不同波段或经过空间配准的两幅或多幅遥感影像进行四则运算，不仅可以拓展图像光谱范围，去除由于光照条件、地形起伏等引起的色调变化，还可提取出很多有用的信息。

7.4.1 差值运算

两幅同样行、列数的图像，对应像元的亮度值相减就是差值运算，即

$$f_D(x,y)=f_1(x,y)-f_2(x,y)$$

差值运算应用于两个波段时，相减后的值反映了同一地物光谱反射率之间的差。由于不同地物反射率差值不同，两波段亮度值相减后，差值大的被突出出来。例如，当用红外波段减红波段时，植被的反射率差异很大，相减后的差值就大，而土壤和水在这两个波段反射率差值就很小，因此相减后的图像可以把植被信息突出出来。如果不做相减，在红外波段上植被和土壤、在红色波段上植被和水体均难区分。因此图像的差值运算有利于目标与背景反差较小信息的提取，如冰雪覆盖区、黄土高原区的界线特征、海岸带的潮汐线等。差值运算还常用于研究同一地区不同时相的动态变化，如监测森林火灾发生前后的变化和计算过火面积，监测水灾发生前后的水域变化和计算受灾面积及损失，监测城市在不同年份的扩展情况及计算侵占农田的比例等。有时为了突出边缘，也用差值法将两幅图像的行、列各移一位，再与原图像相减，也可起到几何增强的作用。

7.4.2 加法运算

加法运算是对两幅或多幅同样大小图像的对应像元灰度值相加后取平均值，得到一幅新的图像，即

$$f_D(x,y)=\frac{1}{m}\sum_{i=1}^{m}f_i(x,y)$$

加法运算可以加宽波段，如绿色波段和红色波段图像相加可以得到近似全色图像，而绿色波段、红色波段和红外波段图像相加可以得到全色红外图像。

7.4.3 比值运算

比值运算是指两个不同波段的图像对应像元的灰度值相除，即

$$f_R(x,y)=\frac{f_1(x,y)}{f_2(x,y)}$$

地形起伏及太阳倾斜照射使得山坡的向阳处与阴影处在遥感影像上的亮度有很大区别，比值运算可以减小因地形坡度和方向引起的辐射量变化，消除地形起伏的影响。

比值运算也可以增强某些地物之间的反差，如植被、水、土壤在红波段与红外波段图像上的反射率是不同的或相近的，通过比值运算能够增加其差距从而更容易加以区分，如表7.1所示。

表7.1 植被、水与土壤比值运算

类别	红波段	红外波段	红外波段/红波段
植被	暗	很亮	更亮
水	稍亮	很暗	更暗
土壤	较亮	较亮	不变

7.4.4 混合运算

归一化差值植被指数是一种混合运算，通常定义为近红外波段与可见光红波段数值之差

与这两个波段之和的比值，公式为

$$NDVI=\frac{f_{\mathrm{NIR}}(x,y)-f_{\mathrm{R}}(x,y)}{f_{\mathrm{NIR}}(x,y)+f_{\mathrm{R}}(x,y)}$$

式中，$f_{\mathrm{NIR}}(x,y)$ 为遥感多光谱图像中的近红外波段的反射值，$f_{\mathrm{R}}(x,y)$ 为红波段的反射值。归一化差值植被指数的范围为 $-1\leqslant NDVI\leqslant 1$。一般情况下：当结果为负值时，对应的区域覆盖为云、水、雪等，对可见光高反射；当结果为 0 时，对应的区域覆盖类型为岩石或裸土等，近红外波段和红波段反射值近似相等；当结果为正值，对应区域有植被覆盖，且随覆盖度增大而增大。由于植被指数有明显的地域性和时效性，并且还会受到植被本身、环境因素、大气条件等因素的影响，需要根据实际情况来确定阈值。

学而练

(1)根据地物电磁波信息特征及色度学原理，思考哪些比值彩色合成方法可用于提取铁、铀、铜等矿床的信息。总结其中规律，并进行验证。

(2)了解水体指数，建筑物指数的表达式，分析这些混合指数能够突出感兴趣目标的原因。

7.5　空间卷积增强

空间卷积是一种图像空间像元亮度值增强（减弱）方法，是通过对每个像元周围的邻近像元亮度值进行数学运算（卷积模板）来实现的。卷积的目的是突出图像上的某些特征。当要突出图像上宽大区域或主干部分时，可以在空域中通过邻域平均或平滑来实现。相反，当要突出边缘细节时，可在空域中通过差值或锐化来实现。

7.5.1　图像卷积原理

图像的卷积运算是在空域上对图像进行局部检测的运算，以实现平滑或锐化的目的。对一幅图像进行空间卷积有两步：首先，建立一个包含一系列相关系数或权重因子的移动窗口；然后，将这个窗口在整幅图像上移动，用窗口所覆盖的每个像元的亮度值乘上其对应的相关系数。

具体做法如下。选定一个卷积函数（卷积模板），在原始图像上开一个与模板同样大小的移动窗口。运算过程如图 7.7 所示，移动窗口与模板窗口中对应像元数值进行相乘再相加，计算结果数值替换活动窗口中心像元的原数值，成为新的像元灰度值。若卷积模板大小为 $M\times N$，活动窗口像元亮度值为 $\varphi(m,n)$，模板像元数值为 $t(m,n)$，则卷积运算结果 $r(i,j)$ 为

$$r(i,j)=\sum_{m=1}^{M}\sum_{n=1}^{N}\varphi(m,n)t(m,n)$$

卷积过程先从原始图像的左上角开始，每一次运算结束后，移动窗口就向右移动一个像元。重复上式与模板做同样的运算，仍旧将计算结果放在移动后的窗口中心位置上。依次进行，逐行扫描，直到全幅图像扫描一遍，结束工作生成新图像。

空域滤波属于空域增强中通过邻域运算达到增强目的的一种算法，按照功能分类可分为平滑滤波和锐化滤波两类，这两者又可以按照特点分为线性和非线性两类。

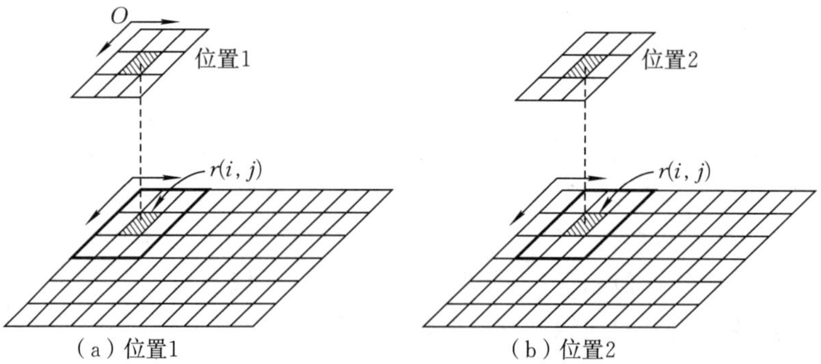

图 7.7　模板移动

7.5.2　空域平滑滤波

平滑滤波的目的是消除图像中各种干扰噪声。当图像中出现某些亮度变化过大的区域，或出现不该有的亮点或者“噪声”时，采用平滑的方法可以使亮度平缓或去掉噪声点。但是，平滑往往使图像反差降低，细节丢失，容易出现边界模糊的现象。常用平滑方法有均值滤波和中值滤波。

1. 均值滤波

均值滤波(也称均值平滑)是将每个像元在以其为中心的区域内取区域亮度值的平均值来代替该像元值，达到去除尖锐噪声和平滑图像的目的。

模板范围为 $M \times N$ 时，均值卷积公式为

$$r(i,j)=\frac{1}{MN}\sum_{m=1}^{M}\sum_{n=1}^{N}\phi(m,n)$$

具体计算时，常用 3×3 的模板，具体形式为

$$t(m,n)=\begin{bmatrix}\frac{1}{9} & \frac{1}{9} & \frac{1}{9}\\ \frac{1}{9} & \frac{1}{9} & \frac{1}{9}\\ \frac{1}{9} & \frac{1}{9} & \frac{1}{9}\end{bmatrix} \quad 或 \quad t(m,n)=\begin{bmatrix}\frac{1}{8} & \frac{1}{8} & \frac{1}{8}\\ \frac{1}{8} & 0 & \frac{1}{8}\\ \frac{1}{8} & \frac{1}{8} & \frac{1}{8}\end{bmatrix}$$

2. 中值滤波

中值滤波是将每个像元在以其为中心的邻域内取中间亮度值来代替该像元值，以达到去除尖锐噪声和平滑图像目的。这种滤波方法对消除“椒盐噪声”和斑点非常有效。

具体计算时，在原图像上选取一个与模板同样大小的活动窗口，然后将窗口内所有像元亮度值按照大小进行排序，取出排序后中间的亮度值，作为活动窗口中心像元新的亮度值。因此，中值滤波模板 $M \times M$ 中，M 取奇数为好。这种方法的最大优势是能保持边界的清晰。

中值滤波器可以扩展为排序滤波器。根据取出排序亮度值的不同，可以分为最大值滤波器、最小值滤波器、中点滤波器。该类滤波器将模板内的像元亮度值按照从大到小统计排序，最大值滤波器找到的是排序中的第一个，可以检测最亮点以减弱“胡椒噪声”。最小值滤波器找到的是排序中的最后一个，可以检测最暗值以减弱“盐粒噪声”。中点滤波器则是将以上两种滤波器的结果相加再除以 2，即得到了该滤波器的结果。

7.5.3　空域锐化滤波

有时为了突出图像的某些边缘特征、线状目标或者某些亮度变化率大的部分，可以采用锐化方法进行处理。锐化后的图像已不再具有原遥感影像的特征而成为边缘图像。

通常而言，梯度锐化法是图像锐化的主要方法。梯度反映了相邻像元的灰度变化率，因此图像中边缘部有较大的梯度值，如湖泊、河流的边界、山脉和道路等。图像函数 $f(x,y)$ 的梯度定义为一个矢量，即

$$\nabla f(x,y)=\mathrm{grad}f(x,y)=\begin{bmatrix}\dfrac{\partial f(x,y)}{\partial x}\\ \dfrac{\partial f(x,y)}{\partial y}\end{bmatrix}$$

梯度矢量的方向是函数 $f(x,y)$ 在该点灰度变化率最大的方向，梯度的模可由下式计算，即

$$\|\mathrm{grad}f(x,y)\|=\sqrt{\left(\frac{\partial f(x,y)}{\partial x}\right)^2+\left(\frac{\partial f(x,y)}{\partial y}\right)^2}$$

设 $t_1=\dfrac{\partial f(x,y)}{\partial x}$、$t_2=\dfrac{\partial f(x,y)}{\partial y}$，则上式可以简化为

$$\|\mathrm{grad}f(x,y)\|=\sqrt{(t_1)^2+(t_2)^2}$$

对于离散化的数字图像来说，上式梯度计算可以用差分来近似表示，即

$$t_1=f(i,j)-f(i+1,j)$$
$$t_2=f(i,j)-f(i,j+1)$$

梯度锐化滤波需要选取一个锐化模板或锐化窗口，然后利用模板遍历图像所有像元进行锐化卷积处理。经典模板有罗伯特算子、索伯尔算子、拉普拉斯算子。

1. 罗伯特算子

罗伯特(Roberts)算子是一种交叉差分计算法，它计算梯度的表达式为

$$\|\mathrm{grad}f(x,y)\|\cong|f(i,j)-f(i+1,j+1)|+|f(i+1,j)-f(i,j+1)|$$

用模板表示为

$$\boldsymbol{t}_1=\begin{bmatrix}1 & 0\\ 0 & -1\end{bmatrix},\ \boldsymbol{t}_2=\begin{bmatrix}0 & -1\\ 1 & 0\end{bmatrix}$$

罗伯特梯度相当于在图像上开了一个 2×2 窗口，用模板 $\boldsymbol{t}_1$ 进行卷积计算后取绝对值，再加上模板 $\boldsymbol{t}_2$ 计算后的绝对值，将计算值作为左上角像元(i,j) 的梯度值。这种算法的意义在于用交叉的方法检测出像元与其邻域在上下之间或左右之间或斜方向之间的差异，最终产生一个梯度影像，达到提取边缘信息的目的。

2. 索伯尔算子

索伯尔(Sobel)算子是罗伯特算子的改进。索伯尔算子模板中较多地考虑了邻域点的关系，窗口由 2×2 扩大到 3×3，算法采用加权方法进行差分，因而对边缘的检测更加精确。模板为

$$\boldsymbol{t}_1=\begin{bmatrix}-1 & -2 & 1\\ 0 & 0 & 0\\ 1 & 2 & 1\end{bmatrix},\ \boldsymbol{t}_2=\begin{bmatrix}-1 & 0 & 1\\ -2 & 0 & 2\\ -1 & 0 & 1\end{bmatrix}$$

3. 拉普拉斯算子

拉普拉斯(Laplace)算子属于二阶导数算子,即

$$\nabla^2 f(x,y)=\frac{\partial^2 f(x,y)}{\partial x^2}+\frac{\partial^2 f(x,y)}{\partial y^2}$$

对于离散的数字图像,二阶导数可以用二阶差分近似计算,推导出拉普拉斯算子表达为

$$\nabla^2 f(x,y)=f(i+1,j)+f(i-1,j)+f(i,j+1)+f(i,j-1)-4f(i,j)$$

上式模板可以表示为

$$\boldsymbol{t}(m,n)=\begin{bmatrix}0 & 1 & 0\\ 1 & -4 & 1\\ 0 & 1 & 0\end{bmatrix}$$

上面模板的中心像元的新亮度值是上下左右 4 个相邻点的亮度值相加后,再减去 4 倍的像元原始亮度值。当然,还有其他一些模板,如

$$\begin{bmatrix}1 & 1 & 1\\ 1 & -8 & 1\\ 1 & 1 & 1\end{bmatrix} \text{或} \begin{bmatrix}0 & -1 & 0\\ -1 & -4 & -1\\ 0 & -1 & 0\end{bmatrix}$$

拉普拉斯算子是边缘增强滤波,它的运行不用考虑边缘的方向,它强调的是图像中的最大值,即通过模板运算,用一个具有高中心值的变换核来完成增强。拉普拉斯算子不检测均匀的灰度变化区域,而检测变化的变化率,计算出图像更加突出的灰度突变位置,并可以保留原图像的背景特征并对边缘细节进行锐化增强。

学而练

(1)选取一幅 100×100 像元的图像,分别使用罗伯特算子、索伯尔算子、拉普拉斯算子进行锐化处理,对比一下锐化结果。分析这几种算子分别适用于什么情况下的边缘增强处理。

(2)定向滤波是增强特定方向地面形迹的滤波,了解定向滤波增强模板都有哪些,每种算子适用于哪种情况的图像增强处理。

7.6 频域增强

7.6.1 图像频域变换

图像的频率是表征图像中灰度变化剧烈程度的指标,是单位长度内图像灰度的变化次数。如果图像内部有大面积地物,空域上表现为一片灰度变化缓慢的区域,对应的频域内为低频率值;如果图像上有地物灰度变化剧烈区域,空域上表现为地物边缘,对应的频域内为高频率值。一幅图像,也可以分解为不同频率、不同振幅、不同方向,以及不同相位的周期函数,进而将其用频域坐标来表示。图 7.8 是一幅空域图像变换成频域图像的结果,图 7.8(a)为空域内的原始图像,经过傅里叶变换后,可以生成幅度谱和相位谱两个频域图像。其中,幅度谱代表信号能量大小的幅度,而相位谱代表对应空间像元变化方向。

将空域图像变换为频域图像,可以采用傅里叶变换来实现。将频域图像变换为空域图像,需要利用傅里叶逆变换来实现。

（a）原始图像　（b）频域幅度谱　（c）频域相位谱

图 7.8　图像频域变换

1. 傅里叶变换

一维连续函数的傅里叶变换为

$$F(v)=F(f(x))=\int_{-\infty}^{\infty}f(x)\exp(-\mathrm{i}2\pi vx)\mathrm{d}x$$

式中，$f(x)$ 是空域函数，$F(v)$ 是频域函数，$F\{\cdot\}$ 表示傅里叶变换，v 为频率变量，x 为空间变量。

二维连续函数的傅里叶变换为

$$F(v_x,v_y)=F(f(x,y))=\int_{-\infty}^{\infty}\int_{-\infty}^{\infty}f(x,y)\exp(-\mathrm{i}2\pi(v_xx+v_yy))\mathrm{d}x\mathrm{d}y$$

对于数字图像，需要用二维离散傅里叶变换，即

$$F(v_x,v_y)=F(f(x,y))=\frac{1}{MN}\sum_{x=0}^{M-1}\sum_{y=0}^{N-1}f(x,y)\exp\left(-\mathrm{i}2\pi\left(\frac{v_xx}{M}+\frac{v_yy}{N}\right)\right)$$

式中，$v_x=0,1,2,\cdots,M-1$；$v_y=0,1,2,\cdots,N-1$。

2. 傅里叶逆变换

二维连续函数的傅里叶逆变换为

$$f(x,y)=F^{-1}(F(v_x,v_y))=\int_{-\infty}^{\infty}\int_{-\infty}^{\infty}F(v_x,v_y)\exp(\mathrm{i}2\pi(v_xx+v_yy))\mathrm{d}v_x\mathrm{d}v_y$$

式中，$F^{-1}(\cdot)$ 表示傅里叶逆变换。对于数字图像，需要用二维离散傅里叶逆变换，即

$$f(x,y)=F^{-1}(F(v_x,v_y))=\frac{1}{MN}\sum_{x=0}^{M-1}\sum_{y=0}^{N-1}F(v_x,v_y)\exp\left(\mathrm{i}2\pi\left(\frac{v_xx}{M}+\frac{v_yy}{N}\right)\right)$$

7.6.2　频域滤波器

图像描述了亮度随位置变换的情况。一幅图像大致存在亮度渐变（或等亮度区）和亮度突变两种情况。对图像进行傅里叶变换可以发现：亮度渐变集中在低频区，而亮度突变集中在高频区。整幅图像的背景，大面积的森林、湖泊、海洋，同类作物区，河流的主干及大断裂线型构造等的亮度值通常是渐变的（边缘除外），因此它们与低频密切相关；而一些窄细的形迹往往表示水系的支流、各种地域的边界、小断裂、裂缝发育的程度或岩性蚀变等，都在亮度突变处，因而与高频密切相关。因此，可以通过频域滤波器处理，来增加某些目标的特征信息。

1. 低通滤波器

信号经过低通滤波器时，只允许低频分量通过，一些噪声、边缘信息和细节信息代表的高频分量会被阻止。因此，图像经过低通滤波器之后，可以抑制噪声，但是同时边缘和细节信息

可能会被模糊。常用低通滤波器有理想低通滤波器和巴特沃斯低通滤波器。

理想低通滤波器传递函数 $K_{LP}(u,v)$ 以截止频率 D_0 为半径的圆为界限,圆内频率可通过,圆外频率不可通过,其表达式为

$$K_{LP}(u,v)=\begin{cases}1, & D(u,v)\leqslant D_0\\0, & D(u,v)>D_0\end{cases}$$

然而,由于其传递函数 $K_{LP}(u,v)$ 的特点会造成振铃现象,即其边缘部分会发生抖动,从而使平滑效果不佳。

n 阶巴特沃斯低通滤波器的传递函数 $K_{LP}(u,v)$ 的表达式为

$$K_{LP}(u,v)=\frac{1}{1+\left(\frac{D(u,v)}{D_0}\right)^{2n}}$$

当 $K_{LP}(u,v)$ 处于最大值的 1/2 时,$D(u,v)$ 值定义为截止频率 D_0。式中,n 决定了衰减频率。巴特沃斯滤波器对于所产生的振铃现象能够进行较好的抑制,但它的平滑效果不如理想低通滤波器。当低频部分和高频部分需要严格控制过渡时,可以选择巴特沃斯滤波器。

2. 高通滤波器

高通滤波器与低通滤波器相反,信号通过高通滤波器时,它允许高于截止频率 D_0 的高频信号通过,阻止低于截止频率 D_0 的低频信号通过。高通滤波器可以提高图像的清晰度,过滤掉低频噪声和干扰信号。

设低通滤波器传递函数为 $K_{LP}(u,v)$,则高通滤波器传递函数 $K_{HP}(u,v)$ 为

$$K_{HP}(u,v)=1-K_{LP}(u,v)$$

目前绝大多数商业化遥感影像处理软件都带有傅里叶工具。在遥感影像处理过程中,可以先对空域遥感影像进行傅里叶变换后,再进行频域高通、低通滤波,从而达到抑制噪声,突出某些特征目标的目的。需要注意,一般不采用突然截断的方式进行高通或者低通滤波,要针对不同的情况,选择不同的窗口函数,如巴特沃斯函数(形状可调)、高斯函数、指数或梯函数等。

学而练

(1)选取一幅 200×200 像元的图像,对其进行傅里叶变换,显示变换后的幅度谱和相位谱,然后再进行傅里叶逆变换。

(2)选取一幅 200×200 像元的图像进行傅里叶变换后,分别进行频域高通滤波、低通滤波,滤波后再进行傅里叶逆变换。对比滤波后图像与原始图像的差别。

7.7 融合变换

遥感卫星技术的快速发展,为人们提供了丰富的多源遥感数据,如不同传感器、不同的时间、不同空间分辨率、不同光谱分辨率及不同极化方式的遥感数据。有些定性或定量分析需要多源数据的组合应用,这时需要对这些多源遥感数据进行融合处理。遥感影像融合处理可以改善遥感信息提取的及时性和可靠性,有效地提高数据的使用效率。

7.7.1 图像融合过程

图像融合是指将多源遥感影像按照一定的算法,在规定的地理坐标系内,生成新的图像的

过程。例如,卫星全色影像一般具有较高空间分辨率,而多光谱影像光谱信息较丰富,为提高多光谱影像的空间分辨率,可以将全色影像融合进多光谱影像。通过影像融合既可以提高多光谱影像空间分辨率,又能保留其多光谱特性。

图像融合可以分为像元级、特征级、决策级 3 个层次。像元级融合是最低层次的融合,是建立在单个像元单位的基础上,将经过高精度图像配准后的多源影像数据按照一定融合原则和方法,进行像元合成,生成一幅新的遥感影像。像元级图像融合技术流程如图 7.9 所示。

图像融合首先需要进行数据预处理,将高空间分辨率的遥感影像(全色影像)和多光谱遥感影像分别进行几何精校正和配准处理,消除因几何变形带来的误差。将多光谱遥感影像重采样,使其具有与高空间分辨率影像一致的空间分辨率。然后,选取某种的融合算法或者约束规则,进行高空间分辨率数据和多光谱数据的融合处理。最后,对融合结果进行分析评价,并开展各行业的应用。

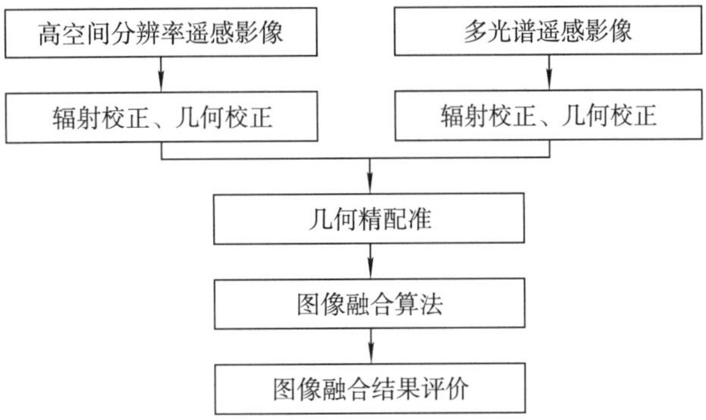

图 7.9　像元级图像融合技术流程

7.7.2　图像融合方法

图像融合的关键是融合前两幅图像的精确配准及处理过程中融合方法的选择。融合方法通常与模糊数学、概率论、数学变换等理论结合在一起应用,并且图像结构不同、层次不同,采用的融合算法也不同。下面是几种比较典型的像元级融合方法。

1. HSV 变换融合

色调、饱和度和亮度(HSV)属于一种颜色变换的融合方法,需要将标准的 RGB 图像变换为色调 H(hue)、饱和度 S(saturation)和亮度 V(value)图像。HSV 融合方法流程为:首先,对多光谱影像 3 个波段使用 HSV 颜色正变换为 H、S 和 V 三幅图像;然后,用高空间分辨率全色影像替代 H 图像;最后,对替换后的 H、S 和 V 图像进行 HSV 逆变换,得到融合后影像。

2. Brovey 变换融合

Brovey 变换方法是利用彩色图像和高空间分辨率数据进行数学合成运算,从而使融合后图像发生锐化。融合过程:将彩色图像中的每一个波段都乘以高分辨率数据与彩色波段总和的比值,函数自动地用最邻近、双线性内插或三次卷积内插方法将三个彩色波段重采样到高空间分辨率图像的像元尺寸,输出的 RGB 图像的像元将与高空间分辨率数据的像元大小相同。

3. Gram-Schmidt 变换融合

格拉姆-施密特(Gram-Schmidt)融合方法主要是利用高空间分辨率全色影像对多光谱低分辨率数据进行锐化。第一步,从低空间分辨率的光谱波段中模拟出一个全色波段。第二步,对模拟全色波段和光谱波段进行 Gram-Schmidt 变换,其中模拟全色波段作为第一个波段。第三步,用高空间分辨率的全色波段替换 Gram-Schmidt 变换后的第一个波段。第四步,应用 Gram-Schmidt 反变换构成锐化后的光谱波段。

学而练

(1)选取高分一号多光谱影像和全色影像进行图像融合练习。根据所学,回忆进行融合之前应完成哪些预处理操作。

(2)对数据进行 HSV 变换融合和 Gram-Schmidt 变换融合,对比两种方法的融合结果,结合资料讨论这些融合方法的特点和适用情况。

4. 主成分变换融合

主成分变换融合主要是对具有高空间分辨率的光谱图像进行锐化。第一步,先对多光谱数据进行主成分变换。第二步,用高空间分辨率波段替换主成分变换后的第一主成分波段。第三步,进行主成分逆变换。选取最邻近、双线性或三次卷积等插值算法,将多光谱数据重采样到高空间分辨率图像的像元尺寸。

5. 小波变换融合

小波变换融合需要将空域图像经过傅里叶变换生成频域小波图像。变换后小波图像主体地物的能量主要集中于小波低频系数,图像边缘信息能量主要表现为小波高频系数。小波变换融合过程如下。第一步,输入多光谱图像、高空间分辨率全色影像,进行傅里叶小波变换,得到小波变换后图像的高频系数、低频系数。第二步,将高空间分辨率图像的小波高频系数替换为多光谱图像的小波高频系数,也可以将两种高频系数按照某种法则进行组合运算。第三步,将替换后或者运算后的高频系数和多光谱小波图像的低频系数一起进行小波逆变换,得到融合影像。

阅读下面资料,讨论如何理解“让卫星遥感服务全社会”。

自然资源部国土卫星遥感应用中心主任、首届国家特邀自然资源监察专员在谈到“让卫星遥感服务全社会”时,列举了诸多案例。大家之所以能看到遥感提供的种种有用信息,都是因为自然资源卫星遥感云服务平台的存在。

自然资源部国土卫星遥感应用中心以国家重大工程、重大政策,以及重大战略实施效果和森林火灾、洪灾等突发公共事件为监测对象,定期监测、及时监测,形成报告并及时报送或发布(如风力发电、光伏发电等绿色能源发展和适宜性评价),如 2022 年上半年,向自然资源部提交了《2022 年度全国冬小麦种植卫星遥感监测报告》《中国黑土地土壤有机质及质地参量高光谱反演工作报告》;将钢铁、煤炭和船舶去产能政策实施效果,纳入所在单位日常业务并进行季度性监测,以季度报告的方式报送国家发展和改革委员会,服务科学决策,如 2020 年,提供了湖北省和全国开发区复工复产监测报告,提交了《关于进一步加强可再生能源发展监测监管的提案》;对突发公共事件,形成监测、发布和服务机制,通过网站和公众号及时、客观地对全社会服务,主动发声回应社会关切。

自然资源部国土卫星遥感应用中心充分利用陆地卫星遥感地表覆盖变化信息在空间全面性和时间系统性方面的优势,从宏观、中观、微观三个层次为政府部门、行业单位和社会公众等用户,分类提供多平台、多时相、多尺度、多层次、多维度的一站式遥感数据、信息、服务。目前,自然资源卫星遥感云服务平台以中英文双语为全球全社会在线提供我国陆地卫星遥感信息服务,面向全球全行业授权用户在线提供我国陆地卫星遥感数据服务,数据已服务国内自然资源全行业和国外 95 个国家、地区和行业的公共管理方面,实现了我国陆地卫星资源在线共享的目标,同时也让我国陆地卫星遥感标准和技术走出国门。

第8章　图像分类基础理论

在相同条件下(光照、地形等),同类地物应该具有相同或相似的光谱、空间等信息特征,不同类型的地物之间光谱、空间特征会存在差异。根据这种差异,将图像中所有像元按照其属性的相似性划分为若干个类别的过程,称为遥感影像分类。

根据分类的技术和方法,遥感影像分类分为两种:①目视判读(visual interpretation),也称目视解译,指根据各专业(部门)的要求,专业人员通过直接观察或借助相关资料信息在遥感影像上获取特定目标地物信息的过程;②计算机分类,是以计算机系统为支撑,根据遥感影像目标地物的颜色、形状、纹理、空间位置等影像特征进行分类与模式识别的过程。

8.1　图像目视解译

8.1.1　目视解译判读标志

各种地物在图像上特有的属性信息的表现形式称为解译标志(interpretation key)。表8.1为使用Landsat8 OLI影像的某地区土地利用信息遥感解译标志。目视解译主要根据地物的解译标志进行解译,依其空间特征分为直接解译标志和间接解译标志两类。凡根据地物或现象本身反映的信息特性解译目标物的,即能够直接反映物体或现象的那些影像特征,称为直接解译标志。与地物属性有内在联系、通过相关分析能推断出其性质的影像特征,即间接推断某一事物或现象的属性,称为间接解译标志。

表8.1　Landsat8 OLI某地区土地利用信息遥感解译标志

序号	地类	图像特征(采用4、3、2波段,分别对应红、绿、蓝)
1	水体	条状或面状,沿海滩涂或者水产养殖基地为规则长方形,呈黑色或者深蓝色,纹理细密,面积较大
2	耕地	有规则的条块状,通常是多块排列,为绿色或者褐色,纹理细密,边界清晰
3	林草	多为绿色植被,分布在建筑物、道路或未利用地旁边,在标准假彩色图像上呈现红色
4	居民地	多边形块状,形状不规则,呈不均匀白色,在地图上大面积零散分布
5	工矿用地	块状,形状规则,多分布在临海区域,厂房呈白色、红色或者蓝色,也有棕色土地
6	交通运输用地	长条状,呈均匀白色,纹理细密
7	未利用地	不规则块状,呈棕色或棕黑色,纹理粗糙,多分布在建筑物旁边或者临海区域

1. 直接解译标志

在图像判读时,图像中目标物的形状、大小、色调、颜色、阴影、纹理、图案、位置称为判读的八要素,可将目标地物与遥感影像联系起来。

形状。形状是目标地物的外形与结构,影像上地表分布的目标物体都具有一定的几何形状,是判断和识别目标地物的主要指标。例如,楼房、道路等人造地物一般具有规则的几何外形和清晰的边界,湖泊、沙丘、山地等自然地物往往具有不规则的外形和不规则的边界。

大小。大小是在二维空间上对目标地物尺寸或面积的测量。可以比较两个图斑对应地物相对大小,如单车道和多车道的街道宽度不同。也可以根据地物影像的尺寸算出它的分布规模,判断它们的性质,如建筑小区的绿地面积和分布特点。

色调。色调,也称为灰度,是黑白像片从白到黑的密度比例。在全色图像中,目标地物按照反射率大小呈现出白—灰—黑的密度变化。例如,同样为海滩的沙子,干沙发白,湿沙则发黑。在红外图像上,水域是黑色的,植被则发白。判读时可以根据各地物间色调的相对差异来区别地物。

颜色。在目视解译中,人对颜色的分辨能力远高于对色调的分辨能力。正常情况下,人眼能分辨十几种灰度,却能够辨别出 120 多种颜色。在彩色图像中,森林及农作物看上去同为绿色,但是它们存在颜色的细小差别,能判别出树种及作物的种类。另外,假彩色图像会表现出特殊的颜色,更容易识别特定的目标物。如 Landsat 标准假彩色图像,植被在影像中大致呈红色。

阴影。阴影是影像上阳光被地物遮挡产生的影子。阴影在影像上表现为地物背光面形成的深色或黑色的色调。地物的阴影,随着太阳的方位角和高度角变化而变化,因此地物阴影因时因地而不同。对于山脉等阴影中的树木及建筑物,阴影的存在会给判读带来影响,如遮挡导致目标丢失。在单片判读时,利用阴影可以了解铁塔、桥及高层建筑物等的高度与结构。

纹理。纹理是通过色调或颜色变化表现的细纹或细小的图案,在某一确定的图像区域内有规律的重复出现。例如,依据树冠的纹理不同,可区分不同的树木。同一个目标地物在不同太阳高度角下,也会具有不同的纹理特征。例如,黄土高原丘陵沟壑区:在太阳高度角很大时,地表纹理比较平滑;在太阳高度角很小时,地表纹理比较粗糙。

图案。图案是由形状、大小、色调、纹理等影像特征组合而成的有规律图形结构,是一个综合性解译标志。人工地物往往具有某种特殊的图案。例如,多个建筑物有序排列构成的街区,由教室、操场和跑道构成的学校,它们都具有一定的整体图案。自然界中,一些地物也具有特定的图案,如水系有树枝状、羽毛状和格网状等多种图案,它们综合反映了流域内的地质构造和水文特征。

位置。位置指目标地物在空间分布的地点。目标地物的位置与它的环境密切相关,据此可以识别一些目标地物或现象。例如,农田与水渠之间的位置,根据农田与水渠的相对位置可以判断该农田为水浇地、水田或旱地。位置与相关地物的联系可以作为判断推理的依据之一,如一条道路在河一侧中断,又在河的另一侧出现并延伸到远方,据此可以推测此处为徒涉场或渡口。

2. 间接解译标志

间接解译标志是指能够间接反映和表现目标地物信息的遥感影像的各种特征,借助它可以推断与某地物属性相关的其他现象。

目标地物与其相关指示特征。例如,影像上河流边滩、沙嘴和沙滩的形态特征是确定河流流向的间接解译标志。影像上呈线状延伸的陡立三角面地形,是推断地质断层存在的间接解译标志。

地物与环境的关系。植物是自然界的一面镜子，据此可以根据有代表性的植物类型推断当地的生态环境，如寒温带的针叶林的存在说明该地区属于寒温带气候。

目标地物与成像时间的关系。了解成像时间，有助于对目标地物的识别。例如，亚洲大陆东部季风区夏季炎热多雨，冬季寒冷干燥，土壤含水量因此具有季节变化，河流与水库的水位也有季节变化。

应当指出，间接判读标志因地域和专业而异。建立和运用各种间接判读标志，一般需要有一定的专业知识和判读经验。熟悉和掌握遥感影像的特点与解译标志，对遥感影像的判读大有帮助。

3. 解译标志的可变性

解译标志的可变性与成像条件、成像方式、响应波段、传感器类型等有关。一些解译标志往往带有地区性或地带性，常常随着周围环境变化而变化。色调、阴影、图案、纹理等标志总是随摄影时的自然条件和技术条件的变化而改变。

地物处于复杂多变的自然环境中，解译标志也随着地区的差异和自然景观的不同而变化。绝对稳定的解译标志是不存在的，有些解译标志具有普遍意义，有些则带有地区性，有时即使是同一地区的解译标志，在相对稳定的情况下也会变化。

由于有些解译标志存在一定的可变性或局限性，因此在解译过程中，对解译标志要认真总结，不能盲目套用。解译不能只凭一两项解译要素进行，而要尽可能地运用一切直接、间接解译标志做综合分析。为了建立地区的解译标志，必须反复认真解译和利用野外对比检验，并选取一些典型影像作为地区性解译标志的依据，以提高解译质量。

8.1.2　目视解译工作过程

遥感影像目视解译是一项认真细致的工作，解译人员必须遵循一定的行之有效的基本程序与步骤，才能够更好地完成解译任务。一般认为，遥感影像目视解译分为四个阶段。

1. 目视解译准备阶段

遥感影像反映的是地球表层信息，由于地理环境的综合性和区域性特点，以及受大气吸收与散射等的影响，遥感影像有时存在同物异谱或异物同谱现象，使得遥感影像目视解译存在着一定的不确定性和多解性。为了提高目视解译质量，需要认真做好目视解译前的准备工作。一般来说，准备工作包括明确解译任务与要求，搜集与分析有关的资料（主要包括历史资料、统计资料、各种地图及专题图，以及实地测定资料和其他辅助资料等），选择合适波段与恰当时相的遥感影像。

2. 初步解译与判读区的野外考察

初步解译的主要任务是掌握解译区域特点，确立典型解译样本区，建立目视解译标志，探索解译方法，为全面解译奠定基础。第一步，分析区域影像特征，在室内初步建立影像解译标准。第二步，根据室内初步解译标志，进行野外实地调查。野外调查前，制定相应的野外调查方案和路线。在野外调查中，选取研究区域的解译标志，填写各种地物的解译标志登记表。第三步，根据目标地物与图像特征之间的关系，建立具体识别遥感影像解译标志，制定影像判读专题分类系统。

3. 室内详细判读

室内详细判读，也就是专题判读，应该遵循确定分类体系、综合分析、地学分析、模式对比、分区判读、由表及里、循序渐进、对比验证的原则。在室内详细判读过程中,对于复杂的地物现象,应综合利用各种解译方法。

遥感影像的直接解译标志是识别地物的重要依据,同时应利用遥感影像的成像时刻、季节、种类和比例尺等间接解译标志来识别地物。图像判读时不能只依靠个别指标来判读解译,需要尽可能地运用一切可以提供帮助的标志来进行综合分析,以达到避免错误、提高精度的要求。在室内解译过程中遇到边界不清和无法辨别的地方,应及时记录下来,在野外验证与补判阶段时解决。

4. 野外验证与补判

室内目视判读的初步结果需要进行野外验证,以检验目视判读的质量和解译精度。详细判读中出现的疑难点、难以判读的地方则需要在野外验证过程中补充判读。野外验证指再次到研究区域核实目视判读的质量和解译精度。

野外验证的主要内容包括两方面。一方面,检验专题解译中图斑的内容是否正确,将专题图图斑的地物类型与实际地物类型相对照,验证解译是否正确。当图斑过多时,一般用抽样法进行检验。图斑界限的验证也采用同样方法。在验证过程中,如果发现解译标志错误导致实际地物类型判读错误,就需要对解译标志进行修改,按照新的解译标志重新进行判读解译。另一方面,对疑难问题进行补判。补判就是对室内有疑问,无法在室内解决的疑难问题的再次解译。方法是通过实际野外观察和调查,找到与遥感影像疑难点相一致的实际区域,确定其地物属性和类型,如果具有代表性,则建立新的解译标志。

学而思

(1)选择两景不同分辨率的遥感影像,分别根据遥感影像特征建立解译标志,并进行目视判读,完成解译后进行现场验证。

(2)对比不同分辨率遥感影像生成同样比例尺的纸质调绘图的差异,以及其与实地的差异,讨论一下,说明遥感影像目视判读应注意事项。

8.2 图像计算机分类

8.2.1 计算机分类概述

遥感影像计算机分类,是以数字图像为对象,在计算机系统支持下,综合运用地学分析、图像处理、模式识别与人工智能技术,对遥感影像中各类地物光谱、纹理、空间等信息进行处理,选择分类识别特征,构建类别识别的特征变量,将图像中各个像元按照某种规则或算法划分为不同的类别,获得遥感影像中与实际地物对应的信息的过程。

遥感影像分类的理论依据是图像像元的相似度,即遥感影像中的同类地物在相同条件下,应具有相同或者相似的光谱、纹理和空间特征,从而表现出同类地物的某种内在相似性,集聚在某个特征空间区域。同理,不同类别的地物其光谱、纹理及空间信息特征就不相同,将集聚在不同特征空间区域。

1. 遥感影像特征

遥感影像分类的依据是图像的特征变量。图像中,运用某种数学方法提取的、能反映图像的量化指标称为特征。在统计学上,特征与变量是一个含义。对于图像而言,特征是图像波段值和其他处理后的信息。对于多光谱遥感影像，特征变量包含各个波段图像的光谱特征、纹理特征、空间特征等。遥感影像信息特征有很多，但并不是所有的信息都是分类的有效信息，因此需要进行分类有效特征的选择。

1)光谱特征提取

遥感影像光谱特征最原始的特征变量是各个波段的像元值。这些原始特征变量经过图像运算处理后，又产生一些新的特征变量，光谱相关分析、最佳波段选择、主成分分析、光谱维数压缩、植被指数运算等都是提取相关光谱特征的方法。这些新变量与图像原始特征变量一样，都是对地表特征的反映，共同组成一个维数较高的光谱特征变量。

2)纹理特征提取

图像纹理与区域内实际地物本身的属性有关。纹理或纹理特性是指图像内局部或整体表现为某种规律性的图案，反映了该区域灰度的某种变化规律。根据构成图案的要素形状、分布密度、方向性等纹理特点进行图像特征提取的过程称为纹理分析。图像纹理特征是将数字图像分割成不同的结构单元，纹理是由这些结构单元按照一定规律形成的。纹理特征提取方法有灰度共生矩阵法，常用的分析特征指标有均值、标准偏差、熵、对比度等。原始遥感影像分波段进行纹理特征分析后，会生成新的纹理图像。分类时，可以通过设定某种地物纹理特征的阈值范围，来提取对应类型的地物信息。

3)空间特征提取

空间特征是指图像中目标物的形状、大小，或者边缘、空间构造等几何特征，在遥感影像上提取这些特征的方法或过程称为空间特征提取。空间形状特征提取常用的方法是确定地面上相同地物在图像上表现的地物单元边界，通过边界跟踪法就可以获得该单元的一系列有序的边界点。这些边界点提供了地物单元形状特征的大量信息，常用空间特征有单元周长、地物面积大小、线状物体的曲率等指标。分类时，可以通过设定某种地物空间特征表现参数的阈值范围，来提取对应类型的地物信息。

2. 遥感影像分类方法

遥感影像计算机分类的方法纷繁多样，分类角度也有不同。

(1)基于分类的依据。遥感影像的计算机分类可分为两种：一种是分类单纯依赖像元在各段的亮度值及其组合或变换的结果；另一种是除考虑像元的光谱特征外，还要利用像元和周围像元之间的空间关系，如纹理、形状、方向性等。

(2)基于分类过程中人工参与的程度。遥感影像分类可分为监督分类、非监督分类和两者相结合的混合分类。监督分类使用了人工选择的训练区，而非监督分类则完全依赖计算机对像元特征的统计。

(3)基于分类的对象。遥感影像分类可分为逐像元分类和面向对象分类。逐像元分类处理的对象是离散的像元，按照每个像元表现的光谱相似性进行类别划分。面向对象的分类方法则允许解译人员进行多尺度的分割处理，将整个分类区分割为若干同质对象(图斑或斑块)，然后对同质斑块进行类别划分。

(4)基于输出结果的明确程度。遥感影像分类有硬分类和模糊分类之分。传统的统计方法都属于硬分类，即一个像元只能分到一个类中。然而，混合像元的普遍存在使硬分类具有一定的不合理性。模糊分类则允许一个像元可以同时被分到多个类中，并用类隶属概率(class membership probability)表达其归为某一类的可能性。

需要指出的是,在实际分类中并不存在所谓绝对正确的分类形式。选择哪种方法取决于图像的特征、应用要求和能利用的计算机软硬件环境。

3. **遥感分类体系**

对遥感数据或遥感影像进行分类,通常依据其研究目的和对象不同,划分为不同类别。

如果遥感应用的目的是区域土地覆盖,可以结合国家土地利用分类标准等内容,来综合确定遥感影像分类体系。例如,研究石家庄市土地利用情况时,可将土地利用类型分为工矿用地、植被、裸地、水体、不透水面等类型,分类体系说明如表 8.2 所示,在进行应用时,可在表格中加入示例样本并描述样本特征,为后续选择训练区提供选择标准。

表 8.2 某研究区土地覆盖分类体系

土地利用类型	说明
植被	主要包括草地、农作物、城市绿化等
裸地	指裸露的土壤,表面是土壤,很少有植物覆盖,如河流滩涂、未进行耕种的农用地等
水体	指天然陆地水域和水利设施用地,包括海洋、河流、湖泊、滩涂湿地、水库等
不透水面	指可以很好地把水体组织在地表,防止水渗透到地表下的天然或人工地貌物质。主要是指城市中的建筑物、沥青、水泥覆盖的道路,水不能下渗的人工地貌特征

如果遥感应用的目的是分析某区域水体分布一段时间变化情况,可以将图像分类体系设为以水体类型为主的分类体系。例如,总体上可以分为水体与非水体,在水体大类下,可以分为河流、湖泊、海水、养殖塘、人工水渠。如果是研究区域水质遥感监测情况,可以将图像分类体系设为以水体质量为主的分类体系。例如,总体上可以分类水体与非水体,在水体大类下,可以分类洁净水体、含泥沙水体、富含有机质水体等类型。

4. **遥感分类器**

遥感分类器也称判决器,是根据一定的分类规则和模型,将某一特征矢量划入某一组预先规定的类别中去。遥感分类器(classifier)指分类中具体使用的分类准则、算法或模型,用于将像元或对象映射为特定的类别。同一个分类方法下有不同的分类器。不同的分类器可以按照一些规则组合起来,构成新的组合分类器来提高分类精度。

基于数学统计的分类器是传统分类器,相似度通常是待分目标与参考类型之间特征量差异,典型的有最小距离分类器(minimum distance classifier)、马氏最小距离分类器(minimum Mahalanobis distance classifier)、最大似然距离分类器(maximum likelihood classifier)等。

基于机器学习算法的分类器发展于 20 世纪八九十年代,是在信息统计基础上,融合了算法和控制优化理论,需要对深层次特征进行学习建模,然后识别分类。典型分类器有支持向量机(support vector machine,SVM)、随机森林(random forest,RF)、K 最邻近(K-nearest neighbor,KNN)等。

深度学习分类器属于机器学习的进一步提升,是目前图像人工智能识别主要算法。典型分类器有卷积神经网络(convolutional neural network,CNN)、循环神经网络(recurrent neural network,RNN)、生成对抗网络(generative adversarial network,GAN)。

8.2.2 计算机分类过程

从遥感影像到图像分类结果的基本过程:选取数据,选择特征,然后利用分类器进行分类,将各个类别进行唯一的标志，产生分类结果图像。计算机分类的基本过程如下。

(1)选取遥感数据。根据图像分类目的选取特定区域的遥感影像，需要根据空间分辨率、光谱分辨率、时间分辨率、辐射分辨率等具体参数，选择不同的卫星遥感数据开展研究与应用。

(2)分类前准备工作。分类前一般需要对原始图像进行预处理等各种准备工作，包括：根据已有的研究对象的分类标准，建立符合区域要求的遥感分类系统；确定图像中的工作范围，进行图像裁剪、辐射纠正、几何纠正、图像融合等预处理。

(3)图像判读。进行图像判读的目的是确定分类使用的信息特征。图像判读前，需要进行显示增强处理。根据图像中目标物的大小、形状、阴影、色调、颜色、纹理、图案提取、位置及与周围的关系，建立图像各个类别的解译标志，为典型类别训练区的确定提供依据。

(4)特征选择。遥感影像分类的基础是图像特征。在分类之前必须先确定待分类对象的图像描述参数及统计特征。图像的特征包括光谱、纹理及空间信息等多种，如光谱特征、植被指数、变换后的图像、纹理或上下文信息、多时相图像、多传感器图像，以及辅助数据等。

(5)分类方法选取。根据特征与分类对象的实际情况选择适当的分类方法和分类器。一般来说，非监督分类方法简单，不需要先验知识，当光谱与地物类别对应较好时比较适用。如果地物类别之间光谱关系比较复杂，使用监督分类方法比较好。如果图像中地物复杂且难以直接区分，建议使用神经网络分类器或支持向量机分类器。对于高光谱图像，建议使用光谱角分类器。对于高空间分辨率的图像，建议使用面向对象的分类。

(6)分类结果评价。分类完成后，需要对分类的精度与可靠性进行评价。遥感信息复杂，存在“同物异谱”“异物同谱”现象，计算机错分的情况普遍存在。图像分类后必须进行精度检验和评价。错分像元个数所占的比例越小，分类结果越佳。

学而思

(1)选取遥感数据是分类识别第一步。如果以北京市区域的地面覆盖情况为列进行分类，那么应该选择什么空间分辨率、什么光谱分辨率的卫星数据？试讨论。

(2)分类前，需要根据类别选择应突出的特征。讨论如何突出遥感影像植被特征、水体特征。

8.3　非监督分类

非监督分类也称聚类分析，是指人们事先对分类过程不施加任何的先验知识，仅凭遥感影像地物光谱特征的分布规律，建立自然聚类的规则，进行“盲目”的分类。

非监督分类的原理如下，假设在相同的表面结构、植被特征、光照等条件下，同类型地物的光谱模式相似或相近，其像元亮度值在特征空间区域内形成点集群，不同类型地物的光谱模式差别明显，其像元亮度值则在特征空间不同区域形成不同点集群。依照此原理，计算机直接检测遥感影像的大量未知像元，对图像像元亮度值进行统计运算。根据像元亮度值各自然集群的空间分布特征，将像元自动分成若干种光谱类型。然后通过与某些形式的已知数据进行人工比较，确定各光谱类型对应的地面信息类型。

8.3.1 非监督分类流程

非监督分类方法是以图像的统计特征为基础的。首先,需要选定初始类别参数,即聚类中心的个数,每一中心代表一个类别。其次,按照某种相似性度量方法(如最小距离方法),将像元按照某种分类器归于某中心代表的类别,形成初始分类。最后,由聚类准则判断初始分类是否合理,如果不合理就修改分类,如此反复迭代,直到合理。具体步骤如下。

(1)确定初始类别参数,即确定最初类别数和类别中心(点群中心)。

(2)计算每一像元所对应的特征向量与各点群中心的距离。

(3)选取与中心距离最短的类别作为这一像元的归属类别。

(4)计算新的类别的均值向量。

(5)比较新的类别均值与初始类别均值,若发生变化,则以新的类别均值作为聚类中心,再从步骤(2)开始进行计算。

(6)如果点群中心不再变化,迭代终止,分类结束。

由于没有利用地物类别的先验知识,非监督分类只能先假设初始的参数。因此,分析人员决定使用何种算法、分类数量或类别的相似度和区别度等,每一个决定都会影响最终分类影像结果的特征和精度。非监督分类的分类结果仅仅区分了遥感影像存在的差异,不能够确定分类结果各个类别的属性,类别的属性要通过分类后的目视解译或者实地调查确定。

学而思

(1)“物以类聚,人以群分”,谚语与非监督分类理论是否有相似性?找几个例子,说明两者之间的共同点与区别。

(2)若图像覆盖类型的特性未知,则计算机将依据一些统计判别准则,将相似光谱特征的像元自动定义为某个光谱类。那么使用者应如何将这些光谱类与实际地面类别建立联系?

8.3.2 非监督分类器

非监督分类有多种分类器,其中K均值聚类方法和ISODATA分类方法效果较好,应用较多。

1. K均值聚类方法

K均值聚类方法(K-mean,又称C-mean)是一种常见的聚类方法,基本思想是通过迭代,移动各个类别的中心,直到满足收敛条件。收敛条件是对于任意一个类别,计算该类中的像元值与该类均值差的平方和,再将所有的差的平方和相加,使相加后的值最小。

若图像中总类数为m,各类别的均值为C_i,类别中的像元数为N_i,像元值为f_{ij},则收敛条件是使下式达到最小

$$J=\sum_{i=1}^{m}\sum_{j=1}^{N_i}(f_{ij}-C_i)^2$$

K均值聚类方法的流程如图8.1所示。假设图像上的目标要分为K类,K为已知数,分类的具体算法步骤如下。

(1)适当地选取m个类的初始中心$\boldsymbol{Z}_1^{(1)}$、$\boldsymbol{Z}_2^{(1)}$、…、$\boldsymbol{Z}_m^{(1)}$,初始中心的选择对聚类结果有一定

的影响，初始中心的选择一般有如下几种方法。

——根据经验确定类别数 m，从数据中找出从直观上看来比较适合的 m 个类的初始中心。

——将全部数据随机地分为 m 类，计算每类的重心，将这些重心作为 m 个类的初始中心。

(2)在第 k 次迭代中，对任一样本 X 按如下的方法把它调整到 m 个类别中的某一类别中去。

对于所有的 $i \neq j(i=1,2,\cdots,m)$，如果 $\|\boldsymbol{X}-\boldsymbol{Z}_j^{(k)}\| < \|\boldsymbol{X}-\boldsymbol{Z}_i^{(k)}\|$，则 $\boldsymbol{X} \in S_j^{(k)}$，其中 $S_j^{(k)}$ 是以 $\boldsymbol{Z}_j^{(k)}$ 为中心的类。

(3)由步骤(2)得到 $S_j^{(k)}$ 类新的中心 $\boldsymbol{Z}_j^{(k+1)}$ 为

$$\boldsymbol{Z}_j^{(k+1)} = \frac{1}{N_j}\sum_{\boldsymbol{X}\in S_j^{(k)}} \boldsymbol{X}$$

式中，N_j 为 $S_j^{(k)}$ 类中的样本数。$\boldsymbol{Z}_j^{(k+1)}$ 是按照使 J 值最小的原则确定的，J 的表达式为

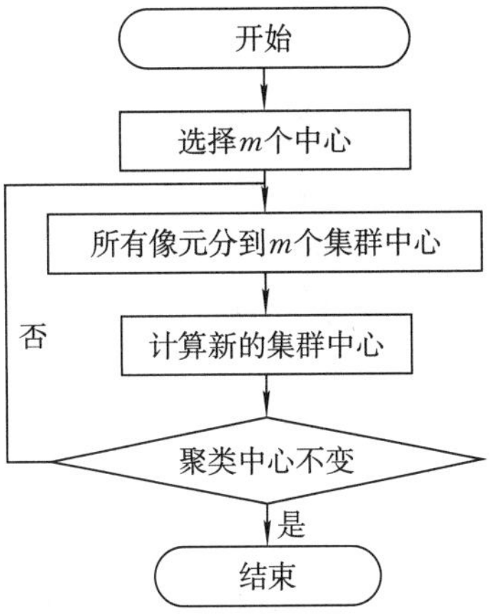

图 8.1　K 均值聚类方法流程

$$J = \sum_{j=1}^{m}\sum_{\boldsymbol{X}\in S_j^{(k)}} \|\boldsymbol{X}-\boldsymbol{Z}_j^{(k+1)}\|^2$$

(4)对于所有的 $i=1,2,\cdots,m$，若 $\boldsymbol{Z}_j^{(k+1)} = \boldsymbol{Z}_j^{(k)}$，则迭代结束，否则转到步骤(2)继续进行迭代。

K 均值聚类算法分类的结果会受到所选聚类中心的数目、中心初始位置、像元光谱分布的几何性质和读入次序等因素的影响，可能产生不同的初始分类，得到不同的结果。可以通过其他简单的聚类中心试探方法，如最大最小距离定位法，来找出初始中心，提高分类效果。

2. ISODATA 分类方法

迭代自组织数据分析算法(iterative self-organizing data analysis techniques algorithm, ISODATA)与 K 均值聚类算法有两点不同：第一，它不是每调整一个样本的类别就重新计算一次各类样本的均值，而是每次在将所有样本都调整完毕后才重新计算一次各类样本的均值，前者称为逐个样本修正法，后者称为成批样本修正法；第二，ISODATA 不仅可以通过调整样本所属类别完成样本的聚类分析，而且可以自动地进行类别的合并和分裂，从而得到类数比较合理的聚类结果。

ISODATA 实质上通过设置初始参数引入人机对话环节，并使用归并和分裂等机制：当两类聚中心小于某个阈值时，将它们合并为一类；当某类的标准差大于某一阈值或其样本数目超过某一阈值时，可将其分裂为两类，并在某类样本数目小于某一阈值时，将其取消。

学而练

选择关注区域的遥感影像并进行非监督分类，如将关注的专题信息设置为林地、农业用地、城市用地(或其他，如感兴趣的专题信息为建筑用地、植被、水体、裸地)，说明如何进行光谱类的划分。分类时得到的光谱类可能为地物的混合类，讨论如何处理不明确的混合光谱类。

8.4 监督分类

监督分类是基于遥感影像中已知样本地物的属性特征,建立分类样本的判别规则或者特征向量,并将其作为依据来识别非样本数据的类别。

通常在遥感影像上地物属性已知的样本区域又称为训练区。

监督分类的基本过程:首先根据已知的样本类别和类别的先验知识确定判别准则,计算判别函数;然后将未知类别的样本值代入判别函数,依据判别准则对该样本所属的类别进行判定。在这个过程中,利用已知类别样本的数据求解判别函数的过程称为学习或训练。

8.4.1 监督分类流程

监督分类是根据定义的地物类型体系的要求进行的。首先,选择遥感影像的训练样本,主要通过人机对话形式勾选典型的样本区域,并根据训练样本计算各类判别函数;然后,选择合适的分类器,确定分类器相关参数,再由计算机对图像进行自动分类。监督分类常用分类方法有最大似然法、最小距离法、马氏距离法等,如图 8.2 所示。

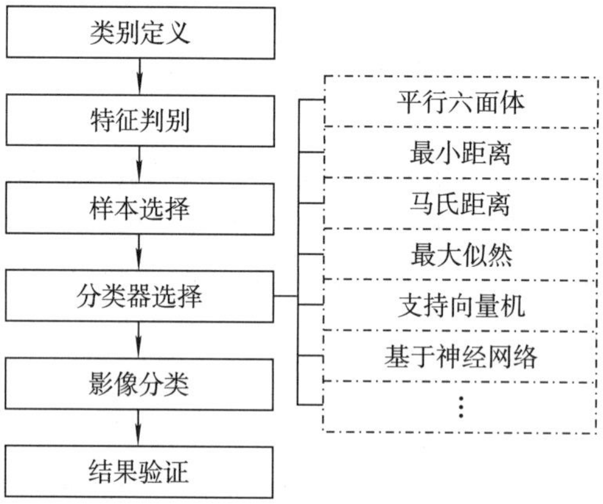

图 8.2 监督分类流程

8.4.2 分类训练区

根据分类系统的要求,结合实地调查,在遥感影像上勾绘各类典型地物的分布范围,即训练区或者关注区。训练区通常通过外业或者较高空间分辨率的航空和卫星影像获得。

1. 训练区的选择

选择训练区时,要根据已有的先验知识,尽可能地结合现实的图件和文字资料,选出典型的光谱特征比较单一的地物。在条件允许的情况下,还可以进行实地调查。在选择监督分类训练区时,注意保证训练区的准确性、代表性、统计性。

(1)准确性就是要确保选择的训练区与实际地物的一致性。每一类别地物的训练区应分布在图像不同部位;每个样本应该在面积较大的地物中心部分选择,不能在地物混交地区和类别的边缘选取;每个训练区的像元数应视该类别的分布面积大小而定。

(2)代表性是指要充分考虑地物本身的复杂性,所选择的训练区能够代表某一地物的典型特点，能反映同类地物光谱特性的波动情况。训练区确定后可通过样本统计直方图，来分析样本的分布规律。一般要求单个类别训练区的直方图为单峰，且具有近似于正态分布的曲线。若是双峰，即类似两个正态分布曲线的重叠，则可能是混合类别，需要重做。

(3)统计性是指选择的训练区样本的数量必须足够多。训练样本数据用来计算判别函数，需要均值和协方差矩阵。根据概率统计要求，协方差矩阵的导出至少需要 $K+1$ 个样本(K 是多光谱空间的分量数或经过选择的特征数)，该值是理论上的最小值。为了保证参数估计结果的科学性，各个类别的训练数据至少为特征维数的 2～3 倍。

2. 训练区的调整

在监督分类中，选取的样区不同，分类结果就会有差异，甚至差异很大。因此，样本选取后需要进行仔细检验和反复调整优化。具体方法如下。

(1)可分性检测。对初选的训练样区进行统计分析，从统计数据或光谱曲线中观察各样区的光谱特征是否符合地物类的一般光谱变化规律，剔除那些离散性过大的样本。另外，需要进一步分析不同类型样本之间的可分性，即计算训练样本之间的分离指数。通常分离指数小于 1.8 的训练区为分离性较差样本，需要在分类前去除或调整。

(2)检查每类样本数值的分布特征。如果同类样本都聚集在该类中心周围，表明这些样本都比较纯，代表性高。如果每类别样本值较分散，表明这些样本混入别类的样本，应该适当调整或剔除。剔除后如果某些类别样本不够，应该补选。

8.4.3　基于统计信息分类器

传统监督分类采用基于像元统计信息分类器，这种分类器是依据像元或者对象图斑之间特征相似度来进行判定的，常用有最小距离分类器、最大似然分类器等。

1. 最小距离分类器

最小距离方法是假定图像中各类地物光谱信息呈多元正态分布，每一个类在 K 维特征空间中形成一个椭球状的点群，依据像元距各类中心距离的远近决定其归属。

假设 K 维特征空间存在 m 个类别，某一像元 x 距哪类距离最小就判归哪类，用公式表示为

$$d_i = \min_j d_{xj} \quad (j=1,2,\cdots,m)$$

式中，j 为类别序号；i 为最小距离所对应的类别；d_{xj} 是待分像元 x 到类 j 中心的距离，常用的有欧氏距离和马氏距离。具体过程如图 8.3 所示。

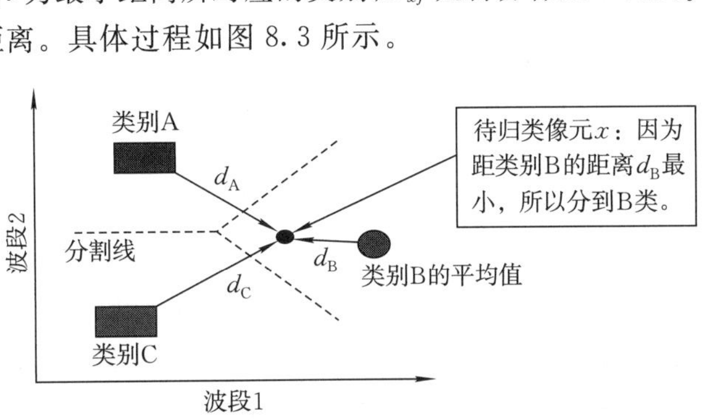

图 8.3　最小距离分类器

最小距离分类器的计算流程如下。

(1)拟定 N 个类别,并分别确定各个类别的训练区。根据训练区,计算出每个类别的平均值,以此作为类别中心。

(2)计算待判像元 x 与每一个类别中心的距离,并分别进行比较,取距离最小的类作为该像元的分类。依此方法逐个对每个像元进行判别并归类。

可以看出,真正影响分类结果的是各个类的均值。这是在若干先决条件下的简单分类,容易产生错误,但该方法简单、实用性强、计算速度快。

2. 最大似然分类器

最大似然分类器是基于贝叶斯准则的分类错误概率最小的一种非线性分类器,应用比较广泛、成熟。如果各个类别训练区的特征服从正态分布,最大似然分类具有最好的分类结果。

最大似然分类器假设遥感影像的每个波段数据都为正态分布。其基本思想:构成地物类的像元在空间中构成特定的点群;每一类的每个特征均服从正态分布,多个特征就构成了一个多维正态分布的模型;根据各类的已知数据或训练样本数据,计算出各类图像特征分布模型的概率密度函数或概率分布函数;在此基础上,对于任何一个像元,可以反过来求它属于各类的概率,取最大概率对应的类为分类结果。

设 $g_i(\boldsymbol{x})$ 为判别函数,像元 $\boldsymbol{x}$ 出现在 ω_i 类的最大概率 $p(\omega_i|\boldsymbol{x})$ 表示为

$$g_i(\boldsymbol{x})=p(\omega_i|\boldsymbol{x})$$

式中,$p(\omega_i|\boldsymbol{x})$ 又称为后验概率。根据贝叶斯定理,有

$$g_i(\boldsymbol{x})=p(\omega_i|\boldsymbol{x})=\frac{p(\boldsymbol{x}|\omega_i)p(\omega_i)}{p(\boldsymbol{x})} \tag{8.1}$$

$p(\boldsymbol{x}|\omega_i)$ 为在 ω_i 观测到 $\boldsymbol{x}$ 的条件概率;$p(\omega_i)$ 为类别 ω_i 的先验概率;$p(\boldsymbol{x})$ 为 $\boldsymbol{x}$ 与类别无关情况下的概率。当待分类图像存在 m 个类别时,需要计算并比较 m 个 $p(\omega_i|\boldsymbol{x})$,根据贝叶斯准则,取其中最大者所代表的类别为待判像元的归属类别。可以看出,在计算并比较 m 个 $p(\omega_i|\boldsymbol{x})$ 的过程中,$p(\boldsymbol{x})$ 是若干计算式中都出现的公共项,对比大小时可省略。$p(\boldsymbol{x}|\omega_i)$ 可以通过选择合适的训练区来计算。

由于假定训练区地物光谱特征服从正态分布(对于非正态分布可通过变换方法使其变为正态分布),于是式(8.1)又可表示为

$$g_j(\boldsymbol{x})=p(\boldsymbol{x}|\omega_j)\frac{p(\omega_i)}{p(\boldsymbol{x})}=\frac{p(\omega_j)}{(2\pi)^{\frac{N}{2}}|\boldsymbol{\Sigma}_i|^{\frac{1}{2}}}\exp\left(-\frac{1}{2}(\boldsymbol{x}-\boldsymbol{u}_i)^{\mathrm{T}}\boldsymbol{\Sigma}_i^{-1}(\boldsymbol{x}-\boldsymbol{u}_i)\right) \tag{8.2}$$

式(8.2)取对数形式,并去掉多余项,最终判别函数为

$$g_j(\boldsymbol{x})=\ln(p(\omega_j))-\frac{1}{2}\ln|\boldsymbol{\Sigma}_i|-\frac{1}{2}(\boldsymbol{x}-\boldsymbol{u}_i)^{\mathrm{T}}\boldsymbol{\Sigma}_i^{-1}(\boldsymbol{x}-\boldsymbol{u}_i) \tag{8.3}$$

式中,$i=1,2,\cdots,m$ 为组类序号,共 m 个类;N 为参加分类波段数;$\boldsymbol{\Sigma}_i$ 为第 i 类的协方差矩阵,$|\boldsymbol{\Sigma}_i|$ 为协方差矩阵的行列式;$\boldsymbol{\Sigma}_i^{-1}$ 为协方差矩阵 $\boldsymbol{\Sigma}_i$ 的逆矩阵;$\boldsymbol{u}_i$ 为第 i 类的均值向量;$(\boldsymbol{x}-\boldsymbol{u}_i)^{\mathrm{T}}$ 为向量 $\boldsymbol{x}-\boldsymbol{u}_i$ 的转置。计算时用具体训练样本的协方差和均值代替 $\boldsymbol{\Sigma}_i$ 和 $\boldsymbol{u}_i$。

对于最大似然分类器,必须有足够的训练样本来计算判别函数的系数。每类训练样本数量应是 10 倍的图像波段数,使用 100 倍图像波段数的训练样本数比较合理。如果选用的各个图像特征之间的相关性较强,则协方差的逆矩阵可能不存在或不稳定。

8.4.4　基于机器学习分类器

基于机器学习算法的分类器需要根据训练样本特征进行学习建模，形成特有的多层次判别函数后，再进行识别分类。机器学习分类器常用模型有线性模型、决策树、支持向量机、随机森林等。以下介绍两种遥感信息提取常用的机器学习方法。

1. 决策树分类器

决策树(decision tree，DT)学习是以实例为基础的归纳学习法，本质上是通过一系列规则对数据进行分类的过程。首先对数据进行处理，利用归纳算法生成可读的规则和决策树，然后使用决策对新数据进行分析。决策树宛如一个倒置的树形结构，由一个根节点，以及多个分支节点、判决函数和叶节点组成，每一节点只有一个父节点和两个或多个子节点。

决策树分类进行特征选择的基本思想是以两类别的判别分析为基础，分层次逐步比较，层层过滤，直到最后达到分类的目的。如图 8.4 所示，一次比较总能分割成两个组，每一组新的分类图像又在新的决策下可再分。如此不断地往下细分，直到所要求的“终级”(叶节点)类别分出为止。

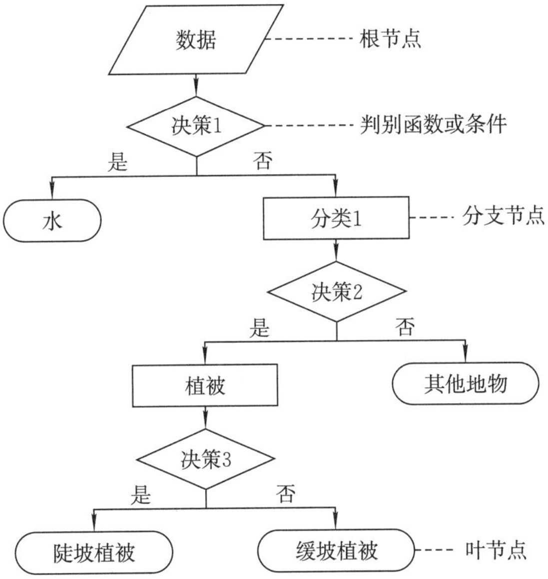

图 8.4　决策树示意

图 8.4 中，根节点与叶节点之间形成了一个分类树结构，在树结构的每一分支节点处可以选择不同的特征用于进一步有效细分类。任何一次分类在分类树中称为一次决策节点，分类过程可以有多个决策节点，每个决策节点的决策函数可以来源于多种类型的数据。在决策树分类方法中常使用的分类特征可以为光谱数据，也可以为用光谱数据计算的指数(如植被指数)、光谱运算值、主分量等。

决策树进行遥感影像分类主要有三个阶段：第一阶段为准备阶段，包含输入图像，确定地物类型，统计训练区内各地物类型的信息(光谱和非光谱信息)；第二阶段为构造阶段，选取具有较大信息量的属性形成规则，建立决策树的内部节点，直到每个叶节点包括相同的类别；第三阶段为调整阶段，检查分类结果是否能正确分出所需类别，如果不能，需要对决策树进行调整("剪枝"或增加节点),直到建立一棵正确的决策树。具体实现步骤如下。

(1)输入遥感影像,确定图像待分区域中的主要地物类型。

(2)统计训练区内各地物类型的特征:包括光谱特征,每个地类信息各个波段的统计分析(均值、方差、协方差等),以及波段间各个地类之间的可分性,还包括非光谱特征,各个地类的几何信息(形状、大小等)、高程信息、纹理信息等。

(3)根据步骤(2)的统计分析,确定可分性最大的特征及波段(或波段组合)作为根节点,选择分类器开始进行分类。

(4)在按步骤(3)得到的每一个类别中,分别选择可分性相对较大的特征及波段(或波段组合),建立决策树的一个内部节点,依据不同属性值进行分类。

(5)重复步骤(4)的过程,递归形成每个划分上的样本子决策树,直到出现下列情况之一停止递归:该节点上的所有像元属性值相同,或没有剩余的属性能进行下一步的划分,或分支中没有样本。

(6)检查分类结果是否满足步骤(1)确定的地物类型,如果不能满足要求,需要对决策树进行调整("剪枝"或增加节点),直到决策树建立。

下面是某地区土地利用决策树分类的案例。首先确定分类体系,建立待分类地物特征,之后根据各类地物的特征及差异建立分类规则及决策树。

(1)确定分类体系。2017 年 11 月 1 日,《土地利用现状分类》(GB/T 21010—2017)发布并实施。标准规定将土地利用类型分为耕地、园地、林地、草地、商服用地、工矿仓储用地、住宅用地、公共管理与公共服务用地、特殊用地、交通运输用地、水域及水利设施用地、其他土地等 12 个一级类。案例地区为平原地区且多水少林。根据影像特征及工作需求,本次实验选择该地区的 Landsat8 OLI 数据,土地利用分类将分成水体、耕地、林草、居民地、工矿用地、交通运输用地、未利用地七大类。表 8.3 为某地区地物分类及其包括的地物类型。

表 8.3 某地区地物分类及其包括的地物类型

地类	包括的地物类型
水体	河流、滩涂等
耕地	种植庄稼的土地,一般指农用地
林草	较大面积的绿色植被
居民地	村庄、小区等建筑物
工矿用地	工厂、码头等
交通运输用地	道路,包括铁路、马路等
未利用地	裸地等

(2)构建决策树。分析表 8.3 中各类地物的光谱特征,提取每类样本的光谱曲线特征,依次建立判别规则,生成决策树图(图 8.5)。

上面介绍的是单个决策树分类器的构建和分类思路。但在分类过程中每次都利用多决策树(即集成)的机器学习算法同样值得关注。随机森林算法是现代集成学习算法中的一种,也是决策树的高层次发展。随机森林算法集成了多个类型的个体学习器,也就是多个分类决策树,也可以说是"决策树集成"。

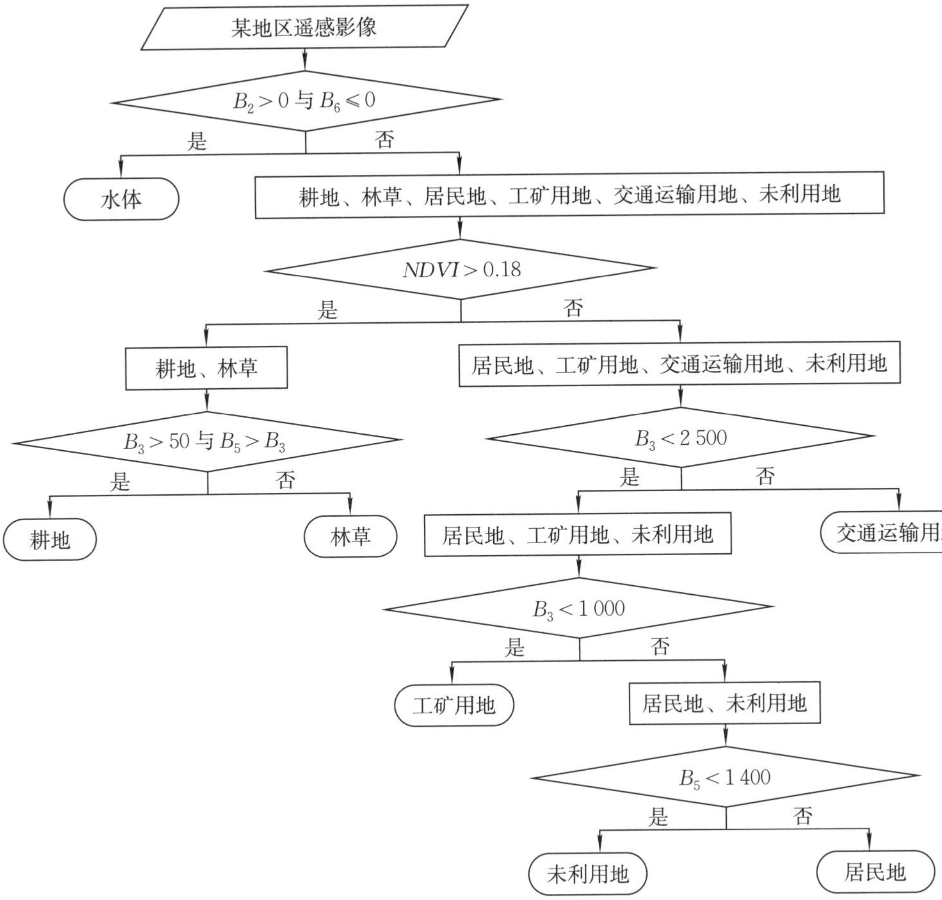

图 8.5　决策树分类规则

如图 8.6 所示，已知训练集中数据包含 M 个样本和 N 个特征。每个决策树抽取样本时，原来选取的 M 个样本数据全部放回，集中重新取出 K 个训练样本，组成新的训练集；利用 K 个训练集，训练得到 K 个子模型或者决策树；为了将待分类像元（或面向对象分析影像时的对象）按照相关属性（如光谱反射率、高程、坡度）分到某一类别中，待分类输入像元值将通过森林（如 200 棵树）中的每个 K 决策树，对训练集产生一个分类结果；最后这个像元属于哪一类，将采用投票的方法，得票最多子模型的分类类别为最终的类别；若是回归问题，则采用简单的平均方法得到预测值。那么随机森林中单个决策树的生长依据如下。

（1）从原始数据中随机重复采集 N 个样本，作为决策树成长的训练集。通常来说，在每棵树成长的过程中只用到约 70％的训练数据，约 30％的训练数据成为袋外数据，即没有使用的数据。

（2）假设有 M 个输入变量，指定一个小于 M 的数值 m，其意义是在每个节点上，对 M 个变量随机选择 m 个变量，并基于这些变量计算该节点上的最佳分割方式。在森林树的成长过程中 m 的数值保持不变。有人建议将 m 取值为 M 的平方根。

（3）每棵树都尽可能成长到最大规模，不会被“剪枝”。

随机森林算法解决了决策树性能瓶颈的问题，对噪声和异常值有较好的容忍性，对高维数据分类问题具有良好的可扩展性和并行性。此外，随机森林算法是由数据驱动的一种非参数分类方法,只需要通过给定样本的学习训练分类规则,并不需要先验知识。随机森林算法在数据集庞大时运行效率很高,在分析遥感数据时,这一特性非常实用。该方法同时也可估计出在分类时哪些变量是最有效的。

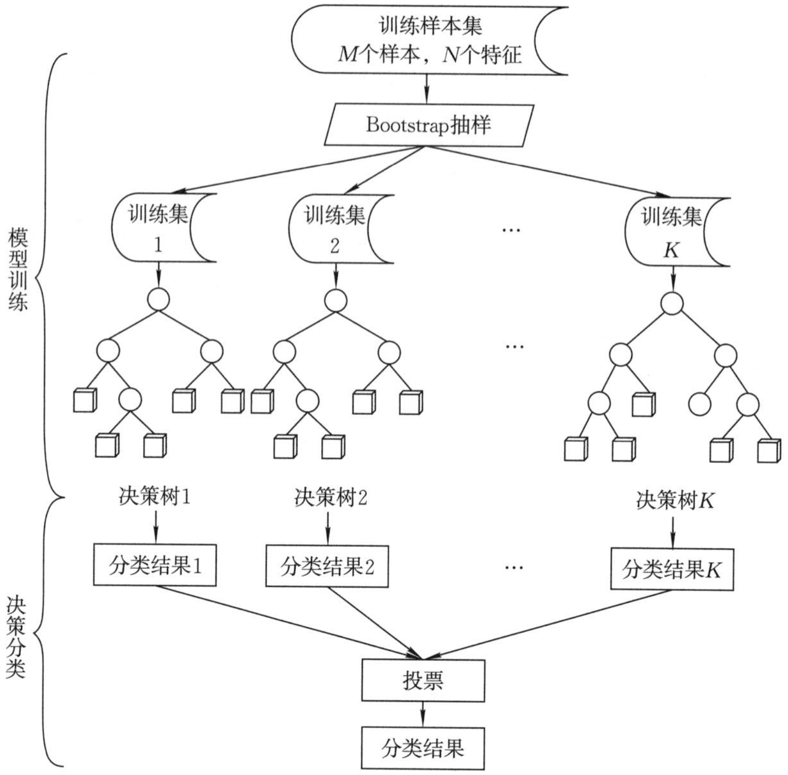

图 8.6　随机森林分类原理

学而练　拟将遥感影像分为裸土、水体、高山植被、平地植被,其中高山植被又分为陡坡植被、缓坡植被,请根据所用遥感数据建立分类规则并生成决策树,完成遥感影像分类,并讨论地物类别的哪些属性数据可以用于规则构建。

2. 支持向量机

支持向量机(support vector machine,SVM)是一种依据统计理论的机器学习算法,能够通过监督学习建立样本归类模型。

给定训练样本集 $D=\{(x_1,y_1),(x_2,y_2),\cdots,(x_m,y_m)\}$,$y_i\in\{-1,+1\}$ $(i=1,2,\cdots,m)$,分类学习最基本的想法就是基于训练集 D 在样本空间中找到一个划分超平面,将不同类别的样本分开,但能将训练样本分开的超平面可能有很多,如图 8.7 所示,那么应该找哪一个呢?

直观上看,应该去找位于两类样本"正中间"的划分超平面,即图 8.7 中粗线对应的超平面,这是因为该超平面对训练样本局部扰动的"容忍"性最好。在样本空间中,划分超平面可通过线性方程来描述,即

$$\boldsymbol{\omega}^{\mathrm{T}}\boldsymbol{x}+b=0$$

式中，$\boldsymbol{\omega}=[\omega_1\ \ \omega_2\ \ \cdots\ \ \omega_d]$为法向量，决定了超平面的方向；$b$为位移项，决定了超平面与原点之间的距离。显然，划分超平面可以由法向量$\boldsymbol{\omega}$和位移b来确定，将其记为$\{\boldsymbol{\omega},b\}$。样本空间中任意点$x$到超平面$\{\boldsymbol{\omega},b\}$的距离可写为

$$r=\frac{|\boldsymbol{\omega}^{\mathrm{T}}\boldsymbol{x}+b|}{\|\boldsymbol{\omega}\|}$$

假设超平面$\{\boldsymbol{\omega},b\}$能将训练样本正确分类，即对于$(\boldsymbol{x}_i,y_i)\in D$：若$y_i=+1$，则有$\boldsymbol{\omega}^{\mathrm{T}}\boldsymbol{x}_i+b>0$；若$y_i=-1$，则有$\boldsymbol{\omega}^{\mathrm{T}}\boldsymbol{x}_i+b<0$。根据前述，可得

$$\begin{cases}\boldsymbol{\omega}^{\mathrm{T}}\boldsymbol{x}_i+b\geqslant+1, & y_i=+1\\ \boldsymbol{\omega}^{\mathrm{T}}\boldsymbol{x}_i+b\leqslant-1, & y_i=-1\end{cases}$$

如图8.8所示，距离超平面最近的这几个训练样本点使上式中等号成立，它们被称为支持向量(support vector)，两个异类支持向量到超平面的距离之和为

$$\gamma=\frac{2}{\|\boldsymbol{\omega}\|}$$

式中，γ被称为间隔。

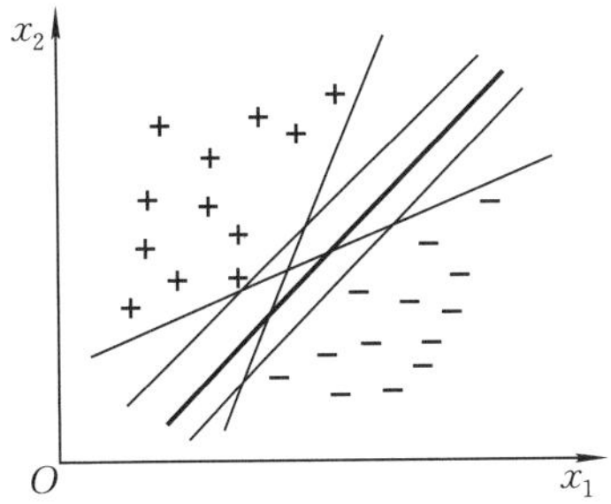

图8.7　存在多个划分超平面将两类训练样本分开

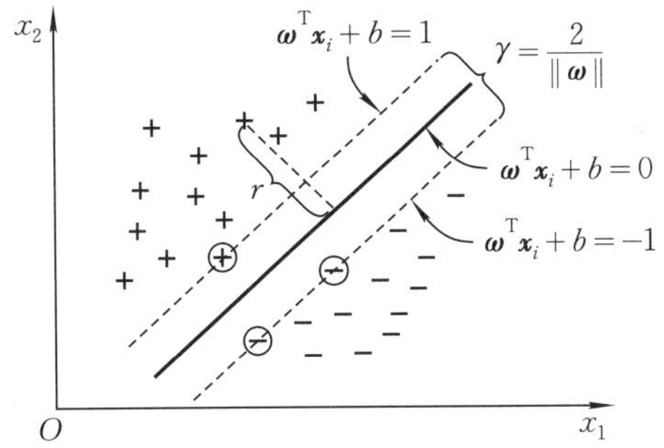

图8.8　支持向量与间隔

欲找到γ为最大间隔的划分超平面，就是要找到满足下式中约束参数$\boldsymbol{\omega}$和b的划分超平面。显然，为了最大化间隔，仅需要最大化$\|\boldsymbol{\omega}\|^{-1}$，这等价于最小化$\|\boldsymbol{\omega}\|^2$，因此支持向量机的数学方程基本型如下

$$\min_{\boldsymbol{\omega},b}\frac{1}{2}\|\boldsymbol{\omega}\|^2$$

$$\text{s.t.}\ \ y_i(\boldsymbol{\omega}^{\mathrm{T}}\boldsymbol{x}_i+b)\geqslant1\quad(i=1,2,\cdots,m)$$

支持向量机侧重于利用训练样本解决优化问题，在遥感影像分类中得到比较广泛的应用。遥感应用中使用支持向量机进行分类时，需要利用遥感影像中勾画出的感兴趣训练集来计算出这个超平面位置$\{\boldsymbol{\omega},b\}$。通过判定超平面$\{\boldsymbol{\omega},b\}$数值来区分空间范围内的不同类别对象。总体上，平行超平面间类型样本的距离越大，支持向量机的分类总误差越小。但是当感兴趣区样本过大时，支持向量机错分和漏分的概率大大提高。为了提高分类精度，一些研究将支持向量机与模糊分类、小波算法结合，形成了一些新算法。

阅读下面资料，讨论分析“遥感数据爆炸式增长+智能识别AI”关键技术。

从天气预报、交通地图，到地质勘测、农业种植……正如中国科学院院士吴一戎所说，以卫星遥感为代表的空天技术，为人们提供了“上帝视角”。卫星通过对地面进行扫描，生成卫星遥感影像。而以前，这些“照片”要实现从影像到信息的转化，也需要大量的人工识别。那么，能否建立一个面向遥感领域的专业大模型，实现“AI+遥感”的智能识别？“人工智能，或是现在讨论最多的大模型，从某种角度去看确实是蛮力，大模型需要海量的算法、存储、数据样本，没有‘蛮力’出不了智慧。”以公众最熟悉的大模型应用ChatGPT为例，就属于典型的“蛮力出智慧”。

事实上，在大量遥感卫星分布的情况下，遥感大数据时代已经到来。根据中国国家航天局公布的数据，目前中国拥有超过200颗在轨遥感卫星，可以持续对地球表面进行探测和监测。庞大的数据之下，数据的种类复杂多样，遥感卫星拍摄的图像分布于海洋、地面等不同的场景中，图像中所涵盖的植被、道路等要素繁多，不同季节、不同时间拍摄的图像又存在差异，这就给人工识别带来了很大的难度。“依靠人工专家判读遥感数据已经是难以完成的任务。”

在吴一戎看来，大模型可以做更多的事情。但对于遥感大模型：问题之一是功能泛化所需要的算力呈指数级增长；问题之二是针对特定的任务，需要提高解译的精度、降低虚警率，这就对训练模型的数据提出了更高的要求。总之，遥感技术大模型有三个重要因素：一是高质量的样本数据，二是泛化的模型结构，三是下游任务高精度的指标。

8.5 分类结果分析

人们一直在追求更好的分类算法，如神经网络算法或支持向量机算法。但是，我们不能简单地判定一个算法总是比另外一个算法更优越，因为最终的分类结果与使用的数据有很大的关系。如果类别之间区别很大，那么几乎所有的分类器都能得到很好的分类结果。例如，最大似然分类器必须首先估计数据的方差，如果数据服从高斯分布，同时又能精确地估计各个参数，则该分类器在理论上能够产生最小的分类误差。非参数的分类器(神经网络等)可用于各种数据分布类型，虽然没有简单的理论基础，但在应用上比较方便。综上所述，需要对分类结果进行评价，包括确定分类的精度和可靠性。遥感影像分类结果评价通常包括定性评价和定量评价两种方式。

8.5.1 图像分类后处理

遥感影像利用上述分类方法得到初步的分类结果，一般难以达到最终的应用目的，所以需要对分类结果进行一些处理，才能使结果影像效果更好。分类后处理主要有主/次要分析(majority/minority analysis)、聚类处理(clump)、类别筛选(sieve)、类别结合(combine classes)、类别叠加(overlay classes)等。这里主要介绍前三种。

1. 主/次要分析

在应用监督分类、非监督分类和决策树分类时，分类结果中不可避免地会产生一些面积很小的图斑，无论专题制图还是实际应用，都必须对这些小图斑进行剔除或重新分类，主/次要分析可以实现对小图斑的处理。主要分析可以将较大类别中的虚假像元归类到该类中。主要分析是利用输入的变换核进行类似卷积滤波的处理，用变换核中占主要地位的像元的类别数代替中心像元的类别数。次要分析，用变换核中占次要地位的像元的类别数代替中心像元的类别数。

2. 聚类处理

聚类处理是运用形态学算子将邻近的类似的分类区域进行聚类合并。分类图像通常缺少空间连续性(分类区域内部存在斑点或洞)，低通滤波虽然可以用来平滑这些图像，但是类别信息常常会被邻近类别的编码干扰。聚类处理解决了这个问题。首先将被选的分类用一个扩大操作合并到一块，然后用参数对话框中指定了大小的变换核对分类图像进行侵蚀操作。

3. 类别筛选

类别筛选可以解决分类图像中出现的孤岛问题。类别筛选使用斑点分组方法来消除这些被隔离的分类像元。虽然使用低通滤波或其他类型的滤波功能可以消除这些区域，但是类别信息常常会被邻近类别的编码干扰。类别筛选方法需要观察周围的 4 个或 8 个像元，判定一个像元是否与周围的像元同组。如果一类中被分组的像元数小于输入的值，这些像元会被从该类中删除，当用类别筛选从某一类中删除像元时，将剩下黑像元(未分类的像元)。

学而思　计算机分类是严格按照一定的数学算法对图像数据本身进行计算和分类的，不管是否提供了训练区和训练样本作参照，在遥感影像分类时都可能会出现散乱分布的一个或多个孤立的像元，也可能会出现异物同谱或同谱异物现象，因此需要对遥感影像进行分类后处理，但是后处理环节是严格限定每一个方式都要使用吗？请思考。

8.5.2　图像分类精度评估

遥感影像分类精度分析通常将分类图与标准数据(图件或地面实测调查)进行比较，然后用正确分类的百分比来表示分类精度。遥感影像分类精度分为非位置精度和位置精度。

非位置精度以一个简单的数值，如面积、像元数目等表示分类精度，由于未考虑位置因素，类别之间的错分结果彼此平衡，在一定程度上抵消了分类误差，使分类精度偏高。我国早期分类工作中的精度评价多是非位置精度评价。

位置精度分析是将分类的类别与其所在的空间位置进行统一检查。目前普遍采用混淆矩阵方法，并以 Kappa 系数评价整个分类图的精度，以条件 Kappa 系数评价单一类别的精度。应用混淆矩阵的 Kappa 系数进行分类精度的检验，是科思(Cohen)于 1960 年提出的，以后有许多学者在 Kappa 系数的算法和应用方面做了大量工作，并逐渐发展成遥感影像分类的主要精度评价方法。实际应用多采用抽样方式，以部分像元或部分类别代替整幅图像来进行精度分析。

1. 混淆矩阵

一般采用混淆矩阵来进行分类精度的评定。检核分类精度的样区内所有的像元，统计其分类图中的类别与实际类别之间的混淆程度，表 8.4 为 n 个类别的混淆矩阵。

表 8.4 混淆矩阵

实测数据类型	分类数据类型				合计
	1	2	…	n	
1	p_{11}	p_{21}	…	p_{n1}	p_{+1}
2	p_{12}	p_{22}	…	p_{n2}	p_{+2}
⋮	⋮	⋮	…	⋮	⋮
n	p_{1n}	p_{2n}	…	p_{nn}	p_{+n}
合计	p_{1+}	p_{2+}	…	p_{n+}	p

表 8.4 中，p_{ij} 为第 i 类错分到 j 类的个数，$p_{i+}=\sum_{j=1}^{n} p_{ij}$ 为分类所得到的第 i 类的总和，$p_{+j}=\sum_{i=1}^{n} p_{ij}$ 为实际观察的第 j 类的总和，p 为样本总数。根据混淆矩阵可以计算用户精度、制图精度及总体精度。

(1)用户精度：$p_{u_j}=p_{ii}/p_{i+}$，正确分类除以所有分为该类的像元数。

(2)制图精度：$p_{A_j}=p_{jj}/p_{+j}$，正确分类除以参考数据中该类的像元数。

(3)总体精度：$p_i=\sum_{k=1}^{n} p_{kk}/p$，被正确分类的像元总和除以总像元数。

地表真实图像或地表真实感兴趣区限定了像元的真正分类。被正确分类的像元沿着混淆矩阵的对角线分布，它显示出被分类到正确的地表真实分类的像元数。像元总数是所有参与地表真实分类的像元总和。

2. Kappa 系数

Kappa 系数是测定两幅图之间吻合度或精度的指标。Kappa 统计可以表示为

$$K=\frac{N\sum_{i=1}^{m} x_{ii}-\sum_{i=1}^{m} x_{i+}\, x_{+i}}{N^2-\sum_{i=1}^{m} x_{i+}\, x_{+i}}$$

式中，m 是误差矩阵中的总列数(即总的类别数)，x_{ii} 是混淆矩阵中第 i 行第 i 列上的像元数量(即正确分类的数目)，x_{i+} 和 x_{+i} 分别是第 i 行和第 i 列的总像元数量，N 是用于精度评估的总像元数量。

分类总体精度与 Kappa 系数的区别在于总体精度只用到了位于对角线上的像元数量，Kappa 系数则在考虑了对角线上被正确分类的像元的同时，又考虑了不在对角线上的各种漏分和错分错误。

研究表明，Kappa 系数与分类精度有如表 8.5 所示的关系。在统计学中，一般把 Kappa 系数列为非参数统计(检验)方法，用来衡量某种评价结果与真实情况的一致性。通常 Kappa 系数数值为 0～1，可用不同区间来表示不同级别的一致性：小于 0.00 表示一致性极低，0.00～0.20 表示一致性低(slight)，0.20～0.40 表示一致性一般(fair)，0.40～0.60 表示一致性中等(moderate)、0.60～0.80 表示一致性高(substantial)，0.80～1.00 表示几乎完全一致(almost perfect)。一致性也可对应分类质量，结合 Kappa 系数统计值对分类结果进行评价(表 8.5)。

表 8.5　分类质量与 Kappa 系数统计值

K(Kappa 系数)	分类质量
<0.00	很差
0.00～0.20	差
0.20～0.40	一般
0.40～0.60	好
0.60～0.80	很好
0.80～1.00	极好

挑战升级

(1)可以根据关注区域,选取不同地域或不同分辨率的遥感影像,在分类体系一致的情况下,开展遥感影像分类方法对比试验:①运用不同监督分类分类器进行遥感影像分类;②运用决策树方式进行遥感影像分类。对比同一幅遥感影像利用不同分类方法进行分类后的精度,讨论遥感影像分类精度与分类方法等的关系,分析原因。小组间讨论遥感影像分类精度与遥感数据源的关系,分析原因。

(2)土地利用变化是影响全球气候变化的一个重要因素,根据关注主题及区域,选择遥感影像,并对某一类地物的变化进行分析。例如,可以选择河北省唐山市 2000 年和 2020 年遥感影像,分析该地区耕地面积变化,为土地管理提供数据支持。

第9章　面向对象分类

高分辨率的卫星遥感影像在获取地表细节、大比例尺制图及监测环境变化等方面具有显著优势，应用非常广阔。面向对象分类方法是提取高分辨率图像信息的主要方法，也是目前商业化自动分类和智能识别中的主要算法。面向对象分类方法信息处理的最小单元不再是像元，而是影像对象。信息提取是根据图像分割后的对象的光谱特征、纹理信息和空间特征，再结合一些算法进行分类。其分类的精度和效率要优于基于像元的分类方法，在一定程度上能够避免椒盐噪声的产生。

本章重点介绍遥感影像面向对象分类方法的技术流程，包括影像分割方法和分割过程的主要参数，对象分类特征类型和构建方法，以及对象分类器常用的算法。

9.1　面向对象分类流程

面向对象分类流程如图9.1所示，主要包含以下步骤。

(1)图像预处理。由于受卫星、大气等因素的影响，原始遥感影像常存在几何畸变、辐射失真等问题。因此，获取遥感数据之后，需要完成一系列图像预处理，包括辐射校正、几何校正、配准镶嵌、图像融合与裁剪等内容。根据提取信息目的，对图像进行适当增强处理之后，可以进行面向对象的分类了。

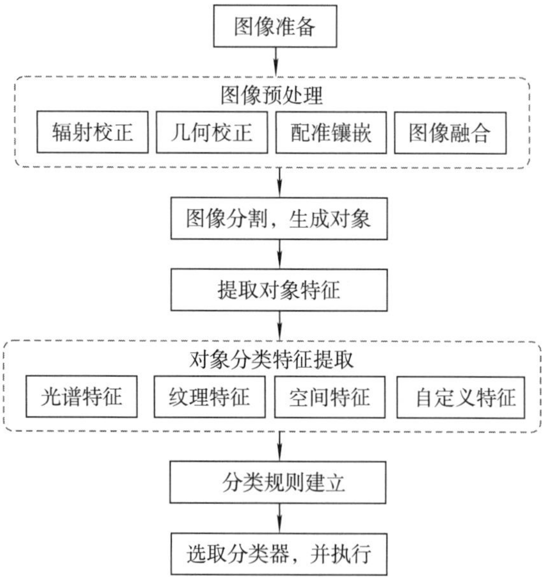

图9.1　面向对象分类流程

(2)图像分割。对于面向对象的图像处理方法来说，成功的图像分割是必要的前提，分割结果将直接影响分类结果的精度。图像分割的目的是把一幅图像分割成与实地目标区域相似、对应的对象，利用图像的光谱信息(像元的特征向量)和空间信息(大小、形状及邻近的像元等)，识别图像像元，划分出合适的片段网，产生初级的图像对象。随后，进一步根据分割尺度、合并尺度等参数，分割出属性不同的对象，作为后续分类信息的基本单元。

(3)建立分类层次。分类层次结构主要是指不同尺度层的图像对象之间的纵向关系，以及同尺度层的图像对象间的横向关系，包含子类与父类和邻居关系。例如，水体是父类，其下属的湖水、河流属于子类，湖水、河流又是邻居关系。一个图像分类可能有多个层次，每个层次对应着不同对象，每个对象会选用不同的恰当尺度。同一区域不同尺度的图像对象连接起来时，每个图像对象和它的邻居、子对象和父对象，就构成了分类对象、类间相互关系的网络，这样一个层次结构也是一个空间层次结构。

(4)确立对象分类特征。确定好某一个分类层次所对应具体对象后，为了便于计算机智能识别与分类，需要提取这一类对象的共同特征，并确定识别特征的阈值。其中，对象特征包括对象的色彩、形状、纹理、继承性等特征。而这类识别特征的阈值需要对图像对象样本特征进行统计分析得出，包括样本对象的光谱信息、形状指数、纹理参数、位置所处地点及与相邻对象间的拓扑关系信息等。

(5)选取分类规则并执行。根据前面样本对象统计出的多个特征结果，可以分析待提取的地物的特点，建立自动分类判别规则。规则是指根据对象的光谱特征、纹理特征和空间特征等来定义对象所属类型的规则，并选取一些自动分类算法如最邻近分类、决策树分类、支持向量基分类及神经网络分类等，设定好算法识别过程中参数和阈值后，就可以执行分类了。当然，需要根据分类后结果精度重新调整对应分类器的阈值，直到分类结果精度符合指定要求。

9.2　图像分割

9.2.1　图像分割方法

遥感影像分割或对象划分是面向对象遥感影像分类的前提。图像分割是对人脑认知的一种简单且原始的模拟，人类的视觉倾向于先将图像分成同质区域，再研究这些区域特性。图像分割过程是根据影像光谱、几何形状及纹理等特征，通过一定规则或数学模型聚合相似像元，将图像划分为若干互不重叠的区域。图像分割方法通常分为两种：自上而下的分割方法和自下而上的分割方法。

(1)自上而下的分割是把整个影像看成一个大的对象，然后把这个大的对象从上到下，由大到小，实现一个不断分割的过程。自上而下的分割算法有棋盘分割、四叉树分割、多阈值分割。这种分割方法特点是简洁快速。

(2)自下而上的分割其实是一个不断合并的过程，它是把图像里的像元作为基元，不断向上合并，直到达到实验所设置的分割参数。常见的自下而上的分割为多尺度分割，对于较复杂地物的图像，多尺度分割是最常用、最有效、同时也是最耗时的分割方法。多尺度分割算法是基于同质性准则，自下而上地将图像像元合并为一个对象，对象内部具有一定同质性且可以与周围的对象分离开。

学而思

(1)搜索资料，讨论棋盘分割、四叉树分割、多阈值分割的数学思路。

(2)目前常用遥感软件 ENVI、eCognition 和国产 PIE 软件在图像分割过程中，都采用什么分割算法？各有什么特点？

9.2.2　图像分割参数

多尺度分割是给图像对象一个特定的尺度，根据指定的光谱和形状的同质准则，使整幅图像的同质分割达到高度优化的程度。图像在进行多尺度分割过程中，受多种参数影响，如尺度参数、波段权重因子、光谱和形状的异质性因子等。这些参数的设置直接决定了分割的准确度,在进行分割时常常设置多个参数进行对比,找出最佳的分割参数。

(1)尺度参数。图像分割尺度参数没有明确单位,值越大,生成的图像对象尺寸越大。针对不同的地物,所采用的分割尺度不同,其分割出来的对象效果也不同:当尺度参数设置较大时,其对应的分割对象的面积也较大,但数量就相对变少;反之分割对象的面积小,数量则多。最佳分割尺度是针对某个特定条件的最佳尺度,不具备通用性。

在实践中,对于某种特征类型,若分割后形成的分割对象可以清晰地显示该对象的边界轮廓特征,则该值为最优的分割尺度。最优分割尺度可以表示一个或多个对象,但不能太细碎,也不能太大,否则会出现一个对象包含多种类型或边界轮廓不明确的现象。

(2)波段权重。图像分割时,各波段的权重设置也是不同的。设定波段权重时应突出目标特征的光谱特征,同时与其他目标特征形成大的光谱差异,波段权重的设置与要突出显示的地表物体的反射特征有关。

实践中,若物体在某个波段中具有强烈的反射特性,与其他物体有明显区分,则将该波段的权重设置得大一些,其他波段的权重相应减小一些。如果各波段的反射特性没有明显区别,则波段权重可都设为1。例如,假彩色图像中,植被对近红外波段具有强烈的反射特性,就可将其权重设置大一些。

(3)异质性因子。异质性包括光谱异质性和形状异质性,两者的权重之和等于1。颜色因子定义了影像对象结果的数值,是图像对象的光谱特征,形状因子定义了图像对象结果的一致性,可以有效控制对象的形状,减少同物异谱或同谱异物的现象发生。

光谱异质性 h_{color} 和形状异质性 h_{shape} 可以通过计算获得,即

$$h_{\text{color}} = \omega_{\text{color}} + (1 - \omega_{\text{color}}) h_{\text{shape}}$$

式中,光谱异质性和形状异质性的公式分别如下

$$h_{\text{color}} = \sum_{i=1}^{m} \lambda_i S_i$$

$$h_{\text{shape}} = \omega_{\text{compact}} h_{\text{compact}} + (1 - \omega_{\text{compact}}) h_{\text{smooth}}$$

其中,λ_i 是第 i 个波段的权重,S_i 为第 i 个波段的标准差,ω_{color} 为光谱权重,$1-\omega_{\text{color}}$ 为形状权重,ω_{compact} 为紧致度的权重因子,$1-\omega_{\text{compact}}$ 为光滑度权重因子。异质性阈值(分割尺度)、形状和紧致度是3个关键参数,越大尺度分割产生的对象越大,同时对象中可能包含多种地物类型,紧致度有可能下降。

通常在分割图像对象时,颜色因子一般起主导作用,所占的比重较大,而形状因子是辅助提取地物信息,所占的比重较小。若形状因子的权重过大,则会使得分割的对象丢失光谱特征而呈均匀块状。形状因子包含光滑度和紧致度,光滑度和紧致度的权重之和为1。光滑度主要考虑平滑边缘,紧致度主要考虑总体的紧致性。紧致度越小,分割对象的锯齿越明显;反之紧致度越大,锯齿越小,分割越规整。

学而思

(1)思考图像分割的尺度是越大越好吗?图像分割的最佳尺度是需要反复试验对比分析结果,还是可以参考经验数据设定的?讨论并分享你的想法。

(2)如果一幅图像中主要地物是大面积草地和规则建筑物,你觉得分割尺度数值是否应该设置偏大一点,为什么?

9.3　建立对象分类特征

9.3.1　分类特征

遥感影像上的地物所表现出来的特征是遥感解译的依据。从信息论的角度说，影像的空间分辨率越高，影像中所包含的信息量就越大。高分辨率影像中，不仅含有光谱特征，同时也含有丰富的纹理特征、几何特征。从影像中提取的拓扑特征、光谱变换指数特征、数字高程模型高程信息均可以作为对象识别的分类特征。

（1）光谱特征。光谱特征通常指的是影像的光谱波段信息，也就是影像对象的灰度值，这里也包含通过计算灰度值得到的一些特征值。主要的光谱特征包含均值、亮度、标准差、比率、归一化差值植被指数和归一化差值水体指数。其中：均值指的是某个波段的均值；亮度指的是对象波段均值的平均值；标准差用来表示对象内部某个波段像元灰度值的离散程度；比率表示某一波段的均值占所有波段均值之和的比例；归一化差值植被指数（normalized difference vegetation index，NDVI）通常用于反映地表植被的覆盖程度，通过红外波段与红色波段之差与两者之和的比值得到；归一化差值水体指数（normalized difference water index，NDWI），用于遥感影像的水体检测，通过绿色波段与近红外波段之差与两者之和得到。当然，也可以根据图像分类需要构建其他类型光谱运算后的特征指数。

（2）纹理特征。影像的纹理特征可以理解为排布规律，纹理指在影像上间隔特定距离的两个像元之间存在的空间相关特性。灰度共生矩阵是描述空间纹理特性的常用手段，基于灰度共生矩阵得到的影像对象的纹理特征有对比度、熵、同质性、异质性、角二阶矩、相关性、灰度共生矩阵均值、灰度共生矩阵方差等。其中：对比度衡量对象局部的差异性，描述影像对象纹理沟纹的深浅程度，对比度越大，对象局部差异性越大，影像对象沟纹越明显；熵通常用来度量对象内部的无序性，熵值越大表明影像对象的纹理特征越杂乱；同质性是表达影像对象局部的均一性，同质性大说明对象局部均一性高。

（3）形状特征。形状特征通常又被叫作几何特征，反映影像对象的几何特性，主要有面积、协方差矩阵、长宽比、形状指数、密度、不对称性等。其中：面积表示对象大小，即影像对象像元总数；协方差矩阵指的是影像对象边界像元所构成的矢量的计算，由横坐标的方差、横纵坐标之间的协方差和纵坐标的方差构成；长宽比通常是协方差矩阵较大值与较小值的比值；形状指数用来反映对象边界的光滑程度，指数大小与光滑程度成反比；密度表示影像对象的紧凑程度，密度越大，对象越紧凑；不对称性是通过影像对象的外界椭圆的长短轴之比得到的，用来表示对象的对称性。

学而练　在木色书桌上随意放置一些物品：多个手机、多本书本、笔记本电脑、笔、鼠标等。讨论如果所看图像为一幅高空间分辨遥感影像，这些对象都各有什么特征，哪些是光谱特征，哪些是纹理特征，哪些是空间特征。

9.3.2　对象分类特征

面向对象分类有两大类识别方法，一种是基于训练样本的分类方法，另一种是基于规则的分类方法。基于训练样本的方法需要提前选择训练样本区域，通过统计训练样本区域内对象的光谱、纹理、空间等特征指标，人为交互调整识别阈值，通过多次试验获取各个地物分类的最佳阈值。基于规则分类也需要根据已有经验数据或者样本统计特征，来构建对象识别特征的规则。在面向对象分类时，对象特征选取和阈值确定会直接影响分类结果精准度。

下面举例讲解如何构建分类对象的特征体系。表 9.1 是某项目土地利用类型识别特征，该项目使用了多光谱遥感数据和数字表面模型(digital surface model，DSM)数据。从表中可以看到，项目建立类型有水、不透水面、建筑物、低植被和树共计 5 个类型。类型对象识别特征运用了对象的近红外平均光谱值 mean(NIR)、归一化差值植被指数 $NDVI$ 和数字表面模型平均高程 mean(DSM)。

表 9.1　各地物类描述

地物类别	类描述
水	$-0.15<NDVI<-0.1$，$35<\text{mean}(NIR)<35.5$
不透水面	$0.08<NDVI<0.15$，$33<\text{mean}(DSM)<35$，$31<\text{mean}(NIR)<37$
建筑物	$0.01<NDVI<0.1$，$33<\text{mean}(DSM)<36$
低植被	$0<NDVI<0.1$，$32<\text{mean}(DSM)<34$
树	$0<NDVI<0.05$，$32<\text{mean}(DSM)<34$

在建立分类特征时，要根据识别对象的需要进行确定。例如，影像中只有草地、道路和建筑三类地物，那么可以利用光谱特征均值属性区分草地和非草地，非草地包含道路和建筑，因为两者都与混凝土有关，光谱差异不明显，可以利用长宽比形状因子来进行区分。总之，在建立对象分类识别特征时，需要提前做好样本统计和经验数据分析，在借鉴这些定量阈值的基础上，结合实际项目中影像特点，确定主要分类特征体系。

9.4　面向对象分类器

常用的面向对象分类器也可以称为分类判别规则，常用有最邻近分类、贝叶斯(Bayes)分类、决策树(DT)分类、支持向量机(SVM)分类、随机森林(RF)分类、隶属度函数分类等。在处理同一标准数据集时，隶属度函数分类方法的精度最高但分类速度最慢，贝叶斯分类的效果最差但操作简单，支持向量机、决策树、随机森林的分类速度均较快且都有较高的精度，其中 SVM 分类方法在区分相似性高的对象方面具有明显优势。在选择高分影像分类方法时，要充分考虑分类图像的特征，从而选择合适的分类方法。

9.4.1　最邻近分类

最邻近分类是模糊分类算法中最常用的一种分类方法，相当于基于像元分类的监督分类。最邻近分类是指统计输入样本的特征，生成多维特征空间，以特征向量为中心，在特征空间中求出待分类对象和样本的距离，以最小距离为判定指标，将距离待分类对象最近的样本的类别判断为该待分类对象的类别。分类时，每个图像对象都要在特征空间内查找与之最接近的样本对象。如果图像对象最接近的样本对象隶属于第 m 类，则该对象就被分到类别 m。最邻近分类与基于像元的监督分类类似，二者均需要依据先验知识来训练学习，不同之处在于，最邻近分类研究的最小单元是分割后的对象，而不是一个个像元。这使得最邻近分类可以利用的特征更加丰富，也让它更加适用于处理光谱、纹理、空间及指数型的多维特征空间重叠的情况。最邻近分类的基本过程如下。

(1)根据影像及研究区的特点，确定研究的分类体系，即需要将研究区划分为多少类别，确定各类别识别特征。

(2)选择输入对象的特征 f，构建特征空间。

(3)在遥感影像上选择训练样本，训练样本要包含所有类别且需要典型。

(4)对于每一个图像对象，在特征空间中寻找最近的样本对象，如一个图像对象最近的样本对象属于类别1，那么这个图像对象将会被划分到类别1，如图9.2所示。最邻近分类的算法公式为

$$d=\sqrt{\sum_f\left(\frac{v_f^{(s)}-v_f^{(o)}}{\sigma_f}\right)^2} \tag{9.1}$$

式中，d 是指样本对象 s 与图像对象 o 之间的距离，$v_f^{(s)}$ 为样本对象 s 的特征 f 的特征值，$v_f^{(o)}$ 为图像对象 o 的特征 f 的特征值，σ_f 为特征 f 值的标准差。

(5) d 值随着图像对象与样本对象间距离的接近而减小，这就需要一个隶属度函数 $z(d)$ 来计算隶属度。在实际划分的过程中，需要结合隶属度函数来确定属于类型，即

$$z(d)=e^{kd^2}$$

式中，k 为函数曲线的斜率。

在分类过程中，先大致确定某一地物的阈值范围，再经过多次调试，获取较为准确的阈值。隶属度函数的选择也是结合各个地物的光谱特征，尽量选择能够准确描述该类别地物变化曲线的隶属度函数。确定地物类别的阈值范围及隶属度函数决定了隶属度函数分类的效果。

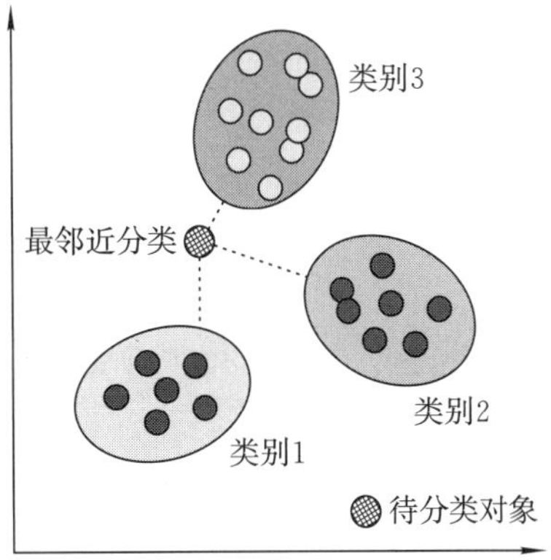

图9.2　最邻近分类原理

9.4.2　决策树分类

面向对象的决策树分类思路与第8章讲述的决策树分类算法的思路相同，都是一种监督学习非参数分类方法。面向对象决策树是根据前面划分好的对象，根据对象的光谱、纹理及空间等多个特征，进行自上而下的构造，形成分类体系。首先对样本数据进行处理和分析，并使用归纳算法生成一系列的规则和决策函数，然后运用对策函数来分析判定新数据。面向对象影像分析中的分类体系实际上就是一个决策树，如图9.3所示。分类体系中的每一种类型都有各自的特征描述。一个决策树分类应包含以下内容。

(1)由一系列的规则和决策函数构成整个决策树，每个分类层次对应一个树节点，每一个树节点有一个分类的判别特征规则。

(2)每个树节点分别定义指定对象的光谱特征、形状特征、纹理特征等多种特征。

(3)通过前期训练样本特征统计指标，建立对象对应的规则表达式和变量阈值，并指定不同特征权重，给出每个对象隶属于某一类的概率。

(4)建立分类标准，按照最大概率原则，先在大尺度上分出“父类”，再根据实际需要对感兴趣的地物在小尺度上定义特征，分出“子类”，最终产生确定的分类结果。

(5)将训练得到的决策树应用于整个影像，即可得到整幅影像的分类结果。

决策树算法能够在短时间内对大量数据做出快速分类,但规则过多容易造成分类过拟合,使得分类算法不具有较好的普适性。

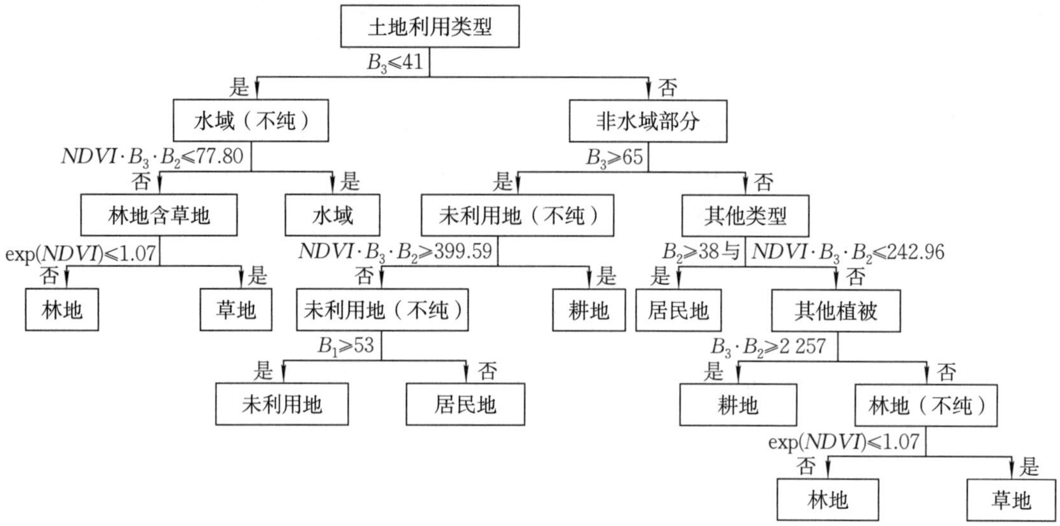

图 9.3 决策树分类示意

学而练

(1)在木色书桌放置手机、书本、笔、鼠标 4 类物品,以光谱特征和形状特征为例,讨论如何构建识别分类的决策树。

(2)在遥感平台下,运用编程语言实现一个自主设计的决策树。

9.4.3 卷积神经网络分类

基于深度学习的卷积神经网络分类是近些年发展起来的一种强大的图像分类方法,起源于计算机视觉和图像处理,卷积神经网络(CNN)是深度学习方法中最成功的网络结构之一。它采用堆叠式排列的神经网络层,前一层的输出能作为后一层的输入,使其在图像特征信息提取阶段,能够凭借高超的非线性表示能力,从海量样本数据中学习到更深层次、更本质性的特征。目前,已被广泛用于遥感领域。

1. 人工神经网络结构

人工神经网络是模拟脑神经系统设计的,它包含三部分(图 9.4),分别是输入层、隐藏层及输出层。输入层节点连接上一层节点输出,负责将来自上层的信息传递至中间隐藏层。隐藏层由单层或多层构成,负责信息处理与信息变换。隐藏层中的具体层数与神经元个数不对外公开,由最后一个隐藏层传递信息到输出层。

人工神经网络是一种通过不断调整权重值来学习输入数据之间关系的算法。计算过程从输入层开始正向传递,每个连接线表示前一层节点赋予的权重值,每个节点接受上一层各个节点的加权输入,然后通过非线性激活函数输出至其他节点,并通过反向传播算法更新权重值。如果隐藏层的单元数过多,可能会导致计算量过大或者出现过拟合现象,在处理新的数据时,模型的输出结果与正确答案差距较大,往往不能达到理想的训练效果。

神经元是人工神经网络的重要组成部分,每个节点都是一个神经元。图 9.5 显示了单个神经元结构，图中 x_1、x_2、x_3、……、x_n 为神经元的输入信号，σ_1、σ_2、σ_3、……、σ_n 为连接权重，$f(\cdot)$ 为激活函数，则输出计算式为

$$y = f\left(\sum_{j=1}^{n} \sigma_j x_j + \theta\right)$$

式中，θ 为内部阈值。

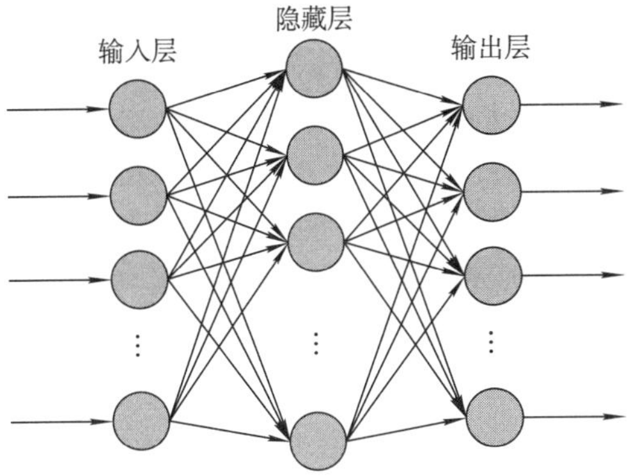

图 9.4　人工神经网络结构

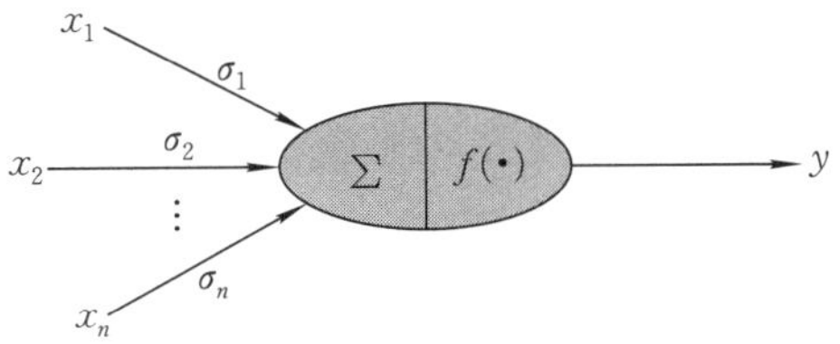

图 9.5　神经元结构

2. **卷积神经网络结构**

卷积神经网络是人工神经网络的一个重要分支，其本质是人工神经网络进一步扩展映射，是实现从输入到输出的深层的网络结构映射。卷积神经网络除输入层、输出层之外，还有一个复杂中间层。它是由多层卷积层、池化层、激活函数和全连接层组成的，如图 9.6 所示。

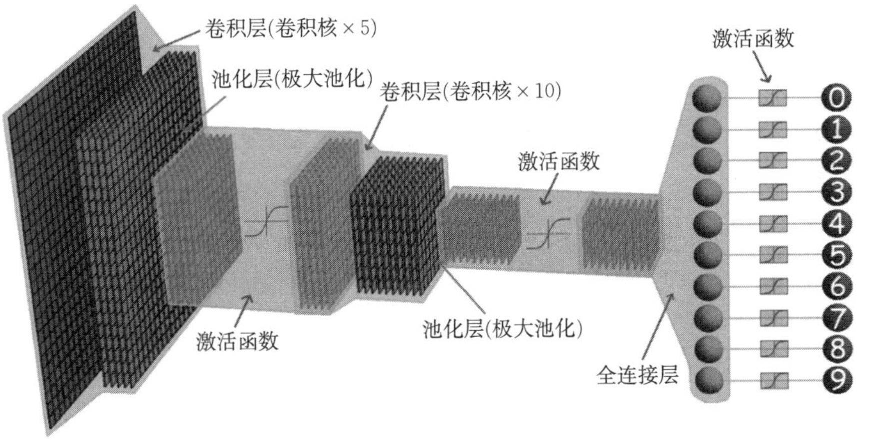

图 9.6　卷积神经网络结构

卷积层是卷积神经网络的核心组成部分之一，主要用于卷积运算，提取输入数据的局部特征。卷积层由多组可学习的卷积核组成。每个卷积核由一个权重矩阵和一个偏置项组成，用于在输入数据上进行卷积运算。通常，卷积层输出多个卷积特征图，每个卷积特征图可以表示输入数据的不同特征信息。

池化层通常在卷积层的后面，它可以减小数据尺寸并提炼特征信息。池化层可以视为一种下采样操作，它将输入的特征图划分为多个矩形区域，并输出每个区域的最大值或平均值。这种操作实质上是对输入特征图进行压缩，降低特征图的维度。池化层也是一种一对一的操

作，它只改变特征图的尺寸。最常用的池化方法包括最大池化和平均池化。

激活函数用于增加神经网络的非线性能力，提高模型的表达能力，是卷积神经网络中非常重要的组成部分。激活函数通常用于神经网络模型的隐藏层和输出层，其作用是对特征值进行映射，将特征值转换为更具有特征表示能力的形式，从而提高神经网络的性能。常见的激活函数有 Sigmoid、Tanh、Relu 等。

全连接层一般会在连续的卷积池化操作后，在神经网络的末尾出现，使每个神经元都与它前一层的所有节点连接。其中，每个连接以一定的权值相连接，网络训练的过程就是得到权值的过程。它的作用是将学习到的"分布式特征表示"映射到样本标注空间，也是实现特征数据从二维到一维的转换。

3. 遥感影像卷积神经网络应用

以卷积神经网络为代表的深度学习在计算机视觉领域取得了突破性的进展，同时也被应用于遥感领域。典型案例是应用深度卷积神经网络对中高分辨率遥感影像进行特征提取和分类研究。

遥感影像卷积神经网络分类主要分为两个阶段：第一个阶段是根据输入图像已知样本与标注样本标签数据集进行训练，求解出卷积神经网络各个神经元连接点权重值；第二个阶段，在训练好的卷积神经网络基础上，输入待分类或识别影像，进行卷积运算后，会输出原始影像上所对应对象的属性值，即输出地物的类型。

图 9.7 是对某地区遥感影像进行分类的卷积神经网络结构图，卷积神经网络的采样窗口与卷积核的大小对模拟结果影响很大。案例在其他参数保持不变的情况下，采用 3×3 采样窗口与 2×2 池化层滤波器进行实验。图像处理运行步骤大致分为 4 步。

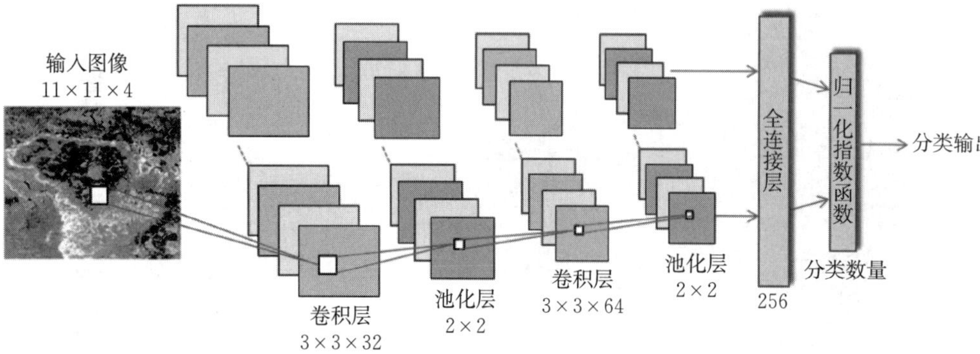

图 9.7 遥感影像分类的卷积神经网络结构

第一步，真实图像通过输入层，在神经网络中进行卷积处理并提取图像特征；第二步，利用 3×3×32 卷积层提取的图像特征以堆栈形式进行排列，然后通过 2×2 池化层滤波器进行采样压缩，产生一组新的图像特征；第三步，利用 3×3×64 卷积层继续进行卷积处理，利用 2×2 池化层滤波器进行重采样等操作；第四步，将处理后图像特征通过激活函数，在全连接层为每个节点的输出指定一个标签。从图 9.7 中可以看到，卷积层与池化层可以多个层次进行计算。

神经网络深度学习实际应用需要关注网络的复杂度、参数量、计算开销，并预测时间成本的增加。遥感领域，在基于遥感影像的地表覆盖分类任务中，数据与模型往往都是复杂的，运算量更是巨大的。解决执行效率问题的方法有两种：一种是利用远程大型的云计算数据中心完成执行运算；另一种是降低模型的复杂度，在可能损失一定精度的情况下来提升效率，关注轻量级卷积神经网络模型的应用。

阅读下面资料，讨论中国遥感卫星在智慧农业发展方面的关键作用。

吉林一号(Jilin-1 satellites)是中国长光卫星技术股份有限公司研制的商用卫星，已建成全球最大的亚米级商业遥感卫星星座，可对全球任意地点实现每天35～37次重访，可为农业、林业、气象、海洋、资源、环保、城市建设，以及科学试验等领域提供更加丰富的遥感数据和产品服务。截至2023年底，吉林一号已有138颗卫星在轨，具备全球任意点10分钟的重访能力；2025年年底前将实现300颗卫星在轨。

在农业方面，吉林一号可开展耕地资源与农业设施信息分布提取、农作物种植结构和长势监测、耕地土壤墒情与作物干旱监测、农业灾害监测和产量预测等应用。在环保方面，长光卫星技术股份有限公司依托吉林一号星座，研发了系列环保遥感服务产品，进行裸土扬尘源监测、秸秆焚烧与全量化处置监测、城市及农村黑臭水体污染监测等，助力“美丽中国”建设。

吉林一号在国内外重大灾害应急处置方面发挥了重要作用。例如，2024年2月土耳其和叙利亚边境地区发生7.7级强震，吉林一号立刻启动灾区成像作业，数小时内形成了震区高清遥感影像，为救援开展提供了有力支撑，赢得国际社会高度赞扬。

长光卫星技术股份有限公司推出了国内首个“遥感＋AI”手机应用——“吉林一号网”，使“遥感＋AI”作为硬核生产力实现随手即用。“遥感＋AI”依托先进的算法与强大的算力，能够自动化、智能化地解译高分辨率遥感数据，可轻松实现地物分类、目标提取、变化检测等多项功能。同时，长光卫星技术股份有限公司以吉林一号全球高清遥感数据为支撑，上线了供免费下载的“共生地球”应用程序，让公众在体验优质卫星遥感服务的同时，通过互动表达自己的创意。

第10章 高光谱数据处理

随着高光谱遥感技术光谱分辨率的不断递增，人们对地物光谱属性特征的认知也不断深入，许多隐藏在狭窄光谱范围内的地物特性逐渐被人们发现。高光谱遥感影像光谱分辨率很高，使得不同类别地物十几纳米的细微光谱差异能被精确记录，为准确、定量提取地物信息提供了保障。高光谱遥感是卫星对地观测技术的一场巨大的革命，已然成为人类在太空安装的高效“监控眼”，能够更全面、更清楚、更深刻地了解地球和周围的环境。

10.1 高光谱遥感

10.1.1 高光谱遥感技术

近年来，随着对地观测技术的高速发展，国内外各式各样的遥感卫星不断地发射升空并持续提供海量的遥感影像数据。遥感影像的空间分辨率由千米级逐渐地提升至分米级，光谱分辨率由单波段的全色影像、三个波段的彩色影像、数个波段的多光谱影像发展为成百上千个光谱波段的高光谱影像，光谱分辨率逐级递增。高光谱遥感技术深刻地改变了人们认识世界的方式。高光谱影像表征了地物的空间信息与光谱信息，更重要的是其第一次以极高的精度细致描绘了地物的光谱特征。

高光谱遥感(hyperspectral remote sensing)是将成像技术和光谱技术进行有机结合的目标物多维信息获取技术，是传感器、卫星及计算机的集成化应用技术。传统的多光谱遥感数据波段宽度大，很难清楚地体现物质分子级细小吸收和反射特征，而高光谱遥感影像的光谱分辨率可低于10 nm，波段数目高达数百个，甚至上千个。高光谱影像每个像元同时包含数十个至数百个窄的波段光谱信息，即每个像元有一条完整连续的光谱曲线，能够较好地表现出物质组成成分与结构的反射(或吸收)光谱差异。

学而练

(1)选择一个卫星遥感数据网站，下载同一个区域多光谱遥感和高光谱遥感数据，列举并对比每类遥感数据空间分辨率、光谱分辨率和文件大小等指标差异。

(2)探究讨论，如果想使用高光谱遥感数据，那么对计算机处理器及显卡有什么基本要求。

10.1.2 高光谱传感器

高光谱测量采集数据主要方式是通过成像光谱仪来获取目标光谱信息。成像光谱仪通过响应物质表面反射或发射的不同波长电磁波来获取影像。一般认为，成像光谱仪的光谱分辨率在10^{-1} μm数量级范围内的遥感称为多光谱遥感，成像光谱仪分辨率在10^{-2} μm数量级范围内的遥感称为高光谱遥感，成像光谱仪分辨率在10^{-3} μm数量级范围内的遥感称为超光谱遥感。

最早的航空成像光谱仪是1983年由美国喷气推进实验室(Jet Propulsion Laboratory, JPL)研制的AIS-1。该仪器在0.4～1.2 μm波谱范围内提供128个窄波段光谱信息,产生了一条近似完整而连续的光谱曲线。至今为止,由于成像光谱仪的巨大潜力,世界各国都竞相发展高光谱成像技术。目前,许多国家开展了大量的科研项目对高光谱遥感进行研究,研制出许多不同类型的成像光谱仪,在光谱分光方式、空间成像方式和光电转换探测器的研究中不断深入,逐步从地面遥感发展到航空和航天遥感应用平台相结合的阶段。

经过20世纪80年代的起步和几十年的发展,一系列高光谱成像系统在国际上研制成功并在航空平台上获得广泛的应用。表10.1是世界主要的高光谱传感器。随着高光谱传感器的精度逐渐增加和高光谱传感器的商业化、普及化,高光谱遥感技术在农业、环境、军事、交通、勘测、规划等领域发挥着越来越大的作用。

表10.1　世界主要高光谱传感器

传感器名称	搭载平台	波段数量	光谱范围/nm	空间分辨率/m	轨道高度/km	所属机构
Hyperion	EO-1	242	400～2 500	30	705	美国航空航天局(NASA)
AVIRIS	机载	224	400～2 500	—	—	美国航空航天局(NASA)
CHRIS	PROBA-1	19	400～1 050	18～34	600	欧洲航天局(ESA)
PALSAR-2	ALOS-2	70	L波段	—	614	日本宇宙航空研究开发机构(JAXA)
EnMAP	EnMAP	242	420～2 450	30	617～694	德国航空航天中心(DLR)
PRISMA	PRISMA	330	可见光—红外	30	—	意大利航天局(ASI)
GF-5B	GF-5	330	紫外—红外	30	702～788	中国国家航天局
OHS	珠海一号	256	0.4～1.0	10	500	中国商业航天企业
CASI	机载	288	380～1 050	—	—	加拿大企业
HYMAP	机载	128	400～2 500	3.5～10	—	澳大利亚企业
PROBE-1	PRISMA	1000	380～2 500	30	615	意大利航天局(ASI)

20世纪80年代中后期,我国开始着手发展高光谱成像系统。上海技术物理研究所研制了我国第一台224波段的推扫式高光谱成像仪(pushbroom hyperspectral imager, PHI),该成像光谱仪在0.4～0.85 μm光谱分辨率优于5 nm。在星载方面,中国科学院上海技术物理研究所研制的星载中国中分辨率成像光谱仪(Chinese moderate-resolution imaging spectroradio-meter, CMODIS)于2002年随神舟三号载人飞船成功发射,该成像光谱仪在波长0.4～12.5 μm包含34个波段。随后该仪器成功应用于我国新一代极轨气象卫星"风云三号"。2007年我国发射了首颗探月卫星"嫦娥一号",搭载了西安光机所研制的干涉式成像光谱仪,其主幅宽25.6 km,月表分辨率为200 m,光谱范围为0.48～0.96 μm,光谱波段数为32,标志着我国成像光谱仪的研究已经日趋成熟。

学而思

(1)高光谱传感器搭载平台有卫星航天平台和飞机航空平台,列举2～3个国家高光谱传感器的主要参数,对比关键技术指标。

(2)目前机载型高光谱遥感发展迅速,试调研一下,如果想利用高光谱监测某区域水稻种植面积和生长情况,设计一下可以选用什么类型无人机,以及搭载什么型号高光谱成像仪。

10.1.3 高光谱遥感特点

1. 光谱分辨率高

高光谱遥感最大特点是具有很高的光谱分辨率，具有不同于传统遥感的新特点，主要表现在：①高光谱波段多，可以为每个像元提供几十个、数百个甚至上千个波段，而多光谱传感器只有几个波段，如图 10.1 所示；②高光谱遥感的光谱范围窄，高光谱波段范围一般为 10～20 nm，多光谱遥感在可见光和反射红外区，其光谱分辨率通常在 100 nm 量级；③高光谱波段连续，可以在 350～2 500 nm 的太阳光谱范围内提供几乎连续的地物光谱。高光谱遥感的光谱分辨率可以达到纳米级，一般为 10～20 nm，个别达 2.5 nm，如加拿大的荧光线成像仪(fluorescence line imager，FLI)、小型机载成像光谱仪(compact airborne spectrographic imager，CASI)，德国的反射光学系统成像光谱仪(reflective optics system imaging spectrometer，ROSIS)和中国的推扫式高光谱成像仪(PHI)的光谱分辨率都可以达到 5 nm。

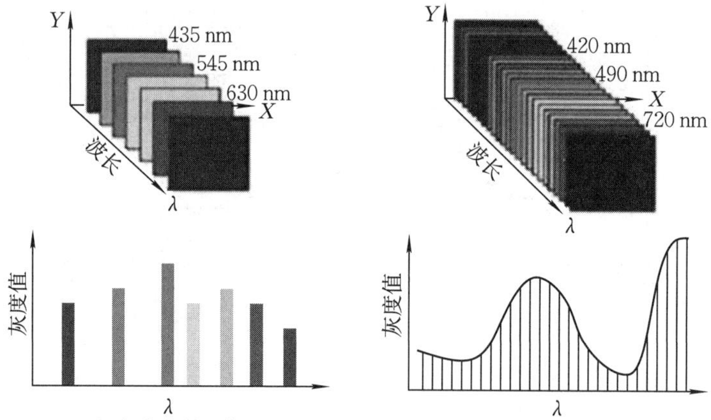

(a) 多光谱影像　　(b) 高光谱影像

图 10.1　多光谱影像与高光谱影像波段数对比

高光谱分辨率信息给地物类型识别和状态分析提供大量数据支持。地物光谱研究表明，地表物质在 0.4～2.5 μm 光谱区间内均有可以作为识别标志的光谱吸收带，其带宽约 20～40 nm，成像光谱仪的高分辨率完全可以捕捉到这一信息，获取的影像信息可以直接进行精细化识别和处理。

2. 图谱合一

影像、辐射与光谱是遥感中最重要的特征，高光谱遥感成像结果是将这三个特征有机结合的产物。高光谱数据是二维图像空间和一维光谱的图像立方体，在图像空间中每个波段是一幅一维图像，在光谱空间中每个像元反映为一条连续光谱响应曲线，不同的物质在高光谱影像中表现为不同的辐射强度，见图 10.2。

高光谱遥感在获得地表图像信息的同时，也获得其光谱信息，第一次真正做到了光谱与图像的结合。这些信息表现了地物空间分布的图像特征，同时也能以其中某一像元或像元组为目标获得它们的辐射强度及光谱特征。

10.1.4 高光谱数据应用

高光谱遥感影像得益于连续且窄的波段优势可以获得地面覆被材质的有效信息，从而给覆被材质一个定量的划分，在人眼无法直观判断时直接做出类属性判断。

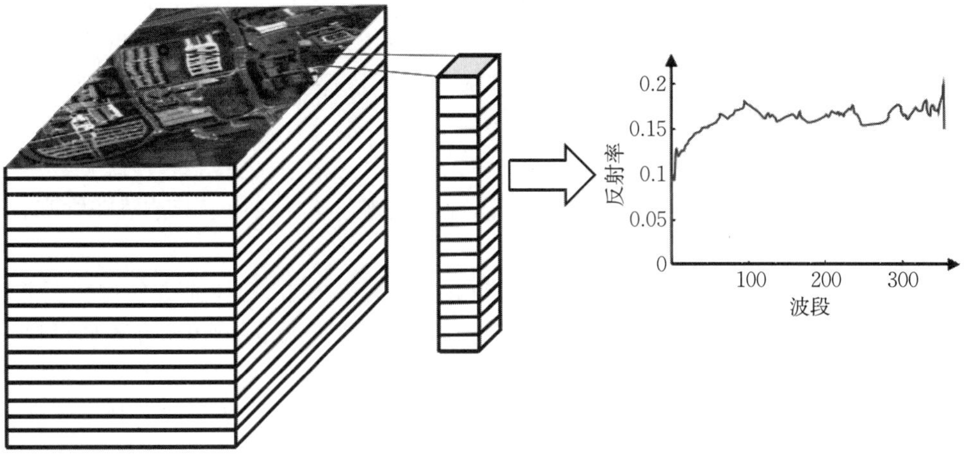

图 10.2　高光谱遥感影像图谱合一立方体数据示意

研究表明，许多地表物质的吸收特征在吸收峰深度一半处的宽度为 20～40 nm，而高光谱成像光谱仪可获得的连续波段宽度一般都小于 10 nm，因此高光谱遥感影像足以反映地物光谱曲线上的吸收特性。此外，高光谱遥感影像可以反映物质诊断性光谱的特点，每个像元对应高光谱曲线及某种物质的吸收特性或光谱特征，可以用于区分并识别不同的物质类型。在不同的波长上，不同物质会呈现出不同的吸收特征。高光谱技术在不同波长上可进行应用，在诸多应用领域显示出巨大的应用价值，如图 10.3 所示。

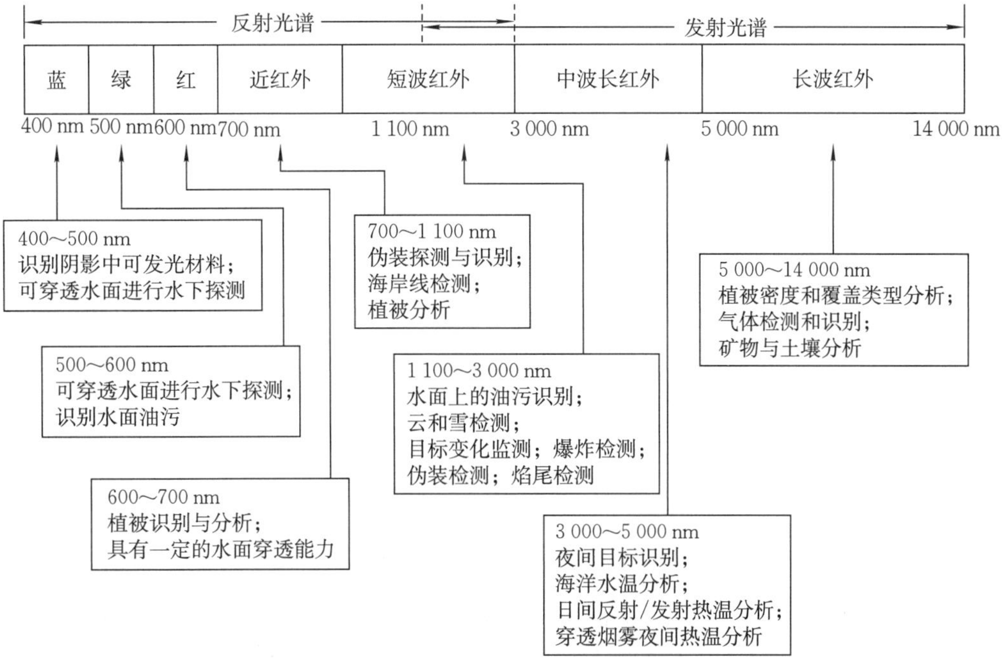

图 10.3　高光谱遥感技术在不同波长上的应用(400～14 000 nm)

目前，国内外诸多星载高光谱能够为天地一体化的环境综合监测、自然资源调查、地理测绘等实际应用提供长时序、连续、丰富的对地观测数据信息。例如，2018 年与 2019 年我国先后发射的高分五号(GF-5)和资源一号02D卫星(ZY1-02D),2019年意大利发射的PRISMA高光谱卫星。就国内高光谱遥感技术的发展趋势而言,伴随着珠海一号等商业高光谱卫星的布局,高光谱遥感卫星大数据服务将逐渐从政府行业应用延伸至大众的日常生活。高光谱遥感技术作为一种替代人工的有效工具,被普遍应用于环境保护、地质勘探、军事侦察、精细农业、海洋监测、植被生物量、灾害调查、估计等实际应用领域。

(1)环境保护。大气中的分子和粒子成分在太阳发射光谱中反应剧烈,传统宽波段遥感无法甄别出由大气成分变化引起的光谱特征差异,而高光谱遥感影像由于其波段非常窄且连续,能够较好地捕获光谱曲线之间的细微差异。

(2)地质勘探。矿物质的光谱吸收峰宽度普遍为30 nm左右,因此光谱分辨率小于30 nm的传感器才能够捕获矿物质的光谱特征,高光谱遥感影像符合此条件,因此在地质勘探领域扮演了重要角色。

(3)军事侦察。依据目标物与伪装物材料的光谱特征差异性,高光谱遥感技术能够快速诊断与识别目标和伪装物,从而确定目标。同时,高光谱成像光谱仪在调查武器生产方面不仅能够精准探测目标的光谱特性及存在状况,而且能够分析其物质成分。

(4)精细农业。土壤中的湿度、粗糙度、有机质含量等监测指标是精细农业中的关键信息,而传统遥感技术无法实时有效地提供上述重要信息。高光谱遥感影像得益于其光谱波段优势,为精细农业的稳健发展提供了数据来源和技术保障。

(5)海洋监测。由于高分辨率成像光谱仪具备光谱分辨率高、覆盖范围广及波段数多等显著优点,已成为海洋水温、水色的有效探测工具。目前,高光谱遥感影像不仅在海水叶绿素浓度、悬浮泥沙含量、表层水温及某些污染物探测方面取得了显著成效,而且在海冰、海岸线探测方面得到了广泛的应用。

阅读高光谱卫星资料素材,搜集相关案例,讨论高光谱遥感如何更加精准地进行识别。

我国高光谱综合观测卫星于2022年12月9日成功发射,运行于高度705 km的太阳同步回归轨道,主要配备可见短波红外高光谱相机、大气痕量气体差分吸收光谱仪、宽幅热红外成像仪等有效载荷。

2023年1月21日,卫星平台系统和载荷完成功能测试,各载荷预处理图像质量良好,在轨状态稳定,正式转入星地一体化测试阶段。目前,卫星地面系统共接收数据320 TB,生产1级产品数据12 256景,后续将按照计划向用户推送1级产品数据,同步开展应用系统产品测试。该卫星的数据也将在国家遥感数据与应用服务平台上共享,持续为各层次用户提供包括高光谱综合观测卫星数据在内的国家民用遥感数据和产品应用服务,推动中国遥感数据共建共享共用。

2023年3月28日,国家航天局在京发布了高光谱综合观测卫星首批影像成果。首批影像成果包括全球臭氧柱浓度监测图、全球二氧化氮柱浓度监测图、亮温监测图、海冰监测图、高光谱数据立方体图等高光谱数据图像,展示了高光谱综合观测卫星在温室气体探测、内陆水体水质定量遥感监测、地物精细分类、矿产资源调查等方面的重要应用成果。

10.2　高光谱数据处理过程

10.2.1　高光谱数据构成

高光谱遥感可以同时捕获目标的二维空间信息与一维光谱信息,获取连续且窄的高光谱分辨率影像数据。高光谱遥感影像同时记录了地物的图像信息和光谱信息,每个波段分别成像,各个波段影像叠合组成一个数据立方体,每个波段都是一幅特定波长上的图像,而每个像元在每一幅图像上的辐射值又组成了连续的光谱信息。

高光谱影像在通常二维图像信息的基础上添加光谱维,就可以形成三维的坐标空间。如果把高光谱影像的每个波段数据都看成一个层面,将成像光谱数据整体表达到该坐标空间,就会形成一个拥有多个层面、按波段顺序叠合构成的数据(图像)立方体。可以简单定义构成高光谱影像立方体的三维,即空间方向维 X,空间方向维 Y,光谱维 Z 代表多个波段 $\lambda_i(i=1,2,\cdots,n)$,如图 10.4 所示。由于在现实中只有二维显示设备,因而需要利用人眼的特性,将三维的图形图像信息通过视图变换的方法显示到二维设备上,以达到三维的视觉效果。

高光谱影像相对于其他遥感影像,除了拥有二维的平面图像外,更包含了一个光谱维度。因此高光谱影像蕴含了丰富的图像及光谱信息,能表达图像细节分辨率,又能表达图像的总体空间特征,可以给用户以直观、形象的认知,更有利于进行数据分析。

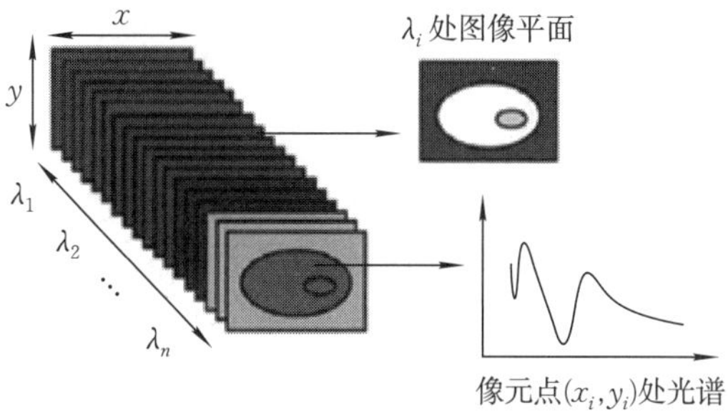

图 10.4　高光谱影像立方体的三维

10.2.2　高光谱数据处理

高光谱数据处理过程与多光谱数据处理过程基本相似,包含辐射定标、大气校正、几何校正、影像裁剪及数据融合等基本处理过程。但是由于高光谱影像的"图谱合一""波段众多""光谱连续"特点,使得传统以多波段、单波段遥感影像为研究对象的处理方法不适用于高光谱遥感影像的处理过程,因此增加了光谱特征分析、端元提取、目标识别等处理过程。

(1)光谱特征分析。高光谱影像丰富的光谱信息能够助力遥感细致地物分类与目标识别,然而波段增多也必然导致信息冗余和数据处理复杂性增加。当光谱维数增加时,其特征组合成指数方式增加,直接导致遥感影像运算效率下降,需要进行光谱特征分析和特征提取等优化工作。特征提取或者特征选择是从 N 个特征中选择出对分类最有效的 M 个特征,常用线性变换特征提取方法有主成分分析(principal component analysis,PCA)、最小噪声分离(minimum noise fraction,MNF)等。

(2)端元提取。在高光谱影像上提取不同典型地物的光谱曲线,是解译高光谱影像的基础。高光谱遥感影像空间分辨率不高,图像上存在大量混合像元。在处理过程中:第一步,提取"纯"地物对应的纯净像元的光谱,即端元提取;第二步,用端元光谱的线性组合来表示混合像元,即混合像元分解。端元提取的一般方法有纯净像元指数法、N-FINDR 法和迭代误差分析法、顶点成分分析法等。

(3)目标识别。高光谱遥感影像分类与地物识别是在传统多光谱影像分类基础之上,结合高光谱影像数据进行目标区分与确认的过程,是多光谱分类方法的扩展与延伸。高光谱影像目标识别最大特点是无论监督分类还是非监督分类,类别的样本光谱来源于图像自身。高光谱影像目标识别的实质就是光谱识别,确定图像上未知光谱属于某一种已知光谱的概率。

10.3 光谱特征提取

10.3.1 光谱特征提取概述

高光谱遥感影像具有数据量大、维数高、携带信息丰富的特点。但是,随着高光谱数据波段的增加,相邻波段之间会存在空间相关、谱间相关及波段相关的问题,同时用于机器学习和深度学习算法处理的数据集也会随之变大,运算数据量也呈指数级增加。由此带来两大应用难题:第一,过高的光谱维度不可避免地会带来“维度灾难”“休斯现象”和大量信息冗余等问题;第二,数据量的激增,需要更加快速且计算量更小的分类模型,降低模型运算量,提高算法分类能力。

因此高光谱影像数据进行处理、分析前,需要先对影像数据进行特征提取,就是将数据从原始高维空间投影至低维空间中,且尽量保证重要信息的完整性。也被称为“维数约简”,即通过某一数学变换将原始高维属性空间转变为一个低维的子空间。变换可以实现两个目的:①克服模型在高光谱遥感影像分类与识别过程中的休斯现象,同时有效降低高光谱遥感影像的光谱维度,提升模型的执行效率;②消除影像中的空间与谱间噪声,改善像元之间的可分离性,提升高光谱遥感影像解译与分类的精度。

高光谱数据特征提取,也是光谱特征空间的减维或者降维过程。特征提取后的光谱特征是各光谱波段间的重新组合、变换后得出一组新光谱特征向量。其新的光谱向量应该是反映特定地物某一性状的一个光谱参量,或者是有别于其他地物的光谱参量。特征提取过程如图 10.5 所示,其中 $F(x_1,x_2,\cdots,x_5)$ 是一个线性或非线性的转换方程,它将原始的特征空间投影到了一个低维并优化后的新特征空间。根据转换方程的类型不同,可以分为线性降维和非线性降维。高光谱遥感影像经典的线性降维方法有主成分分析、独立成分分析(independent component analysis, ICA)和最小噪声分离等方法。

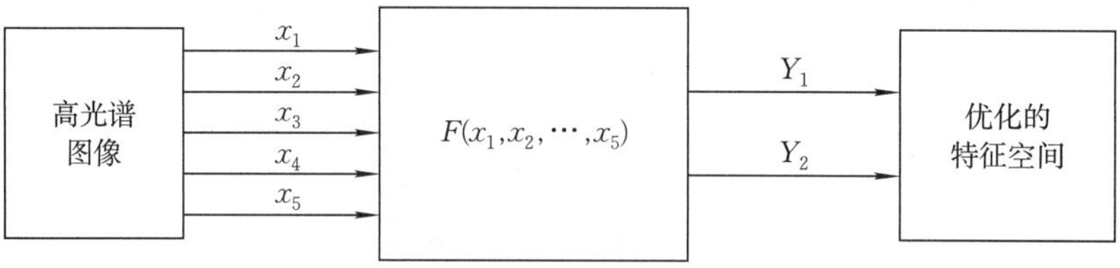

图 10.5 光谱特征提取

10.3.2 主成分分析特征提取

主成分分析是一种常用的特征提取方法,也是一种重要的降维方法,是将多个指标化为少数几个综合指标的统计分析方法。其优点是可以保证高光谱遥感影像中的大部分信息以少量且重要主成分的形式保留,但无法保证所重点关注的光谱特征的物理属性。

设 $\boldsymbol{X}=[X_1 \quad X_2 \quad \cdots \quad X_p]^{\mathrm{T}}$ 是 p 维随机变量，均值 $E(\boldsymbol{X})=\boldsymbol{u}$，协方差矩阵 $D(\boldsymbol{X})=\boldsymbol{\Sigma}$。考虑它的线性变换，即

$$\left.\begin{aligned} Z_1 &= \boldsymbol{a}_1^{\mathrm{T}}\boldsymbol{X} = a_{11}X_1 + a_{21}X_2 + \cdots + a_{p1}X_p \\ Z_2 &= \boldsymbol{a}_2^{\mathrm{T}}\boldsymbol{X} = a_{12}X_1 + a_{22}X_2 + \cdots + a_{p2}X_p \\ &\vdots \\ Z_p &= \boldsymbol{a}_p^{\mathrm{T}}\boldsymbol{X} = a_{1p}X_1 + a_{2p}X_2 + \cdots + a_{pp}X_p \end{aligned}\right\} \tag{10.1}$$

易得

$$\mathrm{var}(Z_i) = \boldsymbol{a}_i^{\mathrm{T}}\boldsymbol{\Sigma}\boldsymbol{a}_i \quad (i=1,2,\cdots,p)$$

$$\mathrm{cov}(Z_i, Z_j) = \boldsymbol{a}_i^{\mathrm{T}}\boldsymbol{\Sigma}\boldsymbol{a}_j \quad (i=1,2,\cdots,p; i\neq j)$$

假如希望用 Z_i 来代替原来的 p 个变量 X_1、X_2、……、X_p，这就要求 Z_i 尽可能多地反映原来 p 个变量的信息，这里所说的信息用 Z_i 的方差来表达。$\mathrm{var}(Z_1)$ 越大，表示 Z_i 包含的信息越多。因此必须对 a_i 有某种限制，否则可能会导致 $\mathrm{var}(Z_1)$ 趋于无穷大。常用的限制是

$$\boldsymbol{a}_1^{\mathrm{T}}\boldsymbol{a}_1 = 1$$

从代数学观点看，主成分就是 p 个变量的一些特殊的线性组合，而从几何上看这些线性组合正是把 X_1、X_2、……、X_p 构成的坐标系旋转形成新的坐标系，新坐标轴为使其样本方差最大的方向。

下面讨论主成分的求法。设 p 维随机向量的均值为 $E(\boldsymbol{X})=\boldsymbol{0}$，协方差矩阵为 $D(\boldsymbol{X})=\boldsymbol{\Sigma}$。求第一主成分 $Z_1=\boldsymbol{a}_1^{\mathrm{T}}\boldsymbol{X}$ 的问题就是求 $\boldsymbol{a}_1=[a_{11} \quad a_{21} \quad \cdots \quad a_{p1}]^{\mathrm{T}}$，使得在 $\boldsymbol{a}_1^{\mathrm{T}}\boldsymbol{a}_1=1$ 的条件下 $\mathrm{var}(Z_1)$ 达到最大值，这是条件极值问题，用拉格朗日乘数法，令

$$\varphi(\boldsymbol{a}_1) = \mathrm{var}(\boldsymbol{a}_1^{\mathrm{T}}\boldsymbol{X}) - \lambda(\boldsymbol{a}_1^{\mathrm{T}}\boldsymbol{a}_1 - 1) = \boldsymbol{a}_1^{\mathrm{T}}\boldsymbol{\Sigma}\boldsymbol{a}_1 - \lambda(\boldsymbol{a}_1^{\mathrm{T}}\boldsymbol{a}_1 - 1) \tag{10.2}$$

考虑

$$\left.\begin{aligned} \frac{\partial\varphi}{\partial\boldsymbol{a}_1} &= 2(\boldsymbol{\Sigma} - \lambda\boldsymbol{I})\boldsymbol{a}_1 = \boldsymbol{0} \\ \frac{\partial\varphi}{\partial\lambda} &= \boldsymbol{a}_1^{\mathrm{T}}\boldsymbol{a}_1 - 1 = 0 \end{aligned}\right\} \tag{10.3}$$

因 $\boldsymbol{a}_1 \neq \boldsymbol{0}$，故 $|\boldsymbol{\Sigma} - \lambda\boldsymbol{I}| = \boldsymbol{0}$，求解式(10.3)，其实就是求解 $\boldsymbol{\Sigma}$ 的特征值和转换量的问题。设 $\lambda=\lambda_1$ 是 $\boldsymbol{\Sigma}$ 的最大特征值，则相应的单位特征向量 $\boldsymbol{a}_1$，即为所求。一般地，求 X 的第 i 主成分需先求 $\boldsymbol{\Sigma}$ 的第 i 大特征值 λ_i，以及对应的单位特征向量 $\boldsymbol{a}_i$，然后通过 $Z_i=\boldsymbol{a}_i^{\mathrm{T}}\boldsymbol{X}(i=1,2,\cdots,p)$ 得到。

以机载可见光红外成像光谱仪(airborne visible infrared imaging spectrometer, AVIRIS)的 50 通道短波红外数据针对矿物类的高光谱影像主成分变换为例，经主成分分析变换后的特征值曲线如图 10.6 所示。

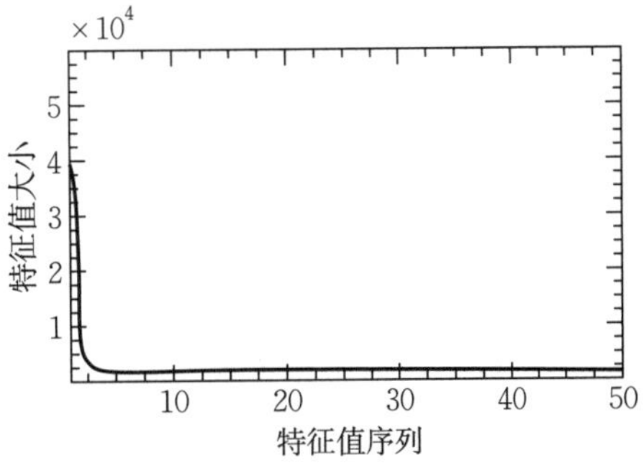

图 10.6　50 通道 AVIRIS 高光谱影像协方差矩阵特征值统计曲线

第一主成分波段的图像方差是 58 665.154 864，第二主成分波段的图像方差是 4 138.988 034，第三主成分波段的图像方差是 1 407.550 975。第一主成分波段图像方差占所有波段特征值之和的 89.996%，而前 3 个波段图像方差之和占所有波段特征值之和的

98.505%。变换后的数据在尽量保证重要信息完整的同时,也达到了“维数约简”。

从主成分分析变换后的图像上选取前10个波段,从中提取方解石(calcite)和明矾石(alunite)的像元值曲线,如图10.7所示。

图10.8为原始高光谱影像中两类矿物的光谱曲线,对比图10.7和图10.8可以看出,尽管从主成分分析变换处理后的前几个波段可以对明矾石与方解石进行区分,但其波形曲线的特征性及唯一性不够强,且经过主成分分析变换后的光谱没有包含反映地物理化性质的光谱特征,减维后得到的新特征空间子集已没有了任何光谱特性的物理含义。而从高光谱影像中提取的两种矿物光谱却具有非常明显的吸收特征。因此,对高光谱影像来说,建立地物具有诊断性的光谱指数比基于方差统计的特征提取要优越。

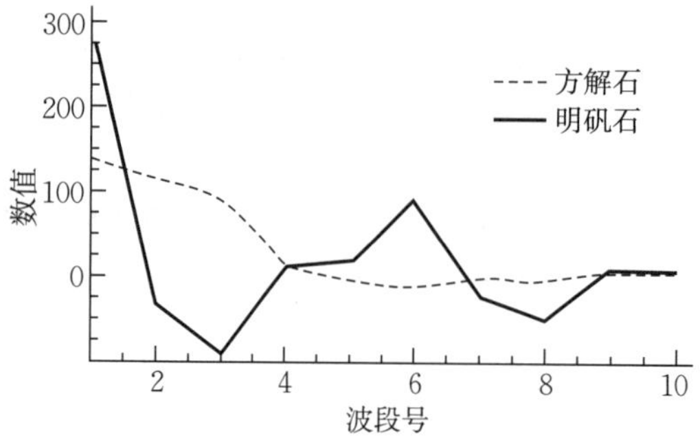

图10.7 经主成分分析变换后方解石与明矾石前10个波段的曲线

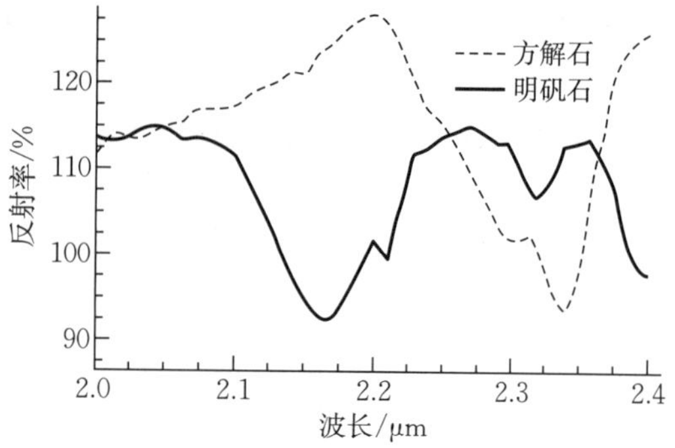

图10.8 原始高光谱影像中方解石与明矾石的矿物光谱曲线

学而练

(1)下载高光谱遥感数据,勾画感兴趣区后提取区域的光谱曲线。研究下载高光谱数据的通道数量,并讨论。

(2)对下载的高光谱遥感数据进行主成分分析变换。分析变换后高光谱数据第一、第二、第三主成分的信息量占比各是多少。

10.4 高光谱影像分类

10.4.1 高光谱分类

高光谱遥感将成像技术与细分光谱技术结合在一起,在对目标的空间特征进行成像的同时,对每个空间像元经过色散形成的几十乃至几百个窄波段进行连续的光谱覆盖,所获取的图像包含了丰富的空间、辐射和光谱三重信息,为解决遥感的关键问题——图像分类带来了机遇。

1. 高光谱遥感影像在分类识别方面的优势

(1)光谱分辨率高、波段众多,能够获取地物精细的光谱特征曲线,并且可以根据需要选择或提取特定的波段来突出目标特征。研究表明,许多地表物质的吸收特征在吸收峰深度一半处的宽度为20~40 nm。由于成像光谱系统光谱分辨率高达5~10 nm,因此很多本来在宽波段遥感中不可探测的物质，在高光谱遥感中能被探测到。

(2)在同一空间分辨率条件下，传感器覆盖波长范围更宽，可以从可见光延伸到短波红外，甚至到中红外和热红外。光谱覆盖范围越宽，就能够越多地探测地物对电磁波的响应特征。

(3)波段多，为波段之间的相互校正提供了方便。

(4)定量化的连续光谱曲线数据为将地物光谱机理模型引入图像分类提供了条件。高光谱遥感影像包含丰富的辐射、空间和光谱信息，是多种信息的综合载体，为新理论新方法的引进创造了可能。

2. 高光谱遥感影像在分类识别方面的困难

(1)数据量大，高光谱遥感影像少则几十个波段，多则几百个波段，数据量是单波段遥感影像的几十倍、几百倍，对数据冗余处理不当，反而会影响分类精度。

(2)对高光谱遥感影像的分类一方面要求有更高精度的光谱定标和反射率转换，另一方面却因为成像机理和数据量巨大导致对图像数据的预处理困难，这些预处理包括大气纠正、几何校正、光谱定标、反射率转换等。

(3)波段多，波段间的相关性高，因此分类需要的训练样本数目大大增多，如果训练样本不足，将导致从训练样本得到的参数不可靠或者出现休斯现象。

(4)针对常规遥感的处理模型和方法不能满足高光谱影像分类的需要，如多光谱遥感分类的最大似然法、植被指数的 NDVI 等不能简单地直接应用于高光谱数据。需要对高光谱数据进行必要的降维处理、端元提取、特征优选等过程之后再综合应用。

学而思

(1)什么是休斯现象？在数据处理过程中具体表现是什么？

(2)高光谱遥感数据处理为什么会产生休斯现象？其他研究领域是否有类似现象出现？例如大数据处理，可以结合具体案例说明。

10.4.2　高光谱分类方法

高光谱分类方法可以总结为两种思路：一种是基于地物物性的分类方法，主要是利用反映地物物理光学性质的光谱曲线来识别；另一种是基于图像数据统计的分类方法，主要是利用数据的统计特性来建立分类模型。

1. 基于地物物性的分类方法

基于物性分类识别，最有特色是基于地物的光谱反射或发射曲线的分类识别方法。这种方法的特点是利用光谱库中已知的光谱数据，采用匹配的算法来识别图像中地面覆盖类型。这种匹配可以是在全波长范围内的比较，或基于整波形特征的光谱曲线匹配，也可以利用感兴趣波段的光谱，进行部分波长范围的光谱或光谱组合参量的匹配，如特征优化的光谱匹配或决策分类等。基于光谱曲线的分类算法有基于光谱间最小距离的匹配算法、光谱编码匹配算法、光谱角度匹配算法等。

(1)光谱间最小距离的匹配算法是计算未知光谱与参考光谱数值之间的距离，然后根据最小二乘原则进行分类的匹配方法。光谱间的距离可以是欧氏距离或马氏距离或巴氏距离等。这种方法对噪声最为敏感，所以在匹配前需要对光谱进行去噪声处理。

(2)光谱编码匹配算法。较简单的编码方式是光谱二值编码，包括分段二值编码、单阈值编码和多阈值编码等。二值编码匹配算法能提高图像光谱数据处理效率,但是在处理编码的过程中会失去许多细节光谱信息,因此只适用于粗略的分类和识别。

(3)光谱角度匹配(spectral angle mapping,SAM)算法把光谱看作多维矢量,计算两光谱向量的广义夹角,两光谱向量的夹角越小,光谱越相似,按照给定的光谱相似性的阈值大小,分类未知光谱。光谱角度匹配的最大特点是夹角值与光谱向量的模无关,也就是与光谱的绝对数值无关,即与图像的增益系数无关,只比较光谱在形状上的相似性。这个特点也是光谱角度匹配算法与最小距离匹配算法的最大区别和优势。

2. 基于图像数据统计的分类方法

高光谱遥感影像统计分类识别方法中,考虑到样本标记困难且成本较高,因此一般选择基于无监督或者半监督的模型。无监督分类算法不需要任何的先验样本标记信息,主要通过高光谱遥感影像中像元的光谱特征及空间特征的差别而将它们划分为不同的簇,从而获得高光谱遥感影像中地物的分布情况。经典的无监督分类方法有 K 均值、谱聚类、主成分分析及模糊 C 均值聚类(fuzzy C-means clustering, FCM)算法等。

半监督分类算法只利用少量标记样本进行训练,然后利用训练好的模型对大量的未标记样本进行类别预测。利用标记样本与未标记样本共同学习,充分挖掘未标记样本的潜在信息。主要的半监督分类方法包括自训练、协同训练、半监督支持向量机及基于图的半监督算法等。分类时新型判别算法有基于决策树分类算法、人工神经网络分类算法、支持向量机分类算法、稀疏表示(sparse representation,SR)分类算法等。

10.4.3 光谱角度填图

光谱角度填图法是一种基于地物物性的分类方法,直接依据图像像元光谱特征进行分类识别。将单个像元的 N 个波段的光谱响应作为 N 维空间的矢量,计算它与最终类别光谱之间的广义夹角。两个光谱间的夹角越小,说明光谱间的匹配程度越相似。两矢量广义夹角是用反余弦 θ 来表示的,即

$$\theta=\arccos\frac{\sum_{n=1}^{n}t_i r_i}{\sqrt{\sum_{i=1}^{n}t_i^2}\sqrt{\sum_{i=1}^{n}r_i^2}}\quad\left(\theta\in\left[0,\frac{\pi}{2}\right]\right)\tag{10.4}$$

式中,t_i、r_i 代表两个光谱向量中元素。θ 值越小,t 和 r 的相似性越大。当用实验测量光谱与图像光谱比较时,需要将测量光谱按照图像光谱的波长进行重采样,使得两个光谱具有相同的维数。从式(10.4)可以看出,θ 值与光谱向量的模无关,也与图像的增益系数无关。

如果以图像中已知区域为参考光谱,则可以将区域中的光谱几何平均向量作为类中心。若已知某类中有 M 个点 $\boldsymbol{R}_1$、$\boldsymbol{R}_2$、……、$\boldsymbol{R}_M$,$\boldsymbol{R}_i=[r_{i1}\ \ r_{i2}\ \ \cdots\ \ r_{iM}]$,则类中心为

$$\bar{\boldsymbol{R}}=\frac{1}{M}\sum_{i=1}^{M}\boldsymbol{R}_i$$

利用光谱角度进行识别填图分为 3 个步骤。

(1)求类中心。首先将类中的各向量投影到单位半径的超球面上,即对各向量进行归一化,且归一化向量为 $\boldsymbol{R}'_i=[r'_{i1}\ \ r'_{i2}\ \ \cdots\ \ r'_{iM}]$,其中

$$r'_{ij}=\frac{r_{ij}}{\sqrt{\sum_{j=1}^{N}r_{ij}^{2}}}$$

归一化后的向量的几何中心也在单位超球面上，并以该向量为类中心。类中心公式为

$$\bar{\boldsymbol{R}}'=\frac{1}{M}\sum_{i=1}^{M}\boldsymbol{R}'_i$$

(2)计算各类的统计特征。以$\boldsymbol{R}$为类中心，根据式(10.4)求类中各向量$\boldsymbol{R}$与类中心的广义夹角θ。假设θ服从均值为零、方差为σ的正态分布，其概率密度函数为

$$P(\theta)=\frac{1}{\sqrt{2\pi}\sigma}\exp\left(\frac{1}{2}\left(\frac{\theta}{\delta}\right)^{2}\right)$$

当光谱向量$\boldsymbol{X}$与类i的中心为$\boldsymbol{R}_i$，广义夹角为θ_i时，$\boldsymbol{X}$属于该类的条件概率为$P_i(\theta_i)$，根据最大似然参数估计，那么这类的方差为

$$\sigma^2=\frac{1}{M}\sum_{i=1}^{M}\theta_i^2$$

(3)分类准则。按照贝叶斯决策规则，当光谱向量$\boldsymbol{X}$属于类i的条件概率$P_i(\theta_i)$取最大值时，将$\boldsymbol{X}$划入类i。为了计算简化，取$P_i(\theta_i)$的自然对数，得

$$P'_i=P(\theta_i)=-\frac{1}{2}\left(\frac{\theta_i}{\sigma_i}\right)^{2}$$

则分类规则为：当P'_i取最大时值，将$\boldsymbol{X}$归入类i。

遥感影像处理篇习题与练习

(1)什么是辐射误差？其主要来源有哪些？

(2)什么是大气校正？试说明回归分析和直方图校正的原理。

(3)试说明遥感影像几何畸变概念和几何畸变产生的原因。

(4)在几何校正的过程中为什么要进行灰度重采样？有哪些方法，各有何优劣？

(5)在进行几何校正时，对控制点的选择有何要求？

(6)遥感应用几何校正的精度如何评定？几何校正后的精度可能受哪些因素的影响？

(7)什么叫多波段假彩色合成？

(8)了解直方图的概念，请举例遥感影像直方图的常见形式并根据直方图形态说明遥感影像特征。

(9)什么叫线性拉伸和分段线性拉伸？作用有哪些？

(10)常用的非线性增强方法有哪几种？

(11)平滑和锐化的方法各有哪些？其主要作用是什么？

(12)卷积运算与神经网络分类有关系吗？

(13)图像比值运算的目的是什么？搜集 4 个用于增强植被信息的运算方法。

(14)图像融合的目的是什么？有哪些图像融合的方法？

(15)在某项目生产时，需要利用高分一号卫星影像对某地区的土地利用进行分类，主要分为建筑用地、工矿用地、耕地、林地、水域、裸地、其他等 7 类，并对耕地和林地进行详细分类，即分为水稻、小麦、茶园、杨树林等。举例说明该项目采用目视解译方法时，直接解译标志和间接解译标志在解译过程中的应用。

(16)汇总计算机分类的方法，并进行分类。

(17)说明监督分类和非监督分类的区别，以及它们适用哪些分类场景。

(18)用框图方式，说明监督分类(最大似然法)的过程。

(19)对某山区遥感影像进行分类，感兴趣地物为水体、陡坡植被、缓坡植被、平地植被、其他，并尝试建立分类规则及决策树。

(20)简述神经网络概念，以及神经网络用于遥感影像分类有何优缺点。

(21)人工神经网络有哪几种类型的层？分别包括哪些神经元？有何作用？

(22)机器学习在遥感影像分类中常用的分类方法有几种？

(23)说明分类精度评价的概念与基本方法。

(24)面向对象分类技术的特点是什么？举例说明它在土地利用研究中的应用。

(25)高光谱技术的特点是什么？试说明高光谱技术在水环境或植被研究中的应用。

(26)如何进行土地利用变化监测？利用遥感方法监测有何优势？举例说明。

(27)分别利用 Landsat8 和高分一号遥感数据进行土地利用分类，请简要描述数据处理的过程。

(28)遥感影像几何校正有哪些国家标准或行业规范？

(29)有哪些遥感影像制图标准或行业规范？

(30)查找并阅读 2006 年以来的《中国测绘学科发展蓝皮书》。

第三篇 专题应用

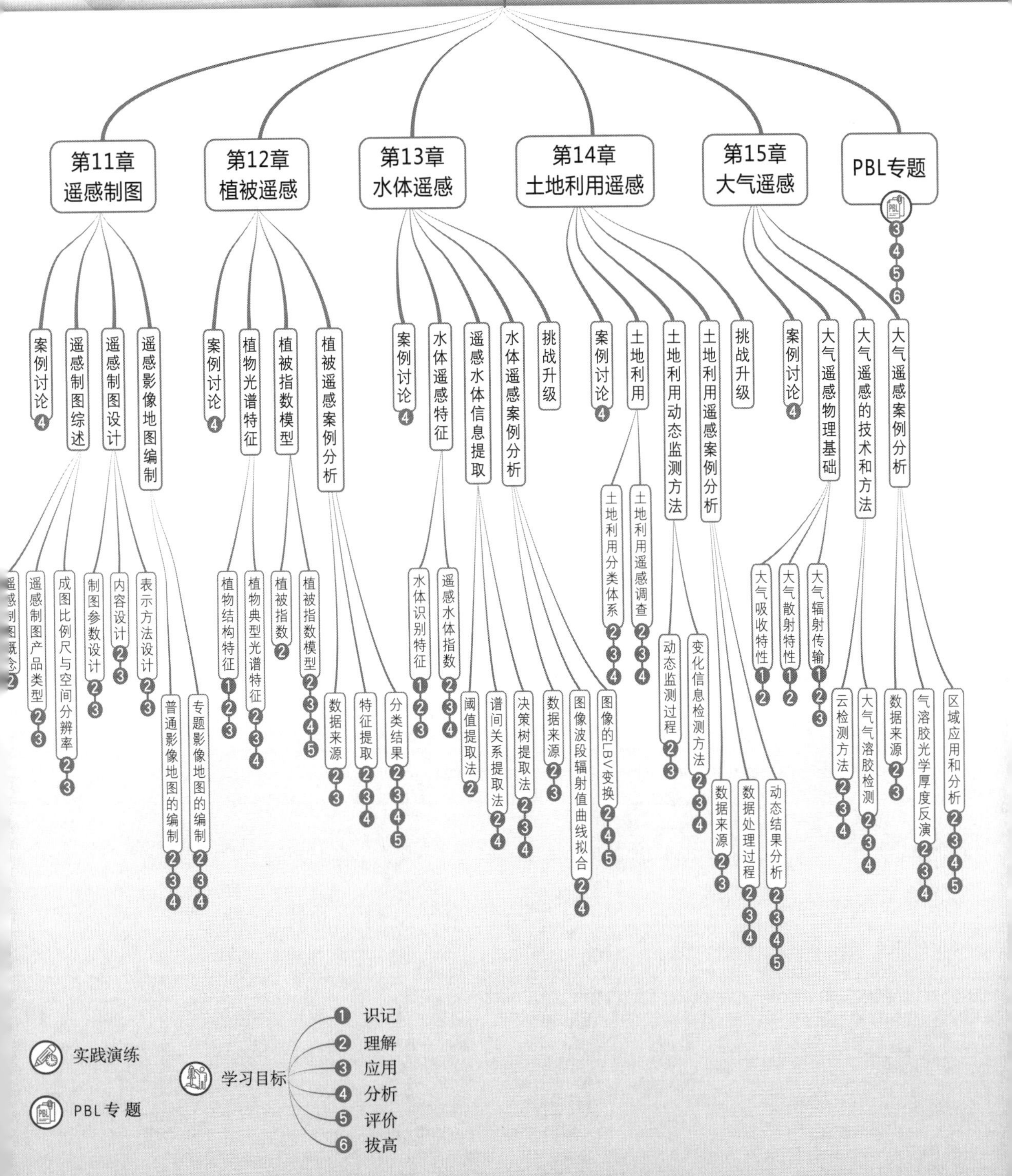

第11章 遥感制图
案例讨论 4
遥感制图综述
遥感制图设计
遥感影像地图编制
遥感制图概念 2
遥感制图产品类型 2 3
成图比例尺与空间分辨率 2 3
制图参数设计 2 3
内容设计 2 3
表示方法设计 2 3
普通影像地图的编制 2 3 4
专题影像地图的编制 2 3 4
第12章 植被遥感
案例讨论 4
植物光谱特征
植被指数模型
植被遥感案例分析
植物结构特征 1 2 3
植物典型光谱特征 2 3 4
植被指数 2
植被指数模型 2 3 4 5
数据来源 2 3
特征提取 2 3 4
分类结果 2 3 4 5
第13章 水体遥感
案例讨论 4
水体遥感特征
遥感水体信息提取
水体遥感案例分析
挑战升级
水体识别特征 1 2 3
遥感水体指数 2 3 4
阈值提取法 2
谱间关系提取法 2 4
决策树提取法 2 3 4
数据来源 2 3
图像波段辐射值曲线拟合 2 4
图像的LBV变换 2 4 5
第14章 土地利用遥感
案例讨论 4
土地利用
土地利用动态监测方法
土地利用遥感案例分析
挑战升级
土地利用分类体系 2 3 4
土地利用遥感调查 2 3 4
动态监测过程 2 3
变化信息检测方法 2 3 4
数据来源 2 3
数据处理过程 2 3 4
动态结果分析 2 3 4 5
第15章 大气遥感
案例讨论 4
大气遥感物理基础
大气遥感的技术和方法
大气遥感案例分析
大气吸收特性 1 2
大气散射特性 1 2
大气辐射传输 1 2 3
云检测方法 2 3 4
大气气溶胶检测 2 3 4
数据来源 2 3
气溶胶光学厚度反演 2 3 4
区域应用和分析 2 3 4 5
PBL专题 3 4 5 6
实践演练
PBL专题
学习目标
1 识记
2 理解
3 应用
4 分析
5 评价
6 拔高

导 读

遥感影像是地球表面的像片，真实地展现了地球表面物体的形状、大小、颜色等信息。遥感信息准确客观地表现地物或现象间的相互关系，以及地物间相互影响变化的情况。遥感影像和数据可以用于对资源、环境、灾害、区域、城市等进行调查、监测、分析和预测、预报等方面的工作。按照遥感技术服务领域不同，可以分为资源遥感、环境遥感、气象遥感、海洋遥感、农业林业遥感、城市遥感和测绘遥感。但是综合一下，可以发现其实这些遥感监测对象可以浓缩为几个，即植被、水体、土壤和大气等。这些遥感监测可以是多个对象的信息提取（如土地遥感、资源遥感），也可以是特定某个对象的分析（如水灾遥感监测，某区域植被覆盖度分析）；可以是长时间序列遥感数据对区域发展的综合动态分析，也可以是高空间分辨率、高光谱分辨率遥感数据对小尺度特定指标的监测分析。

本篇主要介绍遥感专题应用，包含遥感制图、植被遥感、水体遥感、土地利用遥感及大气遥感等，涉及关键技术与案例分析，读者应该努力达到以下学习目标。

（1）能够叙述出常见遥感应用内容，掌握将遥感技术应用于植被、土壤、水体、资源环境等领域时的基本技术框架。

（2）能够在遥感影像中识别、观察和分析地理要素；能够通过查阅文献资料，小组讨论等方式设计某一遥感应用的解决方案，根据工程需求选择遥感影像处理方法，并能够根据数据处理过程中数据精度选择较优的数据处理方法，解决数据处理过程中的问题，探究遥感在这一领域应用的效果及实际意义。

（3）能够表述遥感技术在国家宏观监控与管理、国民经济生产建设中应用的优势，了解掌握遥感技术主动权的重要性，在未来工作的行业中用好遥感技术。

第11章　遥感制图

遥感科学促进了现代地图学的进步，导致遥感制图的崛起，使之形成现代地图学中的一个新分支——遥感制图学。遥感制图学是新技术学科与相邻学科互相渗透的结果。遥感制图学继承了地理制图学的历史积累，但伴随着现代测绘技术的进步，其在制图信息源、分析方法、应用技术、工艺革新、动态更新和制图系统研究等方面都有了新的飞跃。

阅读下面案例，讨论遥感制图的意义和应用前景

案例1：2021年，清华大学学者提出智慧遥感制图概念框架，在《环境遥感》(Remote Sensing of Environment)发表题为"全球逐日无缝数据立方体制作及1985—2020年全球地表覆盖变化趋势确定，iMap World 1.0"的研究论文，提出了新一代的地球观测数据与制图解决方案，研制了世界上首套1985—2020年全球30 m逐日无缝数据立方体(seamless data cube，SDC)，完成了首套1985—2020年全球逐年逐季节地表覆盖制图，填补了大规模高频率、无缝遥感及制图的空白。

案例2：2015年9月25日，联合国可持续发展峰会《2030年可持续发展议程》，明确了红树林生态系统的保护、管理和恢复关乎地球生态安全与人类福祉。中国科学院东北地理与农业生态研究所联合武汉大学、美国罗德岛大学、美国俄克拉荷马大学，研发了基于密集时序遥感大数据(超过100万景Sentinel影像)、云计算平台和面向对象机器学习算法的红树林分析和解译方法，构建了首套10 m分辨率的高精度全球红树林遥感制图产品。

由于卫星图像信息量丰富、现势性强，利用它编制地图周期短、资料丰富，便于制作或者更新地图内容，同时为编制形式多样的专题地图开辟了新的天地。遥感影像具有可读性和可量测性，比普通地图更加客观真实，因此日益受到人们的重视。航空和卫星数据是栅格数据，地图编制的过程需要矢量化，才能用于地形图更新、影像地图制作和编制专题地图。

11.1　遥感制图综述

11.1.1　遥感制图概念

1. 遥感制图

遥感制图(remote sensing mapping，RSM)是指通过对遥感影像目视判读或利用图像处理系统对各种遥感信息进行增强与几何纠正并加以识别、分类和制图的过程。遥感影像的来源主要包括航空遥感影像和卫星遥感影像。航空遥感影像主要用于测制地形图和编制大比例尺专题图，卫星遥感影像主要用于编制中、小比例尺专题图。随着影像分辨率的提高，利用卫星遥感影像编制大、中比例尺的专题图和地形图已成为可能。

2. 遥感影像地图特征

(1)信息量丰富。遥感影像地图与普通线划地图相比,没有信息空白区域,彩色影像地图的信息量远远超过线划地图。利用遥感影像地图可以解译出大量制图对象的信息,因此遥感影像地图具有补充地形图的作用。

(2)直观形象。遥感影像是制图区域地理环境与制图对象进行"自然概括"后的构像,通过正射投影纠正和几何纠正等处理后,它能够直观形象地反映地势的起伏、河流曲折的形态,增加了影像地图的可读性。

(3)具有一定的数学基础。经过投影纠正和几何纠正处理后的遥感影像,每个像元都具有自己的坐标位置,根据地图比例尺与坐标格网可以进行量测。

(4)现势性强。遥感影像获取地面信息快,成图周期短,能够反映制图区域当前的状况,具有很强的现势性。对于人迹罕至地区,如沼泽地、沙漠等地区,利用遥感影像制作遥感影像地图,更能显示出遥感影像地图的优越性。

学而思

(1)专题信息的提取是通过识别遥感数据的光谱和空间模式来实现的,分类的过程与不同类型的土地利用及地面覆盖是否相关?

(2)进行专题信息提取时,如何选择合适的遥感数据?应考虑哪些因素?

11.1.2 遥感制图产品类型

目前,遥感制图的产品类型众多,大体上可归纳为遥感正射影像图、遥感影像地图、三维遥感影像图产品。

1. 遥感正射影像图

遥感正射影像图是指消除了由于传感器倾斜、地形起伏及地物等所引起的畸变后的影像,具有直观、信息量丰富和细节表达清楚等特点。数字正射影像图(digital orthophoto map, DOM)是利用数字高程模型(DEM)对扫描处理的数字化航空像片或卫星遥感影像,经过逐像元进行纠正处理后,再经过影像镶嵌、剪裁生成的影像数据。

DOM是中比例尺的专题图和地形图主要表达形式,它信息丰富直观,具有良好的可判读性和可量测性,从中可直接提取自然地理和社会经济信息,在城市规划、土地管理、铁路及公路选线等方面有着特殊的作用。

2. 遥感影像地图

遥感影像地图是以遥感影像为基础内容的一种地图,可以反映各种资源环境和社会经济现象的地理分布与相互联系的地图。它是根据一定的数学规则,按照一定的比例尺,将地图专题信息和地理基础信息以符号、线划、注记等形式综合缩编到以地球表面影像为背景信息的平面上。

遥感影像地图按内容分类,可分为普通遥感影像地图与专题遥感影像地图;按传感器分类,可分为航空摄影影像地图、扫描影像地图和雷达影像地图。综合性城市遥感影像地图集是基于遥感影像数据,采用最新的测绘科技手段将各类信息数据进行融合处理,依据统一的编制原则,系统汇集并编制成册的新型地图集品种。

学而思

(1)《汶川地震灾害遥感图集》属于哪一类遥感影像地图？搜集资料，讨论还有哪些代表性的遥感影像地图，它与传统地图相比有哪些特点。

(2)电子影像地图、多媒体影像地图、立体全息影像地图等一些新型影像地图已问世，讨论遥感影像制图与这些成图方式的关系，以及有哪些优越性。

3. 三维遥感影像图

三维遥感影像图是采用卫星遥感影像来完成影像图绘制的，能够将图件调查成果及认识直观、鲜明、通俗易懂地表达出来。目前，常见有三维地质影像图、三维地貌影像图和其他三维影像地图等。

三维地质影像图是利用数字地质图、数字遥感影像图和数字地形图等，通过计算处理生成的一种表达方式。首先，根据数字地形图等高线、高程点数据生成数字高程模型；然后，利用数字地质图和数字影像图生成纹理；最后，将数字高程模型数据与纹理在某数学模型条件下进行套合，实现地质图的影像三维表达。

三维地貌影像图是通过将数字高程模型与遥感影像数据进行数据叠加后，生成的具有三维视觉的立体影像。可以进行地貌的定量计算和数值解析，解决地貌的数值分类问题和基于数学模型的空间分析问题。

如果遥感数据来自立体测图的卫星遥感影像，就可以直接通过卫星立体像对构建地表的光学立体模型，进行地图绘制和地貌解译。例如，高分七号是立体测绘卫星，搭载的两线阵立体相机，可有效获取 20 km 幅宽、优于 0.8 m 分辨率的全色立体影像，以及 3.2 m 分辨率的多光谱影像。通过立体相机和激光测高仪的复合测绘模式，可实现 1∶10 000 比例尺地图的立体测图。

学而思

(1)哈尔滨地图出版社制作的《立体视界三维中国：中华人民共和国 3D 地图集》和《立体视界三维龙江：黑龙江省 3D 地图集》是什么样的三维影像图？检索资料，讨论三维影像地图的特点。

(2)裸眼三维电子地图是什么技术？它的制作需要哪些原始数据支撑？

11.1.3　成图比例尺与空间分辨率

遥感影像的空间分辨率指可观察到的最小地物的尺寸，通常按照空间分辨率的大小将影像分为低分辨率、中分辨率和高分辨率遥感影像。一般而言，影像空间分辨率越高，可被识别的最小地物越小，但其所覆盖的地表面积越小。地图比例尺是指图上距离与实际距离之比，比例尺不仅能够反映空间尺度，还隐含地图测量精度和内容详细程度的说明。图像比例尺可视为图像上测量距离与地面对应距离间的关系。通常，遥感影像空间分辨率与其成图比例尺成正比，即空间分辨率越高成图比例尺越大。因此，可以得到遥感影像空间分辨率与成图比例尺的关系，也可以根据遥感影像校正实地中误差，或通过几何校正系数计算其合理的成图比例尺，为遥感制图提供参考。

如何找到成图比例尺与空间分辨率之间关系呢？《遥感影像平面图制作规范》(GB/T 15968—2008)中利用平面距离中误差。平面距离中误差是选取一些样本，以样本的实地测量结果作为真值，遥感影像中样本测量值为观测值，所有样本差值通过计算得到平面距离的中误差。这个平面距离中误差还可以通过一些参数计算得到，即

$$eA \times 10^{-3} = M_s = KG$$

式中，M_s 表示平面距离的中误差，单位为 mm；等式最左边是一般遥感影像图允许的实地误差，e 是制图要求的误差范围(由于人眼的分辨率为 0.2 mm，因此 e 通常取 0.2 mm)，A 是可制作的适宜的成图比例尺的比例尺分母；等式最右边是遥感影像的实地误差，G 是遥感影像空间分辨率，K 是遥感影像的像元个数几何校正系数。根据一些制图经验，发现遥感影像的空间分辨率与成图比例尺之间存在大致对应关系，见表 11.1。

表 11.1　成图比例尺与遥感影像空间分辨率关系

成图比例尺	最大空间分辨率/m	典型数据卫星
1∶10 万	10	Landsat8
1∶5 万	5	SPOT-5
1∶1 万	2.5	IKONOS-2、GF-1
1∶5 000	1	QuickBird、GF-2

学而思

(1)高分一号多光谱数据空间分辨率是多少？如果用于遥感制图，可以制作大约多大比例尺的遥感影像地图？

(2)某项目想监测河流沿岸宽度约 10 m 的植被的生长状况，需要选取多大空间分辨率的遥感数据？讨论一下选取何种遥感卫星数据比较合理。

11.2　遥感制图设计

遥感制图是根据地图的用途和用户的需求，按照规范要求、视觉感受理论和地图设计原则对遥感影像地图进行全面规划，主要内容有制图参数设计、内容设计、表示方法设计和生产工艺设计等。不同类型的遥感影像地图具体需要的制图资料、制图流程等需要根据具体情况制定切实可行的方案。

11.2.1　制图参数设计

遥感影像地图的制图参数设计主要是对图件一些基本参数和要求的设计，包括选择地图投影，确定坐标网、地图比例尺及图幅范围，确定地图分幅和内分幅，图面配置及附图安排等。

1. 选择地图投影

遥感影像地图的投影选择包含遥感影像的地图投影、地理底图的地图投影，以及遥感影像与地理底图的配准。传统的地图投影因不同的地域、不同的需求通常对应不同的地图投影方式，制作地形图通常使用高斯-克吕格投影，制作区域图通常使用方位投影、圆锥投影、伪圆锥投影。我国大部分区域位于中低纬度地区，故采用圆锥投影。遥感制图通常选用空间地图投影方式，它是一种适合各类动态传感器构像的地图投影系统，它考虑了地球形状、卫星运动、地球自转、轨道进动等因素对点位的影响，时间也作为投影的参数，形成了四维空间的地图投影。

空间地图投影系统按卫星轨道状况分类，主要包括三种类型，即正轴投影、横轴投影和斜

轴投影。按正轴投影经纬线形状分类，空间地图投影主要包括三种类型，即空间方位投影、空间圆柱投影和空间圆锥投影。空间方位投影是最常用的投影方式，包括单张航空像片的正负图像空间透视投影，倾斜像面透视投影，空间的正、斜方位投影等。空间圆柱投影是适合卫星扫描图像的投影方式，包括空间斜轴墨卡托(space oblique Mercator，SOM)投影、空间墨卡托(space Mercator，SM)投影和空间横轴墨卡托(space transverse Mercator，STM)投影等。空间圆锥投影适用于侧视雷达图像，或带有侧摆的光学图像的投影方式，包括空间正圆锥(space cone，SC)投影、空间横轴圆锥(space transverse cone，STC)投影和空间斜轴圆锥(space oblique cone，SOC)投影。

在进行制图参数设计时，要依据实际情况具体选择地图投影类型。在制作大比例尺遥感影像地图时，应与现有地形图的数学基础取得一致或统一起来，而中、小比例尺遥感影像地图投影的选择比较灵活，可根据具体要求选择较为适宜的地图投影。例如，Landsat 卫星 TM 传感器、SPOT 卫星 HRV 传感器的小幅面遥感影像多采用空间斜轴切圆柱投影，NOAA 卫星 AVHRR 传感器大幅面遥感影像多采用空间斜轴割圆柱投影。对大区域进行连续制图，可以利用空间斜轴墨卡托投影作为其数学基础，采用分带投影方法研究卫星遥感影像的拼接镶嵌问题。此外，制图区域的位置、形状和范围、出版方式也会影响投影类型的选择。

学而练

(1)选取某区域的 Landsat8 影像和高分一号多光谱影像，打开数据头文件，找一找两个数据分别是什么投影方式。

(2)某项目拟利用高分一号数据制作 3 月至 8 月植被生长状况专题图，已有区域 1∶5 000 的土地利用现状图和地形图，讨论是否需要进行投影转换。

2. 确定坐标网、比例尺及图幅

遥感影像地图上的坐标网，可根据需求绘制地理坐标网和直角坐标网，具体绘制要求可参照 GB/T 12343《国家基本比例尺地图编绘规范》。

遥感影像地图比例尺的确定受到地图的用途、制图区域的范围、地图幅面和影像精度的影响。应该结合地图的使用需求来设计地图比例尺，使其满足地图内容的详细性和精确性的要求。高分辨率遥感影像适合编制大比例尺遥感影像地图，而低分辨率遥感影像一般用于编制中、小比例尺遥感影像地图。

确定一幅图的内图廓所包含的区域范围，要考虑地图比例尺、地图投影、制图区域地理特点等因素的影响，同时还要考虑版面横放、竖放的问题。在确定系列遥感影像地图图幅范围时，每幅图要保持行政单位、地理区域的完整性，相邻图幅之间还应有一定的重叠。遥感影像地图的分幅是根据用图具体情况将制图区域分成若干图幅的，可以按经纬线分幅，也可按矩形分幅。

3. 图面配置设计及附图安排

遥感影像地图图面配置设计，就是要充分利用地图幅面，合理地配置地图的主题、附图、附表、图名、图例、比例尺、文字说明等。图面配置时要保持整体图面清晰易读、层次结构合理，还要保持整体图面的视觉对比度及视觉平衡和整体协调。

11.2.2　内容设计

由于地图用途和比例尺的不同，地图表达的内容及详尽程度是不一样的。遥感影像地图的内容设计，根据不同需求、不同尺度和不同影像特点，按照制图综合原则对不同地图相关内容进行综合取舍，以保证影像地图内容详细性与清晰性的统一协调。

大比例尺高分辨率的遥感影像可以详细地显示地面各类地物的细微特征，但难以反映物体周围及相互关联的宏观信息。小比例尺的遥感影像则相反，它能很好地显示群体和大区域高等级的系统宏观特征，却难以像大比例尺遥感影像那样详细地反映各个事物或现象的具体特征。因此，在设计遥感影像地图内容时，就需要根据用途要求，确定遥感影像的分辨率，确定矢量地图要素和注记的分类分级，选取概括指标。

普通遥感影像地图中的矢量化要素内容，应该在不干扰影像的同时，能够较大限度地提供有价值的信息。在编制专题影像地图时，应根据专题地图的要求选择表示内容。专题地图的种类和形式是多种多样的，它侧重于表示某一方面的内容。专题要素是专题影像地图上要突出的主题内容，涉及经济和国防等主题，内容广泛、种类繁多，包括有一定形体的地理实体和不具形体的抽象现象，它们的表示与地图用途有着密切的关系。

学而练

(1)选取某区域的遥感影像地图，从图面认识一下地图的主题、附图、附表、图名、图例、比例尺、文字说明等。

(2)某项目拟利用 Landsat8 影像数据制作 2010—2021 年植被覆盖度专题图，讨论这个专题图内容应该包括哪些基本要素。

11.2.3 表示方法设计

遥感影像地图表示方法设计是对地图表示内容的形式设计，主要采用影像、图形符号和注记叠加的方法，对遥感影像进行图形化处理，建立地图的整体面貌。

1. 表示方法

目前，遥感影像地图的表示方法主要有三种：影像为主，矢量要素为辅；矢量要素为主，影像为辅；影像与矢量要素并重。

(1)影像为主，矢量要素为辅的表示方法：要充分利用最新的遥感影像资源，重点表达制图区域的特征及发展变化。

(2)矢量要素为主，影像为辅的表示方法：以影像作为背景表达制图区域特征。

(3)影像与矢量要素并重的表示方法：要求表达的影像和矢量地图的要素基本相同。目前影像地图常用的表示方法是全部用影像加一些注记或影像为主加上部分图形符号和注记，这样能够使细节特征显示完整，影像地图信息丰富、清晰易读，再配合一些略图、线划地图、彩色图片、文字说明等其他多种表现形式，就可以充分展示制图区域的地理特征和发展变化特点。

2. 符号设计

依据不同类型的地图，进行制图符号库的设计，将分层分类后的数据和附加信息进行符号化表示。在地图符号设计时既要考虑遥感影像地图所表现的特征，又要突出地图符号所要表达的地理现象。符号化必然要用不同颜色、图案的符号来区分地物种类。同时，还要用不同颜色、字体、字级的注记来进行说明。因此，遥感影像地图的符号要简洁、清晰易读，便于读者快速地从影像中获得重要的信息。如果是系列遥感影像地图，还要考虑它的系统性和逻辑性：同一比例尺内，各图幅表达风格都应该一致；不同比例尺图幅之间，地图符号的形状应保持相似性。

3. 色彩设计

地图色彩的恰当运用能提高地图的视觉感受，增强地图的表现力和信息传输效果。遥感影像地图的色彩影响着整个地图的效果。遥感影像地图的色彩设计包含两方面：影像色彩的设计和矢量地图符号色彩的设计。影像色彩的设计主要是要客观、准确、协调地表现出自然色彩，地图符号色彩设计的基本原则是在尽量模拟要素的自然色彩的同时，还要考虑要素表示的清晰性和整体色彩的协调性。需要对影像色彩和色调进行处理，缩小单张分幅地图内部和地图各图幅之间的色差，使影像底图色彩一致，还要与选定的地理要素达到和谐统一。与一般线划地图相比，影像地图中的注记字体要壮实，宜选用较粗的隶书、魏碑、黑体等。在“绿色系”或“蓝绿色系”影像地图上，宜采用红色、品红、蓝紫色设计注记；在“偏红色系”影像地图上，宜采用黄色、蓝色设计注记。同时对注记文字增加不同颜色的底衬，或对文字进行描边处理，突出注记，避免文字受影像颜色的干扰。

学而思

(1)现在出行常用高德地图、百度地图进行搜索或导航，打开你的手机，看看这两种导航手机应用的地图图层有哪几种表达形式，其中软件中的卫星地图应用上文哪种表示方法。分享你使用的感觉体会。

(2)选取某区域遥感影像地图，从图面认识地图内容设计，其表示方法、符号、色彩的设计都突出了什么，你觉得还可以在哪些地方优化。

11.3　遥感影像地图编制

遥感影像地图编制是在地图设计文件的指导下，根据地图用途和确定的比例尺，对影像资料进行选择和处理，对矢量化地图内容实施图形化、概括、图解关系处理，采用合理的编图技术工艺方法制作遥感影像编绘原图的过程。

11.3.1　普通影像地图的编制

普通影像地图是在遥感影像的基础上，叠加水系、居民点、交通网和境界线等一些最基本的线划、符号和注记而制作的地图，它综合、全面、平衡地反映了制图区域内的自然和社会经济要素的特征和分布规律。

1. 普通影像地图表示内容

普通影像地图按照比例尺和表示内容的详细程度，分为大比例尺普通影像地图、中小比例尺普通影像地理一览图。

(1)大比例尺普通影像地图：一般比例尺大于或等于1∶10 000，制图区域主要是城区。这类地图通常选用高分辨率遥感数据作为基本的影像资料，如美国的IKONOS、QuickBird、WorldView卫星遥感影像，中国的高分一号、高分二号全色遥感影像，以及法国的SPOT卫星2.5 m分辨率遥感影像等。在此基础上，主要叠加表示居民地、道路、水系、等高线、植被、境界线等地物或地貌符号及注记。

(2)中小比例尺普通影像地理一览图：一般比例尺小于1∶10 000，制图区域一般是整个城市、省、大区、全国或全球，并配合矢量地图和图片，表示整个区域自然地理的总体面貌。针对地图的具体用途、目的和服务对象,确定地图表现的内容和表现形式。通常选用与成图比例尺接近的分辨率影像作为基本的影像资料,然后叠加表示大型湖泊、水库、居民地和道路、境界线等一些最基本的符号和注记。

2. 普通影像地图的编制

(1)地理基础底图选取。地理基础底图一般选择地形图,它是遥感影像制图的基础,用于遥感影像几何校正,显示制图要素的空间位置和地理特征。制图过程可以抽取其中一种或几种自然要素或社会经济要素作为符号或注记,以弥补遥感影像在某些方面的不足。

(2)遥感影像预处理。遥感影像预处理包括遥感影像辐射校正、遥感影像拼接和镶嵌、遥感影像增强和遥感影像几何校正等过程。数据处理方案及精度水平是依据规范要求及实际制图要求来决定的。

(3)遥感影像与地形图的配准复合。几何校正后的遥感影像还必须与地理底图进行配准,在校正软件中同时打开单张地理底图及遥感影像,选同名地物点进行配准和精度检查。在完成配准工作后,遥感影像与地形图就可以很好地叠合在一起了。配准一般进行 2～3 次,多次纠正会引起图像断裂、变形。

(4)地图要素数字化和编辑。影像地图上需选取一些在遥感影像上无法表示或无法重点强调的要素进行符号化表达,这就需要进行要素的数字化。首先选取扫描矢量化软件对选择的要素进行数字化,然后进行图面要素分类编码,最后各类地理要素要放在不同图层中矢量化。在矢量化输入的同时可定义各要素的几何参数,如符号、线型、线宽、颜色等,建立空间拓扑关系。

(5)地图注记叠加。地图注记叠加主要包括制作图廓和地理坐标网线,加注文字注记、图名和编图说明,制作比例尺和图例等。注记是对地物属性的补充说明,符号和注记图层要单独生成。

(6)地图整饰。将遥感影像地图的图名、图例和比例尺配置在图面的指定位置上,并以均衡协调为原则设计地图的图形结构。图名一般放在上方,图例放在下方,比例尺一般随图例或图名放置,也可放在其他位置。

学而练

(1)遥感影像的地图要素数字化和编辑工作与测绘工作的 CASS 平台矢量化一样吗?是否都属于栅格矢量化工作?

(2)选取某区域遥感影像数据和 1∶1 000 地形图,练习普通影像地图修编工作,完成后相互评判一下。

11.3.2 专题影像地图的编制

专题影像地图是以普通影像地图为背景,通过遥感影像信息增强和符号注记,突出表示专题要素的位置和轮廓界线的线划、符号和少量注记的一种影像地图。

1. 专题影像地图表示内容

专题影像地图的主题内容可以是一种或几种自然、社会、经济、人文等要素,专题信息无论其是否具有空间特征,都必须将它们以地图符号的形式加到具有地图基本特性的普通影像地图上,才能制成专题影像地图。专题影像地图的基本类型可以根据内容的专门性、内容的描述方式、地图的用途、比例尺等标志进行分类。

目前，常用的专题影像地图是表示自然要素的地图：①地貌图是以地表的外部形态、地貌成因等为主要内容的地图，包括地貌类型图、地貌区划图、地面切割密度图等；②土壤图是反映各种土壤分布、形成、利用与改造的地图，包括土壤类型图、土壤肥力图、土壤侵蚀图等；③植被图是反映各种植被分布特征及生态、用途、变迁的地图，包括植被类型图、植被区划图等。

2. 专题影像地图的编制

(1)遥感影像预处理。预处理包括遥感数据的图像校正、图像增强、影像分类。遥感影像根据时相、波段、分辨率的不同可以进行不同的分类。编制专题图前，需要将纠正处理后的图像按照一定的分类标志进行分类分级，便于在进行专题影像地图制图时快速准确地选择编图资料。

(2)地理底图内容的综合取舍。地理底图内容综合取舍是为了加强专题信息之间的关系和可读性，为了避免图面信息过于烦琐，选择的地图矢量要根据专题图的要求进行综合取舍。例如，编制土地覆盖遥感专题图，基础数据包括耕地、建设用地、水体、沙漠、戈壁、冰川和永久积雪等类型数据，应直接转换成土地覆盖的相应类型。《土地利用现状分类》(GB/T 21010—2017)中没有定义的，如森林、农田等无法直接转换的类型，经综合取舍后转换成土地覆盖基础底图的基本信息，其他内容可以概略表示。

(3)遥感影像的专题信息解译。遥感影像的专题信息解译的一般方法是建立影像判读标志，通过野外判读、室内勾绘，得到绘有图斑的专题解译原图，并利用相关软件对图斑的栅格数据或矢量数据进行变换处理。

(4)专题信息分类分级与地图概括。专题数据种类繁多，数据格式各异，必须对它们进行投影、坐标系、数据格式的转换及专题数据的分类分级处理。处理后根据比例尺及分类的要求进行专题解译原图的概括。

(5)专题内容叠加。专题内容的叠加是利用经纬线网和一定的控制点，将专题内容利用计算机或人工的方法转绘到地理底图上，形成具有统一数学基础的专题图编绘底图。专题内容转绘时，应注意专题信息，要准确确定其位置，确保其与地理底图上其他要素的相互关系。

(6)地图整饰。地图整饰是在转绘专题图斑的地理地图上进行专题地图的整饰工作。在制图过程中，一般是利用制用软件制作一个影像整饰标准模板，包括图名、图号、影像轨道号、影像成像时间、投影坐标系、比例尺、接图表及图例等。出图时，通过操作可自动生成整饰效果图。

学而练

(1)遥感影像地图中专题信息分类分级与地图概括有哪些表示方法，是色彩、线条、密度还是其他。检索资料，讨论一下。

(2)某项目拟利用 Landsat8 影像数据制作 2010—2021 年植被覆盖度专题图，讨论都需要哪些数据作为基础地理数据。

第 12 章　植被遥感

地表植被覆盖层是地球环境变化的重要因子,也是反映区域生态环境的主要标志之一。植被遥感是地学遥感理论研究和信息提取定量方法研究中较为成熟的领域之一,植被也是地质、地理、土壤、水文、矿山遥感应用领域的直接或间接的解译标志。植被遥感的目的是在遥感影像上有效确定植被的分布、类型、长势等信息,并应用定量遥感模型对植被的生物量进行估算,为环境监测,生物多样性保护,农业、林业等有关部门提供科学服务信息。

▼ **阅读下面案例,讨论植被遥感意义和应用前景。**

案例 1:中国自然资源部为了全面精准掌握我国红树林 2020 年分布现状及近两年的变化情况,采用 2020 年的 2 m 级国产遥感卫星影像,对全国范围内郁闭度大于 20%的红树林地块进行持续监测,获取了 2020 年中国红树林现状分布情况,以及 2018 年至 2020 年的面积变化信息。监测结果显示:我国红树林分布总面积处于增加态势,2018—2020 年人工种植新增红树林面积 290 公顷,为主要增加类型。

案例 2:互花米草自 1979 年引入中国后迅速繁殖,造成了严重的生态问题。中国自然资源部 2020 年,在山东省、江苏省全域开展了互花米草高分遥感监测工作,分别制作了山东省各地区互花米草入侵等级分布图和江苏省互花米草分布遥感监测图。基于现场获取的互花米草生物量样本数据,完成了黄河三角洲互花米草生物量遥感反演,为山东省和江苏省的互花米草管控与治理提供了重要的基础数据支撑。

植被遥感提供的植被信息及其变化可用于提取并反演各种植被参数,监测其变化过程与规律。早期的植被遥感主要集中在植被和土地覆盖类型的识别分类上,且逐步转向专题信息的提取与表达(如采用植被指数、参数等),以及植被遥感模型定量化的方向发展。

12.1　植物光谱特征

陆地表面的植被常常是遥感观测和记录的第一表层,是遥感影像反映的最直接的信息。遥感物理研究植物叶片、生物组织及电磁辐射特性。植被遥感的图像认知理论和定量解析模型依赖于植被冠层及植物叶片的电磁辐射特征。

12.1.1　植物结构特征

植物光谱特征取决于植物叶片的物理结构。植物叶片结构是植物进行光合作用和植物生长的根本保证,也是研究植物电磁辐射作用的物理基础。图 12.1 是叶片内部结构的示意图。植物叶片内部结构可以分为上表皮层、栅栏组织、海绵组织、下表皮层四大部分。

上表皮层由较密集的细胞组成,可阻止水分丢失;下表皮层含气孔可与外界进行气体、水分交换；栅栏组织由长透镜状细胞平行排列而成，由叶绿素和其他色素组成；海绵组织是一种海绵叶肉组织，由相互分离的不规则细胞组成，叶肉细胞的作用是保证光合作用中 O_2 和 CO_2 的充分交换。

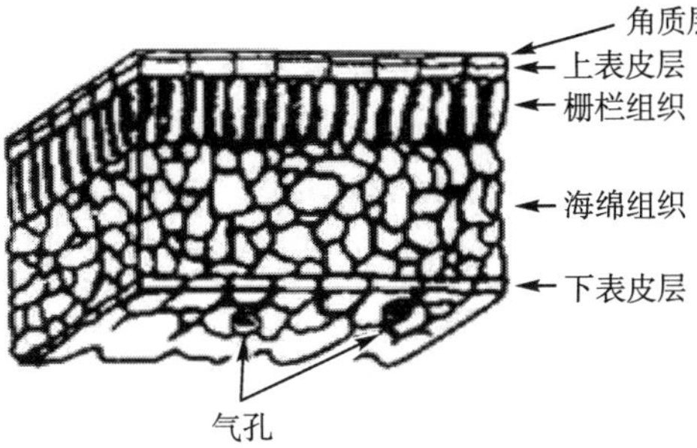

图 12.1　叶片内部结构示意

绿色植物的电磁辐射特征的标准光谱曲线和植物光谱响应的生物物理因素在 2.3.3 小节中已经进行了详细介绍，如图 12.2 所示。植物光谱特征可概括为可见光两个吸收带、一个窄反射峰，近红外宽反射峰，短波红外 3 个强吸收带。这些特征谱带的形成机理取决于植物叶片的物理结构：上表皮层及其下栅栏组织的叶绿素成分决定了可见光谱特征，内部的海绵组织决定了近红外强反射光谱特征，植物的含水性决定了短波红外区域的光谱特征(水吸收带)。

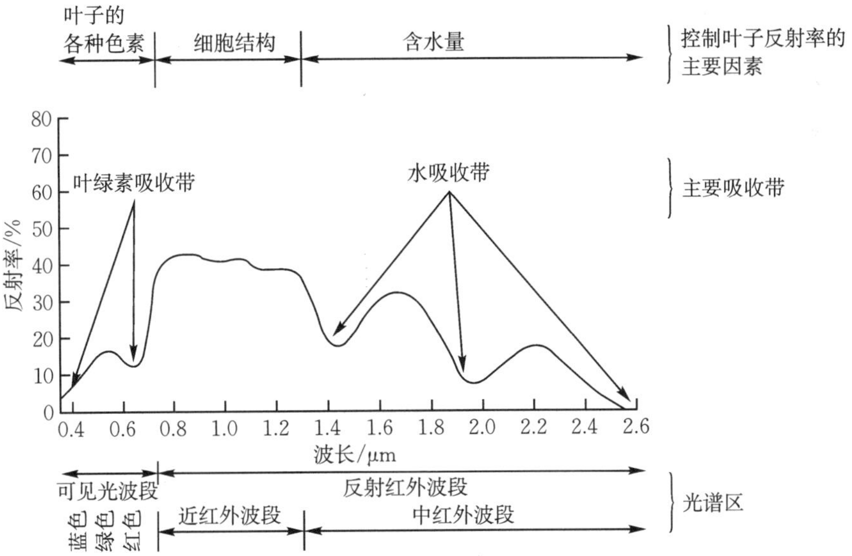

图 12.2　绿色植物电磁辐射特征标准光谱曲线

12.1.2　植物典型光谱特征

1. 植物可见光光谱特征

植物可见光光谱特征主要是由植物叶片的各种色素，尤其是由叶绿素的电磁辐射作用决定的。两个吸收带分别为 0.45 μm 蓝波段和 0.67 μm 红波段，即叶绿素强烈吸收(大于 90%)谱带，形成吸收谷。在这两个吸收谷之间(0.54 μm 附近)形成绿色窄反射峰(10%～20%)。

2. 植物近红外光谱特征

植物近红外光谱特征主要由植物叶片内部的细胞结构决定。在近红外光谱区间，植物叶片的反射能力及透射能力相近(45%～50%)，而吸收能力很低(小于 5%)。在 0.74 μm 附近，其反射率急剧增加，形成光谱曲线上的陡升特征。绿色植物在近红外波段内(0.74～1.3 μm)形成一个宽反射峰。由于植被类别间叶子内部结构变化大，故植物在近红外的反射差异要大于在可见光波段的，因此在林业遥感调查与农业遥感调查中，可运用植被近红外波段内反射率的测量来区分不同的植被类型。

3. **植物短波红外光谱特征**

植物短波红外光谱特征主要由植物叶片的总含水量决定，其光谱形态反映了水体的3个特征吸收带。植物叶片在1.4～2.5 μm区间的3个吸收带均为由叶子内水分子影响所形成的，即反射总量是叶内水分含量及叶片厚度的函数。1.4 μm、1.9 μm、2.7 μm为中心的水吸收带，表现为呈跌落状态的衰减曲线。1.4 μm和1.9 μm处的两个吸收带是植被遥感应用中极为重要的特征识别谱带。在近红外宽反射峰的0.96 μm及1.1 μm处也存在两个水分子吸收带，虽然强度很小，但在多层叶片下，对反射率仍有显著影响。

4. **健康绿色植物的基本光谱特征**

绿色植物的基本光谱特征如下：①光谱曲线总的"峰—谷"形态变化是基本相似的；②不同植物类别由于叶片的色素含量、细胞结构、含水量的不同，其光谱曲线形态总是存在一定差异；③基于多时相光谱数据的植被遥感可以依据叶片新老变化、植冠疏密变化、植物物候变化、土壤水分变化及组分含量变化所引发的光谱数据差异来分析植物长势、病虫害的区域性信息差异。图12.3为植物病害引发的光谱异常案例。与健康植被相比，病害植物光谱特征有如下变化规律：①可见光波段反射率略有提高；②近红外波段反射率有较大下降；③短波红外波段反射率有较大幅度提高。

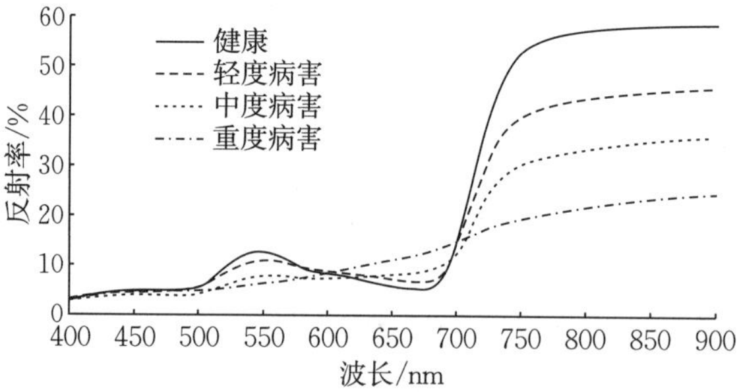

图12.3　植物病害引发光谱异常

学而思

(1)如果需要运用遥感监测某地区绿色植被含水量，并确定是否需要预警高温防火，你觉得至少需要考虑遥感影像哪几个波段？分析一下差异特征会在哪里。

(2)需要应用遥感技术连续两周监测农作物发生病害的某地区，应该选取什么样的遥感数据比较合适，需要识别的关键波段是什么？国产高分数据是否可用？

12.2　植被指数模型

12.2.1　植被指数

植被指数又称光谱植被指数，由遥感传感器获取的多光谱数据，经线性和非线性组合而构成。植被指数是植被的一个重要反映指标，是植被定量遥感的特征参数，可以反映遥感影像90%的信息，它在增强植被信息的同时，将非植被信息弱化。

植被指数是将遥感影像光谱数据经数学方法处理后得到的能够揭示植被生物物理学特征的

一种特征参数值，可定性或定量评价植被覆盖及其生长活力，反映植被空间分布状态，属于光谱信息提取的一种数字表达形式。植被指数模型用植被指数或指数的组合形式来表达植被覆盖状态及空间分布状况，如生物物理指标、生态环境指标、覆盖密度等。植被指数模型也可以反映植物生长状况的一系列光谱特征，用来表征植物的叶绿素、覆盖度、含水性、病害程度等生长状态。

植被指数模型包含的光谱信息含义如下：①可见光波段与近红外波段的比值所得到的植被指数称为光谱绿度信息，能较好地反映植被覆盖度和生长状况，适用于植被生长旺盛、具有高覆盖度区域的植被监测；②归一化差值植被指数被定义为两个波段反射率之差除以它们的和，当植被处于中、低覆盖度时，该指数随覆盖度的增加而迅速增大，当达到一定覆盖度后，其比值数值增长比较缓慢，所以它适用于植被早、中期生长阶段的动态监测；③蓝光、红光和近红外波段的组合可大大消除大气中溶胶对植被指数提取的干扰，并可提高植被长势监测和作物估产的精度。

12.2.2　植被指数模型

目前，遥感领域中提出的植被指数有100多种。常用的植被指数可归纳为以下四类。

1. 比值植被指数

比值植被指数(ratio vegetation index，RVI)的数学表达式为

$$RVI = \frac{NIR}{R}$$

式中，NIR 为近红外波段图像的灰度值，R 为红波段图像的灰度值。

2. 归一化差值植被指数

归一化差值植被指数(NDVI)的数学表达式为

$$NDVI = \frac{NIR - R}{NIR + R}$$

归一化差值植被指数的定义为近红外波段与可见光红波段的差值与和的比值。实际上，NDVI是RVI的非线性归一化的数学表达，也称为归一化植被指数。其在数学上的意义在于NDVI的值域范围被限定(−1～1)。

学而思

(1)比值植被指数具体含义是什么，其可能取值范围是多少，说明原因。

(2)归一化差值植被指数较比值植被指数的优势在哪里？NDVI为0时通常代表哪类地物？大于0是哪类地物？小于0是哪类地物？

3. 增强植被指数

增强植被指数(enhaneed vegetation index，EVI)，是基于近红外波段和红波段的一系列线性运算，能更加稳定地反映植被状况，以消除大气对植被指数带来的影响。考虑到大气对光谱影响的波段相关性，用红、蓝波段的组合，代替NDVI中的红波段，可达到减小大气影响的效果。

EVI的计算公式如下

$$EVI = G\frac{NIR - R}{NIR + C_1 R - C_2 B + L}$$

式中，G 为调节因子，一般取 $G=2.5$；C_1 和 C_2 为抵抗大气调节系数，当 $C_1=6.5$、$C_2=7$ 时，

可以调节大气气溶胶对植被指数的影响；L 为土壤调节因子，用来调节土壤背景对植被指数的影响，取值一般为 $L=1$。EVI 已经被作为 MODIS 陆地植被指数产品之一，其值的范围为 $-1\sim1$，一般绿色植被区的范围为 0.2～0.8。

4. **红边拐点指数**

红边拐点指数(red-edge inflection point，REIP)是近红外和红边波段中散射光线的比值，可以降低大气和地形对植被遥感信息的影响。通常是对近红外波段和植被红边波段 R_1、R_2、R_3 的一系列运算。该值越高表明叶绿素含量越高，该指数也能较好地反映植被覆盖度和生物量，计算公式为

$$REIP=700+40\left(\frac{\dfrac{R_1+NIR}{2}-R_2}{R_3-R_2}\right)$$

REIP 指数的结果输出是在 0.69～0.74 μm 光谱范围内，植被红边区域反射率的最大导数所对应的波长，常用于农作物监测和估产、生态系统干扰探测、光合作用模型和由气候或其他因素产生的冠层胁迫性。

学而练

(1)以遥感处理平台自带遥感数据或者国产遥感影像为例，练习多种植被指数计算，分析各类指数所代表具体含义。

(2)运用 7.4 节的波段运算功能，在遥感处理软件中编程实现植被指数或者在数学建模软件下实现植被指数计算，比较两种计算结果是否存在差异。

12.3 植被遥感案例分析

在基于遥感影像的植被树种提取研究中，受气候、光照等外界因素的影响，导致遥感影像模糊，难以区分树种。下文案例提出基于遥感影像增强的森林植被树种分类研究，首先结合 Retinex 增强和引导滤波两种方法，增强森林植被遥感影像的视觉效果、影像颜色及影像边缘细节；然后提取影像中森林地形、植被指数及纹理 3 种特征；最后将提取的特征输入旋转森林算法中，完成植被树种分类。

12.3.1 数据来源

以某省的生态林场为研究区域，获取该区域 2021 年 Landsat TM/OLI 高分辨率遥感影像共 1 000 张，并去除云量过重、模糊不清的影像。该林场中生长多种植物，包括杉木、油茶、松树、杜鹃等。近两年，该研究区域发生多次火灾，导致部分植被破坏，树木被烧毁。因此，该地区的森林资源管理部门须对该森林中的树种分布情况进行重新统计。

结合 Retinex 增强和引导滤波两种方法，进行遥感影像的增强处理。该组合方法能够有效提高影像的视觉效果，保留影像的边缘细节。Retinex 增强方法能够有效处理光照不均对影像造成的反差过低、细节失真、颜色失真等质量问题，提升影像的清晰度。该方法定义的遥感影像由照射和反射两种分量的乘积组成，计算公式如下

$$\lg R(i,j)=\sum_{m=1}^{N}W_m[\lg S(i,j)-\lg(G(i,j)*S(i,j))]$$

式中，(i,j) 为遥感影像的像元点，$R(i,j)$ 为反射分量，N 为数量的对应尺度，W_m 为对第 m 个数域单尺度占据权重，$S(i,j)$ 为原影像，$G(i,j)$ 为归一化尺度函数，$*$ 对应卷积操作。

为进一步提升影像的边缘细节，采用局部线性模型对增强的影像进行平滑滤波处理，提升影像的边缘细节，并采用最小代价函数对线性系数进行约束。完成遥感影像增强处理，将处理后的影像用于后续特征提取。

12.3.2　特征提取

提取影像中的森林地形、植被指数和纹理 3 种特征，将提取的特征用于林地植被的树种分类中。

1. 林地线性地形特征提取

地物的空间分布信息是森林植被遥感影像的基础特征。地形特征包含海拔、坡度及坡向等，这里采用似然比算法提取森林地形特征。似然比算法可同时设定两种差异性假设，即在一个窗口内，获取两种假设的似然比结果。采用该结果表示判断函数，以窗口交界处为参照，对边缘所处的位置进行判断。滑动窗口完成整个影像遍历后，获取影像的边缘强度映射结果。采用非极大值抑制方法对该结果进行处理，实现影像边缘细化，同时去除影像中的虚假边缘点，获取森林地形的线性特征结果。图 12.4 是部分地形线性特征的提取结果。

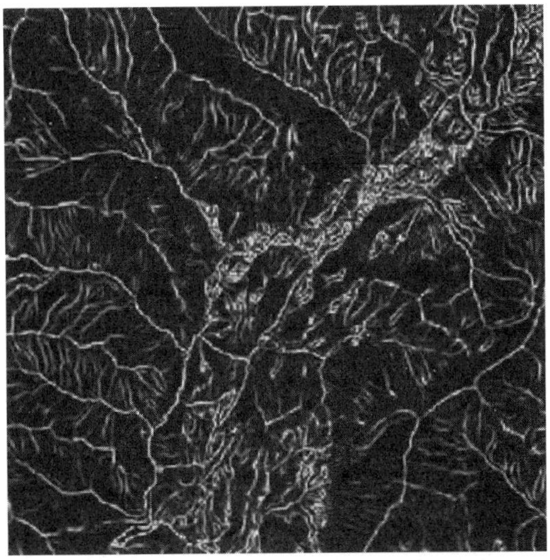

图 12.4　地形线性特征的提取结果

如图 12.4 所示，该方法能够有效完成遥感影像中地形线性特征提取，且提取结果较为详细，能清晰呈现山脊和山谷的地形线特征。

2. 森林植被指数特征提取

森林植被指数可对地表植被状态进行度量，能够反映植被的数量、质量及时空分布等信息。本例选择的森林植被指数特征：归一化差值植被指数，能够描述密度较高植被地区的植被信息；归一化差异红边(normalized difference red-edge，NDRE)指数，描述植被叶冠层的细小变化；比值植被指数，描述植被的覆盖情况。

3. 森林植被纹理特征提取

纹理特征指的是森林植被遥感影像中有规律且具备周期性排列的特征，能描述影像的粗糙度,还能够呈现影像灰度的变化。本例采用灰度共生矩阵完成森林植被遥感影像纹理特征的提取,获取其中的同质性、角二阶矩和信息熵3个纹理特征。

12.3.3 分类结果

提取林地植被树木特征后,采用随机方式对输入的特征集进行划分处理,形成特征子集,经变换处理后,获取新的特征样本的特征集;将特征集输入旋转森林算法,进行森林植被分类。

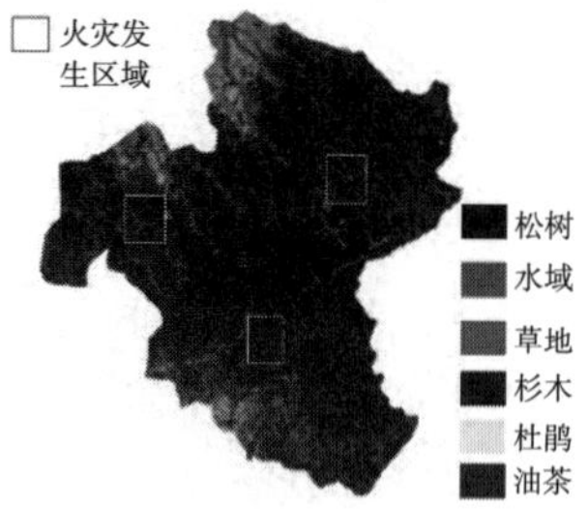

图 12.5 研究区树种分布情况

应用本例方法,对受火灾后的研究区域的森林植被进行分类,获取分类结果(图 12.5)。由分类结果可知,本文方法能够完成研究区域森林植被分类,火灾地区的分类效果也良好,且能清晰呈现杉木、油茶、松树、杜鹃、草地的不同区域划分,可为该地区森林资源管理部门重新统计该林地中的植被分布情况提供可靠依据。

该分类方法在研究区域的森林植被分类结果精度为94.5%,用户精度为86.4%,生产者精度为95.7%。使用本例方法进行分类时,松树和油茶的分类精度高于其他树种,这是因为松树分布较为密集,且分布面积较为广泛,油茶多依山坡生长,在遥感影像中地形特征提取时反射率较高,据此可以有效地实现这些树种的分类。

第 13 章　水体遥感

水是维持生态系统稳定及人类生产生活不可或缺的资源，水是生命形成、发育和繁衍的基本单元。地表水(河流、湖泊、水库等)作为地球生态系统的重要因子，它的变化时刻影响着人们的生产生活，消极的变化可能会导致洪涝灾害。

阅读下面案例，讨论水体遥感的意义和应用前景。

案例 1：2022 年成都信息工程大学利用 2020 年 5 月长江三峡库区与长寿湖水体实测了悬浮泥沙浓度及同步光谱数据，对照 Landsat8、Sentinel-2、高分一号三类卫星的遥感影像数据，分析了不同卫星仿真波段与不同波段组合下水体光谱反射率与水体悬浮物浓度的相关关系，筛选得到长江三峡水体悬浮物敏感波段，并尝试确定其有效参数区间。该实验表明常用的三类卫星均可以有效应用于三峡水体悬浮物的监测，为悬浮物浓度评价水体水质及区域生态环境提供了参数依据。

案例 2：2021 年 2 月，中国科学院空天信息创新研究院发布了全球首套湖库遥感水色指数科学数据集，反映了全球范围千余个大型湖库在过去近 20 年的水色长时间序列的时空变化趋势。该数据集弥补了全球尺度湖库水质遥感数据集的不足，为全球及区域尺度湖库水质监测及其变化研究提供了重要的科学数据支撑，对于全球变化研究、全球及区域水环境保护、联合国可持续发展目标实现等具有重要意义。

利用遥感技术能够实时监测地表水体信息的动态变化，水体信息快速、准确地获取对于水利规划、水资源统计具有宏观价值，同时水体信息的提取在水资源的调查与监测、水资源的利用与保护、环境监测、洪涝灾害的预警与防治中有着十分重要的作用。

13.1　水体遥感特征

13.1.1　水体识别特征

不同类型的水体在遥感影像上有着不一样的形态特征、光谱特征、纹理特征和拓扑属性，在遥感影像的水体信息提取工作中，同时使用水体特征与属性进行判断。

(1)形态特征。形态特征也称为影像的几何特征，是指水体对象在分割后的形态上展现出来的特征，包括长度、宽度、面积、长宽比等，如河流一般具有较大的长宽比，湖泊、水库面积较大，池塘较规则、近似矩形，等等。

(2)光谱特征。光谱特征是指在同一片水域中，其内部各像元的灰度值基本一致或相似，但是水体的灰度与其四周邻近区域地物的灰度值一般相差较大，水体周边通常可看到明显的边界。水体的灰度值对应影像的光谱特征：水体信息在可见光 0.38～0.6 μm 处，水体的吸收少、反射率较低,因此形成较高的透射;在近红外及短波红外 1.1～2.5 μm 处,水体几乎吸收了全部的入射能量,因此红外波段通常是识别水体的理想波段。

(3)纹理特征。一般地物要素,如林地、草地,图斑区域内都会有一定纹理信息变化。但是水体区域内纹理信息比较单一,变化较小、较平缓,图像水体区域的同质性强、纹理标准差较小,具有较强的噪声抵抗性及一定的旋转不变性。

(4)拓扑属性。河流一般都是连通的,不会断断续续,其节点通常代表整个河流网络的交汇点或分叉点。湖泊一般为闭合的近圆形或多边形,边界会存在多个节点与河流、沟渠等线性地物相连,节点通常是汇入点或流出点。一般拓扑属性较为简单。

除此之外,水体在遥感影像上的目视识别特征很明显。在光学影像中,比起其他地物,水体在全波段反射率较低,只有在蓝、绿波段存在反射峰,在近红外和短波红外波段吸收很强,反射率极低。纯净的水体在近红外单波段影像中呈现"黑体"的状态。当水体中含有其他物质时,反射光谱曲线会发生变化:水含泥沙时,由于泥沙的散射作用,可见光波段反射率会增加,峰值出现在黄红区;水中含有叶绿素时,近红外波段明显抬升。这些都是影像分析的重要依据。在合成孔径雷达(SAR)影像中,水体的反射率极低,在影像中呈现黑色,相互连通且纹理一致。

13.1.2 遥感水体指数

通过光谱特征和形态特征,水体能较好地与道路、绿色植物和房屋建筑物区分。在遥感影像研究中,最难的一步是将水体和阴影区分。为了更精确地将水体要素提取出来,利用各波段的比值运算来构建新的特征向量。

1. 归一化差值水体指数

归一化差值水体指数(NDWI)是受归一化差值植被指数启发而生成的。归一化差值水体指数是依据水体信息在绿波段及近红外波段有较强的反射和吸收特点,将近红外波段和绿波段做差的比值运算来增强水体特征,同时消除土壤和陆地植被特征。公式为

$$NDWI=\frac{B_{\text{green}}-B_{\text{NIR}}}{B_{\text{green}}+B_{\text{NIR}}}$$

式中,B_{green} 和 B_{NIR} 分别代表遥感影像的绿波段和近红外波段的反射率。理论上 NDWI 的阈值取 0 时,可将水体与其他地物类别区分开,但实际应按具体情况对影像及研究区域进行判断。

2. 改进的归一化差值水体指数

对于浮萍绿藻多的水体,归一化差值水体指数法提取的精度比较低,而改进的归一化差值水体指数(modified NDWI,MNDWI)可以改善分类效果,阴影、浮萍绿藻信息可以一定程度地被抑制。公式为

$$MNDWI=\frac{B_{\text{green}}-B_{\text{MIR}}}{B_{\text{green}}+B_{\text{MIR}}}$$

式中,B_{green} 与 B_{MIR} 分别代表遥感影像的绿波段和中红外波段的反射率。

3. 阴影水体指数

可将阴影从提取的暗区中分离出来,实现水体与阴影的分离。公式为

$$Chen=\frac{B_{\text{green}}-B_{\text{red}}}{B_{\text{red}}+B_{\text{NIR}}}$$

式中,B_{green}、B_{red} 和 B_{NIR} 分别代表遥感影像的绿、红和近红外波段的反射率。

学而练

(1)搜集资料,对比洪灾后遥感影像与原始影像,指出会有哪些不一样的特征。

(2)除本书所列水体指数外,还有哪些水体指数,有什么特点?分别适用什么情况下的遥感影像水体提取?

13.2　遥感水体信息提取

13.2.1　阈值提取法

阈值提取法根据选取特征不同,可以分为单波段阈值检测法和水体指数阈值提取法。具体方法依据所选取的遥感影像光谱波段数多少,从而影响水体识别特征的综合选取。

(1)单波段阈值检测法。单波段阈值检测法检测多光谱遥感影像中水体,主要利用水体在不同波段的光谱特征,即水体信息在对不同波段的光谱反射率越高,其在该波段的灰度值越大。例如,在GF-1卫星四个波段(蓝、绿、红、近红外)的影像中:水体信息在蓝波段反射率最高;随着波长的增加,水体的反射率逐渐降低;在近红外波段水体的反射率最低,几乎全部被水体吸收,而其他地物在近红外波段的反射率较高。因此在近红外波段,水体与其他地物之间的灰度值差距最大,利用近红外波段提取水体信息最容易。基于近红外波段的单波段阈值法提取水体信息公式为

$$G(x,y)=\begin{cases}1, & B_4(x,y)\leqslant T\\0, & B_4(x,y)>T\end{cases}$$

式中,B_4 表示近红外波段影像,T 表示分割阈值,G 表示分割之后的二值影像,“1”表示为水体信息,“0”表示非水体信息

(2)水体指数阈值提取法。在不同的季节、不同太阳强度、云层及阴影等外界条件的影响下,地面上同样的地物在多光谱遥感影像的同一个波段也会呈现出不同的亮度值,而同一个地物在不同波段成像中具有相对稳定的光谱特性。因此,提取水体时可以利用不同波段进行混合运算,尽量减小环境条件的影响,得到一幅比值增强的图像,以提供任何单波段不具有的独特信息,有利于区分水体信息和其他类型地物。

利用前面所列的遥感水体指数对原始遥感影像进行运算,得到运算后图像,然后根据已知感兴趣图斑数值,确定水体提取阈值大小。例如,通常情况下归一化差值水体指数的水体信息的 $NDWI$ 值大于0,而植被等背景信息的 $NDWI$ 值小于0。因此,可以设定 $NDWI$ 的阈值为0,数值大于0即认为水体图斑。由于遥感场景的复杂性,利用水体指数阈值法提取的水体的信息完整,仍然存在着一些非水体信息。

13.2.2　谱间关系提取法

多波段谱间关系法主要利用地物在遥感影像不同波段中的综合优势进行水体信息的提取,即通过分析水体和背景地物在不同波段的遥感影像中的差异特征,发现它们之间的变化规律,然后选择合适的波段进行组合比较判别,从而实现水体信息的提取。与阈值法相比,多波段关系法在提取水体信息方面,能够更加有效地利用光谱信息,避免单波段影像的不足,且能

够有效去除阴影。

例如,在 Landsat5 遥感影像中,对图像不同地物光谱数值进行特征统计发现,当波段 2 加波段 3 大于波段 4 加波段 5 时,图像上对应的水体图斑会突显出来,那么该遥感影像水体提取谱间关系表达为

$$(B_2 + B_3) - (B_4 + B_5) > 0$$

利用谱间关系的特征模型可以简单、快速地实现水体信息的提取。特别地,该方法会明显提升低空间分辨率遥感影像中山区内部水体提取的精度。然而这种方法是对原始图像的像元值进行运算,提取的水体信息往往受背景干扰较为严重。

13.2.3 决策树提取法

由于水体与大多数地形阴影、植被阴影等的光谱特征具有很高的相似性,因此利用单一的方法很难精确地提取水体信息。为了提高水体图斑精确度,降低阴影类图斑背景的干扰,可以构建决策树来提取遥感影像的水体信息。

决策树提取法是在决策树各个节点设置不同的判决准则或者设计不同的分类器。构建过程:首先,分析水体的光谱特征、几何特征、纹理特征、空间关系等遥感影像特征,构建水体信息提取知识决策树;其次,对遥感影像进行面向对象分割,获取对象基元,并计算每层决策的特征参数;最后,在知识决策树的支持下提取水体信息。

图 13.1 中,决策树对遥感影像中水体进行了精细化识别,所用数据为 GF-1 多光谱影像。整个识别过程设置了 4 层分类识别节点:决策树利用改进的水体指数 $MNDWI > 0$ 节点区分了水体类图斑与其他类型地物,利用第 2 波段反射率阈值判断是否为清水,利用第 4 波段反射率大小判断是否为浊水,最后利用 $NDVI$ 大小判断水体中叶绿素的多少。

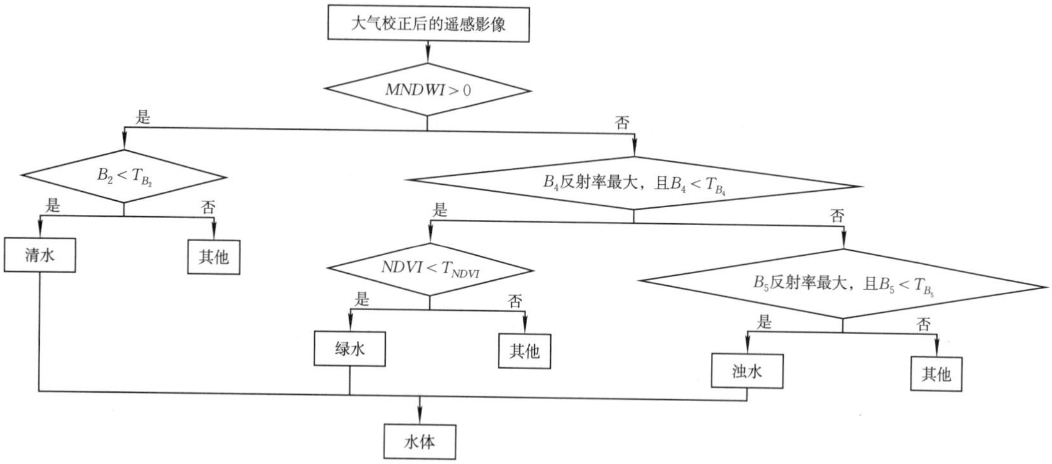

图 13.1 遥感影像水体精细化识别的决策树

学而练

(1)部分海洋到了夏天,会有浮游微生物大量繁殖,让海水变得浑浊。你见过这样的现象吗?检索资料,找找哪些海域出现过类似现象。

(2)选取一个最感兴趣的案例,如果你想监测海水发生的某种现象,会选择哪类卫星数据,以及多少时相数据。进行水体特征分析时,又将如何选取波段。

13.3　水体遥感案例分析

LBV变换是基于4个波段的多光谱图像变换方法，即将4个波段的数据同时通过3个不同的计算公式，分别计算得到 L、B、V 3个分量。这3个分量可以同时包含4个波段的信息，且具有数据维数低、计算量小、分辨地物能力增强、信息量丰富等优点。以下案例采用国产GF-1影像进行LBV变换，实现水体信息的精确提取。

13.3.1　数据来源

利用GF-1 8 m分辨率4个波段的多光谱遥感影像作为水体信息提取实验数据，首先选择6种典型的地物样本数据，即城区、清澈水体、浑浊水体、茂密植被、农田、云，统计每个典型地物在4个波段的灰度均值，然后对这6种典型地物在4个波段的光谱特性进行分析。其中，B1表示蓝波段，B2表示绿波段，B3表示红波段，B4表示近红外波段。根据多光谱数据中各种地物的样本数据，统计出典型地物的幅度值在对应4个波段的灰度均值，如表13.1所示。

表13.1　GF-1遥感影像6种典型地物灰度均值统计

典型地物	B1	B2	B3	B4
城区	132.31	178.98	171.08	172.39
清澈水体	96.25	47.77	51.57	11.52
浑浊水体	135.02	136.02	84.97	52.54
茂密植被	22.87	79.31	49.68	157.06
农田	39.49	136.45	97.77	211.88
云	233.63	242.72	235.52	216.68

从表13.1中可以看出，从可见光到近红外波段，清澈与浑浊水体的灰度值都是逐渐降低的，而其他地物的灰度值在4个波段与水体信息都具有非常明显的差异。将表13.1中6类地物的灰度值绘制成折线图，如图13.2所示。

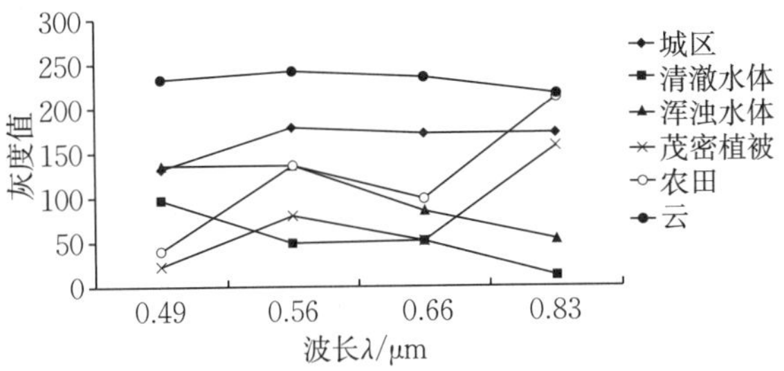

图13.2　GF-1遥感影像6种典型地物灰度—波长折线

从图13.2中可以看出：在6种典型的地物中，云层在每个波段都具有最高的平均灰度值，其次是城区，表明这两种地物在4个波段的灰度值较高；茂密植被和农田具有相似的走势，在B1波段的灰度值最低，在B2波段灰度值增加，B3波段又开始下降，B4波段灰度值最大，但总体上茂密植被的灰度值要低于农田的灰度值；水体的灰度值—波长折线近似单调递减，在B4波段灰度值最低，且远小于其他几种地物。

13.3.2 图像波段辐射值曲线拟合

LBV 变换是对 4 个波段的辐射值 D_1、D_2、D_3、D_4，采用一次回归和二次回归分析的方法，将每个波段的辐射值分解为具有不同物理意义的三个部分，然后再将所有波段中物理意义相同或相近的那些部分分别组合起来，构成能够反映地物遥感特性的新变量 L、B、V。

一次回归和二次回归公式分别为

$$\hat{D}_i = a_1 + b_1\lambda$$

$$\hat{D}_i = a_2 + b_2\lambda + c_2\lambda^2$$

式中，$\hat{D}_i$ 是表示在波长为 λ 处的一次回归和二次回归拟合的灰度值，a_1、b_1 是一次回归系数，a_2、b_2 和 c_2 是二次回归系数。

本文选择 GF-1 多光谱影像 4 个波段的中心位置的波长作为横轴坐标，即 0.49 μm、0.56 μm、0.66 μm、0.83 μm，根据表 13.1 统计的 6 种典型地物的在 4 个波段的平均灰度值，将 6 种典型地物在 4 个波段中对应的平均辐射值分别代入，计算一次回归和二次回归的系数，得到 6 组系数，图 13.3 和图 13.4 是 6 种典型地物对应的一次回归曲线和二次回归曲线。

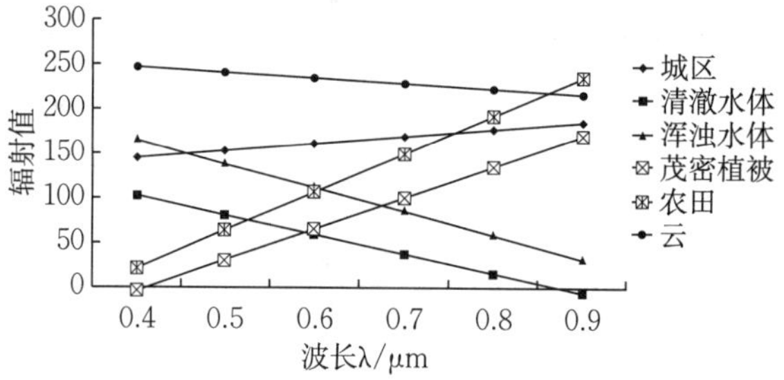

图 13.3　6 种典型地物的一次回归曲线

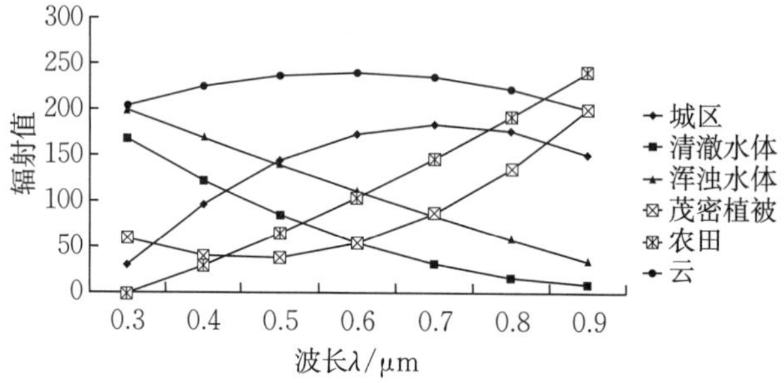

图 13.4　6 种典型地物的二次回归曲线

13.3.3 图像的 LBV 变换

根据上节拟合结果，可以进行 L、B、V 3 个分量选取。

(1) L 表示了地物的总辐射水平，能较好地根据地物辐射强度进行地物分辨。通常 L 是回归曲线的最低点的纵坐标。从图 13.4 中可以看出，波长为 0.3～0.4 μm 时，云、水体具有较高的辐射值，城区、植被的辐射值很低，而且各种地物之间开始具有明显的可区分性。本文选择波长为 0.3 μm 的二次回归估计值计算 L，即

$$L = \hat{D}_i - 0.2$$

(2) B 表示可见光—红外辐射的平衡值，通常 B 值在其高值区域反映地面水分的多少，即 B 值越大，水分状况越好，因此可以利用 B 实现监测水体和区分云、雪、冰。一般对于 B 值的计算，选择一次回归曲线的斜率表示。从图 13.3 中可以看出，水体的一次回归曲线与其他几种地物的一次回归曲线的变化趋势差别较大，即水体的一次回归曲线单调递减，而且具有较大的倾斜角，植被为单调递增，云和城区基本水平。因此选择水体的一次回归曲线的负斜率计算 B 分量，即

$$B = -b_1$$

(3) V 表示波段辐射变化矢量，其物理意义是地面植被与裸地之间的对比关系，能够很好地反映植被覆盖度和生长的总体状态。因此 V 能够较好地用于监测植被的密度与生长活力，一般选择二次回归曲线与原始数据之间的残差和表示。由此可以得到 V 的表达式为

$$V = -v_1 + v_2 - v_3 + v_4$$

式中，v_i 是 4 个波段二次回归曲线与原始数据之间的残差。

GF-1 多光谱图像经过 LBV 变换后的图像如图 13.5 所示。

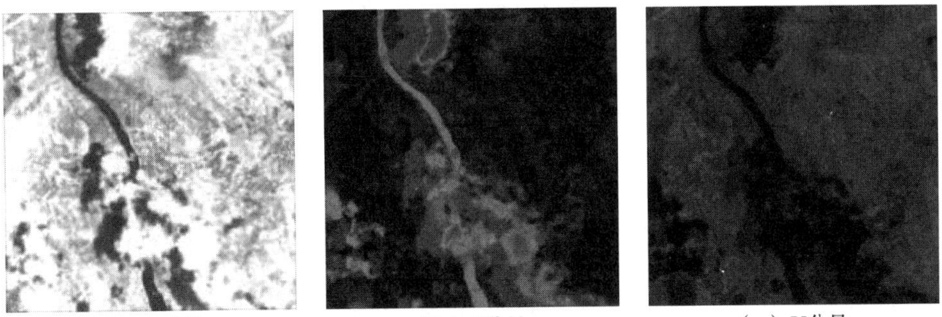

(a) L 分量　(b) B分量　(c) V分量

图 13.5　LBV 变换后的图像

LBV 变换后的图像更加突出了水体特征信息，将很多边缘特征细节及内部特征表现出来，可以直接利用阈值法或者 LBV 之间关系进行水体提取。

挑战升级

(1)水体监测有很多种情况，如工厂附近排水情况监测和农村黑臭水体识别。找一找遥感在监测水体变化领域的应用。

(2)选取一个遥感技术水体监测应用案例。探究监测案例水体可以用哪些国外或国内遥感数据，设计具体的监测方案和遥感数据处理流程。

第 14 章　土地利用遥感

土地是地表某一地段各种自然要素(地质、地貌、气候、水文、植被、土壤等)与人类活动相互作用的自然综合体。它处于地圈、生物圈与大气圈相互作用的界面,是各种自然过程(物理、化学、生物、地学)及人类活动最活跃的场所。土地利用遥感是对土地的宏观研究,反映的是地表及地下一定深度的环境信息的综合特征,是地表景观的缩影,主要研究土地覆盖、土地利用、土地资源评价,以及土地覆盖与土地利用动态监测、土壤调查等内容。

阅读下面案例,讨论土地利用遥感的意义和应用前景。

案例 1:2022 年,自然资源部遥感应用报告中,总结遥感技术在第三次全国国土调查、全国农村乱占耕地建房专项整治行动中的重要作用,完成了"三调"耕地种植属性成果和"三调"湿地成果比对核实。同时,应用遥感数据落实对违法用地等问题的早发现,重点围绕自然资源常态化督查执法工作要求,利用全国 2 m 级季度覆盖卫星影像数据,开展 400 m^2 以上的新增线形地物、建(构)筑物、推填土、光伏用地和高尔夫用地等 5 类变化信息的常态化监测。

案例 2:2022 年,中国科学院地理科学与资源研究所采用 Landsat8 OLI、高分二号等卫星遥感数据,融合遥感大数据云计算和专家知识辅助人机交互解译方法,研发了中国土地利用变化(2015—2020 年)和 2020 年土地利用现状矢量数据(CLUD 2020),建立了完整的 30 年跨度(20 世纪 80 年代末至 2020 年)每隔 5 年的 30 m 分辨率中国土地利用动态数据,对持续开展国家尺度土地利用与覆盖变化遥感监测,以及新时代国土空间规划和"美丽中国"蓝图绘制有重大意义。

卫星遥感技术的进步为土地利用、调查等方面提供了一种低成本和低耗时的宏观监测方式,能够快速实现大规模土地覆盖变化检测和土地覆盖制图,同时为土地生态环境监测、资源调查制图、国土空间规划、耕地保护、土壤环境监测等领域提供基础信息。

14.1　土地利用

土地利用变化也称土地利用覆盖变化(land use/cover change,LU/CC)是目前全球变化研究的核心主题之一。土地利用是指人类有目的的开发利用土地资源的一切活动,如农业用地、工业用地、交通用地、居住用地等;而土地覆盖则是指地球表面当前所具有的自然和人为影响所形成的覆盖物,包括地表植被、湖泊、道路、建筑物等。利用连续遥感影像监测区域内土地覆盖变化情况,对国土资源管理和区域可持续发展有十分重要的意义。

14.1.1　土地利用分类体系

土地利用分类体系主要有3种：①土地利用分类体系；②土地资源或土地覆盖分类体系；③土地利用类型与土地资源或土地覆盖类型相结合的综合分类体系，常简称为土地利用覆盖分类体系。

早在1976年美国地质调查所就提出用于遥感监测的土地利用与土地覆盖分类系统。该系统将土地利用与土地覆盖分类系统划分为两个等级，其中一级类型包括城市和建设用地、农用地、放牧地、林地、水域、难以利用的土地、荒地、苔原、冰雪永冻带9个类型，二级类包括30多个类型。我国土地管理部门使用的第一个分类系统是1984年9月定制的，将我国土地利用分类为耕地、园地、林地、牧草地、居民点及工矿用地、交通用地、水域及未利用土地共8大类，其下又分了46个二级类。

我国目前仍采用一级、二级两个层次的土地利用分类体系，共分12个一级类、73个二级类。其中，一级类包括耕地、园地、林地、草地、商服用地、工矿仓储用地、住宅用地、公共管理与公共服务用地、特殊用地、交通运输用地、水域及水利设施用地、其他土地(表14.1)。

表14.1　土地利用现状分类体系

一级类		二级类		一级类		二级类	
编码	名称	编码	名称	编码	名称	编码	名称
01	耕地	0101	水田	06	工矿仓储用地	0601	工业用地
		0102	水浇地			0602	采矿用地
		0103	旱地			0603	盐田用地
02	园地	0201	果园			0604	仓储用地
		0202	茶园	07	住宅用地	0701	城镇住宅用地
		0203	橡胶园			0702	农村宅基地
		0204	其他园地	08	公共管理与公共服务用地	0801	机关团体用地
03	林地	0301	乔木林地			0802	新闻出版社用地
		0302	竹林地			0803	教育用地
		0303	红树林地			0804	科研用地
		0304	森林沼泽			0805	医疗卫生用地
		0305	灌木林地			0806	社会福利用地
		0306	灌木沼泽			0807	文化设施用地
		0307	其他林地			0808	体育用地
04	草地	0401	天然牧草地			0809	公共设施用地
		0402	沼泽草地			0810	公园与绿地
		0403	人工牧草地	09	特殊用地	0901	军事设施用地
		0404	其他草地			0902	使领馆用地
05	商服用地	0501	零售商业用地			0903	监教场所用地
		0502	批发市场用地			0904	宗教用地
		0503	餐饮用地			0905	殡葬用地
		0504	旅馆住宿			0906	风景名胜设施用地
		0505	商务金融用地	10	交通运输用地	1001	铁路用地
		0506	娱乐用地			1002	轨道交通用地
		0507	其他商服用地			1003	公路用地

续表

一级类		二级类	
编码	名称	编码	名称
10	交通运输用地	1004	城镇村道路用地
		1005	交通服务场站用地
		1006	农村道路
		1007	机场用地
		1008	港口码头用地
		1009	管道运输用地
11	水域及水利设施用地	1101	河流水面
		1102	湖泊水面
		1103	水库水面
		1104	坑塘水面
		1105	沿海滩涂
		1106	内陆滩涂
		1107	沟渠
		1108	沼泽地
		1109	水工建筑用地
		1110	冰川及永久积雪
12	其他土地	1201	空闲地
		1202	设施农用地
		1203	田坎
		1204	盐碱地
		1205	沙地
		1206	裸土地
		1207	裸岩石砾地

该分类系统基本上适应了利用大比例卫星遥感数据或者航空像片作为主要信息源，开展土地资源调查的需要。对于利用低分辨率遥感数据，分类系统越详细，土地利用分类时错判概率就越高，在进行大区域尺度编制小比例尺土地利用图的研究时，此分类系统就不适合。因此，在选择土地利用与土地覆盖分类系统时，必须从实际工程需求出发，同时考虑分类系统的详细程度与分类精度。

学而练

(1)选取遥感数据，根据研究区地物特点，制定拟分类的类别，并说明设定这些类别的理由。

(2)参考表 14.1 一级类别，讨论如果选取 Landsat8 数据集进行专题类别提取，能否直接使用表中的 12 个一级类别。

14.1.2 土地利用遥感调查

土地利用遥感调查是利用遥感影像对土地利用现状进行识别的一项重要工作。一般包括遥感数据的选择、土地利用与土地覆盖分类系统的选择、遥感影像预处理与增强处理、土地利用分类判读标志建立、土地利用遥感分类与精度评价、土地利用时空变化分析等(图 14.1)。

(1)选择遥感数据源要考虑分辨率、时相、价格、覆盖范围等因素，同时还应该考虑研究区域的大小，研究的目的、意义等。选择数据源时应兼顾光谱分辨率、空间分辨率和成图比例尺。根据土地利用遥感影像的成图比例尺和调查目的，选择相应的技术方法。

(2)图像预处理主要涉及图像的辐射校正、几何校正、图像匹配和镶嵌及不同传感器或不同时相之间的图像配准等工作。图像增强方法有多种，如直方图修改技术、比值增强、线性组合、滤波处理及主成分分析等。土地利用分类应根据区域特点、图像纹理特征等选择相应的增强方法，以突出各类地物，使之层次分明。

(3)建立判读标志。判读标志指遥感影像上能用来判读和识别地物的影像特征，如 TM 影像上的地物是由不同的色彩构成，并以各种各样的图形表现出来的。地物目标各种各样的特征通过图像的形式，在可见光谱区域里，反映的大小、形状、色调和阴影等称为判读标志。

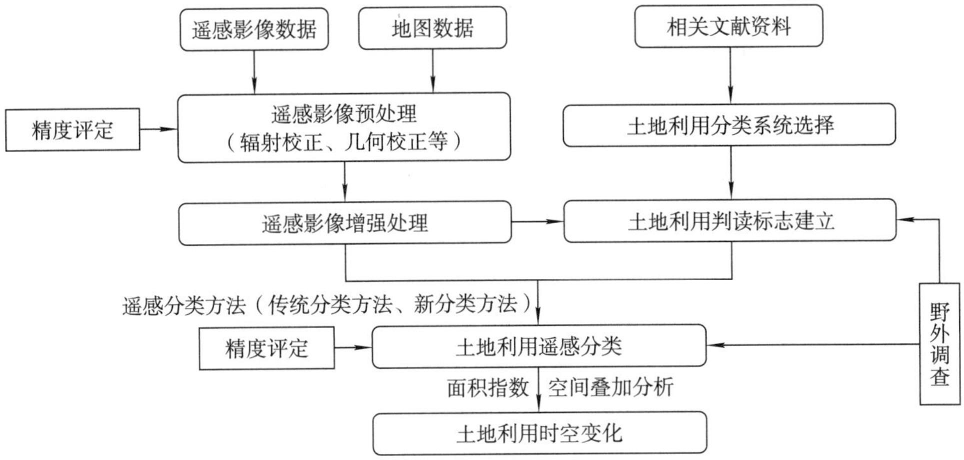

图 14.1 土地利用遥感调查

(4)确定具体的土地利用分类系统。根据研究区地形特点和分类系要求，确立具体详细类别。从不同的应用目的和审视角度、不同的文化传统和分类理念，以及进行分类的地域对象不同的自然和社会经济状况，可以产生风格和内容各具特色的土地利用分类体系。

(5)土地利用分类。土地利用分类是按照分类系统确定主要类型，将各类型的信息从综合信息中分离出来，并进行综合制图的过程。需根据工程中确定的分类体系、精度要求及数据情况综合优选分类方法。

14.2 土地利用动态监测方法

遥感技术能快速、有效、动态地获得土地利用现状和变化信息。从不同时间或在不同条件获取的同一地区的遥感影像中，识别和量化地表变化的类型、空间分布情况和变化量，这一过程就是遥感动态监测过程。地表变化信息可分为两种：转化是土地从一种土地覆盖类型向另一种类型的转化，如草地转变为农田、森林转变为牧场，也称绝对变化；改变是某种土地覆盖类型内部条件(结构和功能)的变化，如森林由密变疏或由一种树种组成变成另外一种组成的改变，或植物群落生物量、生产力、物候现象变化，也称相对变化。

14.2.1 动态监测过程

土地利用变化信息的提取指在确定的时间内，提取土地利用发生变化的位置、分布、范围、类型等信息。该过程通常是利用前后两个时期的遥感影像，经过几何校正配准和融合后，由变化信息自动发现、变化区域提取、变化类型确定及变化信息表示 4 个步骤来完成的，每一步采取相应的处理方法获得特定的信息内容，实现对变化信息的完整提取。

1. 土地利用变化监测步骤

首先对卫星遥感影像数据进行预处理，包括辐射校正、几何校正、镶嵌、配准、融合、色彩调整等；然后将遥感影像与要更新的土地利用现状图叠加，对比发现变化信息；接着通过外业调查和 GPS 实测确定变化图斑的边界、属性和面积等；最后通过内业处理，获得更新后的土地利用现状图和土地利用信息数据库，从而实现对土地利用状况的动态监测。

2. 监测数据预处理

基于遥感的土地利用与土地覆盖动态分析需要对多时相遥感影像进行处理,提取所需的信息。但利用多时相遥感影像进行变化监测时,太阳光照条件、大气吸收和散射、传感器响应等差异会使地表景观产生一些“伪变化”信息。

要检测出真实的地表景观变化,必须控制和减少这些“伪变化”信息。例如,针对传感器类型的差异,应该考虑选择相同传感器的图像,甚至选择相同波段,因为不同中心波长或者不同的波谱响应会导致相同物质具有不同的像元值。对于采集日期和时间的差异,季节的变化会引起地表植被的差异。不同的时间段也会影响太阳高度角和方位角。可以通过图像选择、图像定标、图像重采样、大气校正和图像配准减少甚至消除以上因素的影响。

14.2.2 变化信息检测方法

变化信息提取内容根据动态监测的内容和变化信息检测方法的选择不同而有所不同。变化信息检测方法可以分为图像直接比较法、分类后比较法和直接分类法。

1. 图像直接比较法

图像直接比较法是最为常见的方法,它是对经过配准的两个时相遥感影像中像元值直接进行运算或变换处理,找出变化的区域。

(1)图像差值或比值法。图像差值法就是将两个时相的遥感影像相减或相除。其原理是:图像中未发生变化的地类在两个时相的遥感影像上一般具有相等或相近的灰度值,而当地类发生变化时,对应位置的灰度值将有较大差别。因此,在差值或比值图像上发生地类变化区域的灰度值会与背景值有较大差别,从而使变化信息从背景图像中显现出来。图像差值或比值的公式分别如下

$$d = B_x^{t_2} - B_x^{t_1}$$

$$r = \frac{B_x^{t_2}}{B_x^{t_1}}$$

式中,d 是两时相遥感影像灰度差值结果,r 是两时相遥感影像灰度比值结果;$B_x^{t_1}$ 为一个时相遥感影像的某一个波段,$B_x^{t_2}$ 为同区域的另一个时相遥感影像的同一个波段。

这种图像差值或比值法可以进行拓展,先对原始遥感影像进行植被指数、水体指数、建筑物指数、主成分分析第一成分等变换后,再进行相减或相除计算。

(2)光谱曲线比较法。对于多光谱或者高光谱数据,可以获取一个像元或者一个地物的光谱曲线,如果两图像上同一个地方获得的光谱曲线不一样,就说明发生了变化。通过对比两幅图像的光谱曲线变化,就可以检测变化信息。

(3)光谱特征变异法。同一地物反映在某一时相图像上的信息与其反映在另一时相图像上的光谱信息是一一对应的。将两幅不同时相的图像进行融合,如果同一地物在两幅影像上的信息表现不一致,那么融合后的图像中此地物的光谱就表现得与正常地物的光谱有所差别,此时称地物发生了光谱特征变异,根据发生变异的光谱特征可以确定变化信息。

(4)假彩色合成法。由于地表的变化,相同传感器对同一地点所获取的不同时相的图像在灰度上会有较大的区别。在进行变化信息提取时,将前、后两时相的数据精确配准,再利用假彩色合成的方法,将后一时相的一个波段数据赋予红色通道,前一时相的同一波段赋予蓝色和

绿色通道，利用三原色原理，形成假彩色图像。其中地表未发生变化的区域，合成后图像灰度值接近，而土地利用发生变化的区域则呈现出红色，即可判定为变化区域。

(5)波段替换法。在 RGB 假彩色合成中，G 和 B 分量用前一时相的两个波段，用后一时相的一个波段图像组成 R 分量，在合成的 RGB 假彩色图像上能够很容易地发现红色区域即为变化区域。

2. 分类后比较法

分类后比较法是将经过配准的两个时相的遥感影像分别进行分类，然后比较分类结果得到变化检测信息。该方法的核心是基于分类基础发现变化信息，该方法也是获取土地利用转移矩阵的过程。

3. 直接分类法

直接分类法结合了图像直接比较法和分类后比较法的思想，常见的方法有多时相主成分分析后分类法、多时相组合后分类法等。下面将介绍多时相主成分分析后分类法。

当地物属性发生变化时，必将导致其在图像某几个波段上的值发生变化，所以只要找出两个时相的图像中对应波段值的差别并确定这些差别的范围，便可发现变化信息。在具体工作中将两个时相的图像各波段组合成一个两倍于原图像波段数的新图像，并对该图像做主成分变换。由于变换结果前几个分量上集中了两个图像的主要信息，而后几个分量则反映出了两幅图像的差别信息，因此可以选择后几个分量进行波段组合来发现变化信息。

学而练

(1)当选取不同时相的遥感数据进行动态分析时，不同时相数据拍摄时间会存在几天或者十几天差别，数据预处理又该如何进行？

(2)选取不同时相遥感数据进行某项专题信息的动态分析。进行变化信息检测时，参考表 14.1 一级类别，讨论如果选择 Landsat8 数据集进行专题类别提取，能否直接设定表中 12 个一级类别？

14.3　土地利用遥感案例分析

随着城市不断发展，城市化进程不断加快，水泥、沥青等逐渐取代自然地表，加之人口增长和工业生产等人类活动，导致城市土地利用变化很快。下文案例为利用遥感数据对武威市土地利用状态时空变化特征进行分析。

14.3.1　数据来源

武威市位于甘肃省中部，河西走廊的东端，包含凉州区、民勤县、古浪县和天祝藏族自治县4 个县级行政区。武威市地势南高北低：南部祁连山区，海拔在 2 100～4 800 m，山脉大致呈西北—东南走向，气候冷凉，降水丰富，有利于林业和畜牧业的发展；中部平原绿洲区，海拔1 450～2 100 m，地势平坦，土地肥沃，是甘肃重要的粮、油、瓜果、蔬菜生产基地；北部荒漠区，海拔约 1 300 m，干旱少雨，日照充足，是沙生植物、名贵药材的主要产地。

研究所需数据主要有武威市矢量数据、土地利用栅格数据、气象数据和社会经济数据。其中土地利用栅格数据为由自然资源部提供的 GlobeLand30 数据（http://www.

globallandcover.com)。该数据共包括 10 个一级类型,分别是耕地、林地、草地、灌木地、湿地、水体、苔原、人造地表、裸地、冰川积雪,分类系统定义如表 14.2 所示。

表 14.2 GlobeLand30 分类系统

土地利用类型	分类系统
耕地	水田、灌溉旱地、雨养旱地等
林地	乔木覆盖且树冠覆盖度超过 30%的土地
草地	天然草本植被覆盖且覆盖度大于 10%的土地
灌木地	灌木覆盖且灌丛覆盖度高于 30%的土地
湿地	位于陆地和水域的交界带,有浅层积水或土壤过湿的土地
水体	陆地范围液态水覆盖的区域
苔原	寒带及高山环境下由地衣、苔藓、多年生耐寒草本和灌木植被覆盖的土地
人造地表	由人工建造活动形成的地表
裸地	植被覆盖度低于 10%的自然覆盖土地
冰川积雪	由永久积雪、冰川和冰盖覆盖的土地

14.3.2 数据处理过程

对土地利用及变化情况进行分析,一般流程如图 14.2 所示。

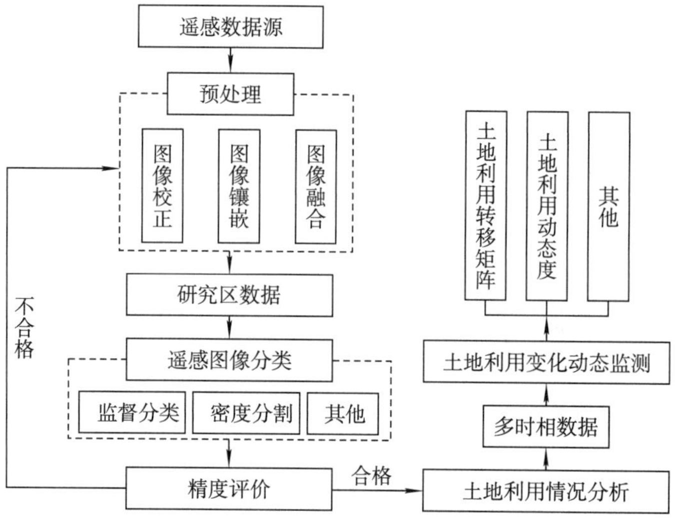

图 14.2 数据处理技术路线

(1)在进行土地利用分类前,需要对遥感数据进行预处理,得到更加清晰、信息更加全面的数据。利用 ENVI5.3 软件对原始影像进行校正、镶嵌和融合等预处理。

(2)土地利用分类。为了研究区域土地利用的变化情况,根据提前解译结果,将地物类型进行分类。可以采用监督分类、非监督分类、面向对象的分类器、密度分割等方法进行分类,利用混淆矩阵评价分类结果。

武威市土地利用状态时空变化特征分析案例利用密度分割获取研究区不同时期的土地利用数据,具体密度分割操作为“ENVI Tools/Classification/Raster Color Slices”,根据需求获取一级分类的土地利用数据。

(3)土地利用变化分析。土地利用变化可以从各类地物面积占比变化、区域变化程度、变化过程和空间变化等多个角度对区域变化进行分析。

14.3.3　动态结果分析

统计2000年、2010年、2020年武威市土地利用情况，如表14.3所示。2020年武威市土地利用类型以裸地、草地和耕地为主，其中裸地面积为17 628.2 km^2，占武威市总面积的53.24%，主要分布在研究区的北部荒漠区；草地面积为6 664.1 km^2，耕地面积为6 464.4 km^2，分别占研究区面积的20.13%和19.53%。近20年间，武威市土地利用面积绝对变化量排序为草地＞裸地＞人造地表＞林地＞耕地＞湿地＞水体＞灌木地＞冰川积雪。

表14.3　2000—2020年武威市土地利用面积统计

土地利用类型	土地利用面积/km^2			变化趋势
	2000年	2010年	2020年	
耕地	6 683.7	6 753.2	6 464.4	先增后减
林地	1 702.3	1 041.7	1 313.2	先减后增
草地	6 019.2	7 130.4	6 664.1	先增后减
灌木地	62.4	63.2	54.1	先增后减
湿地	209.0	224.3	237.2	持续增加
水体	33.7	39.3	47.9	持续增加
人造地表	192.3	123.8	669.8	先减后增
裸地	18 177.6	17 712.5	17 628.2	持续减少
冰川积雪	27.8	27.7	28.9	缓慢增加

可以根据土地利用动态度对土地使用类型的动态变化进行研究。土地使用的动态地区差别可以用动态度表示，即

$$D=\frac{(S_i-S_j)}{S_j}\cdot\frac{1}{T}$$

式中，S_j为监测起始时间的第n类地物的用地面积，S_i为监测结束时间的第n类地物的用地面积，T为研究时长。经计算，2000—2020年武威市土地利用类型的单一动态度如表14.4所示。

表14.4　土地利用动态度

土地利用类型	土地利用动态度/%		
	2000—2010年	2010—2020年	2000—2020年
耕地	1.0	−4.3	−3.3
林地	−38.8	26.1	−22.9
草地	18.4	−6.5	10.7
灌木地	1.3	−14.4	−13.3
湿地	7.4	5.8	13.5
水体	16.7	21.9	42.3
人造地表	−35.6	441.0	248.3
裸地	−2.6	−0.4	−3.0
冰川积雪	−0.4	4.4	4.0

从表14.4中可以看出2000—2010年、2010—2020年、2000—2020年各类用地的动态度，

2010—2020 年人造地表的单一动态度达 441.0%，明显高于上个 10 年，说明该时期武威市城镇化、现代化建设发展速度十分可观。

挑战升级

(1)土地监测有很多种情况，如城市规划用地、农村高标准农田遥感监测。讨论一下，找一找遥感监测土地利用变化领域的应用。

(2)选取土地监测案例，动手探究：监测案例可以用哪些国外、国内的遥感数据？设计具体的监测方案和遥感数据处理流程。

第15章 大气遥感

大气遥感是遥感领域的重要分支，是利用遥感技术获取和分析大气层中的信息。大气遥感的应用范围广泛，涵盖了气象、环境、气候变化等领域。通过遥感技术，可以获取大气中的气溶胶、云、气体等成分，以及温度、湿度、气压等参数，进而研究大气的运动、变化和组成成分。

阅读下面案例，讨论大气遥感的意义和应用前景。

案例1：风云二号F星(FY-2F)有两个主要载荷，即扫描辐射计和空间环境监测器，可进一步提高大气定量应用的水平。扫描辐射计包括1个可见光和4个红外波段，改进了红外波段、水汽波段和可见光波段的探测性能，可以实现非汛期每小时、汛期每半小时获取覆盖地球表面约1/3的全圆盘图像。能够针对台风、强对流等灾害性天气进行重点观测，在我国气象灾害监测预警、防灾减灾工作中发挥重要作用。

案例2：为了贯彻《中华人民共和国环境保护法》《中华人民共和国大气污染防治法》，防治生态环境污染，改善生态环境质量，规范和指导卫星遥感细颗粒物监测工作，2023年5月1日，《卫星遥感细颗粒物($PM_{2.5}$)监测技术指南》颁布实施。本标准规定了卫星遥感数据获取方式、遥感细颗粒物监测的方法、处理过程、结果验证、质量控制等内容。

利用遥感技术开展大气污染监测、天气预报、气候模拟等方面的分析和预测工作，为人类的生活和社会发展提供了重要的科学依据。本章将介绍大气遥感的基本原理、常用的遥感技术和方法，以及在不同领域中的应用案例。

15.1 大气遥感物理基础

大气遥感是指在一定距离之外，用探测器对来自大气的发射、透射和散射辐射等进行探测。这里，探测器探测的辐射也包括可能来自目标物(如海洋和陆地等)发射或散射，又经过大气透射，进而由探测器探测的辐射。因此，分析、获取大气及地球下垫面的物理特征和物理参数、辐射及其传输过程的基本理论是大气遥感的基础。

15.1.1 大气吸收特性

在可见光波段，引起电磁波衰减的主要原因是分子散射。在紫外、红外与微波区，引起电磁波衰减的主要原因是大气吸收。引起大气吸收的主要成分是氧气、臭氧、水、二氧化碳等。

臭氧主要吸收0.3 μm以下的紫外区的电磁波，另外在9.6 μm处对红外辐射能量有弱吸收。

二氧化碳主要吸收带：2.60～2.80 μm，吸收峰为2.70 μm；4.10～4.45 μm，吸收峰为4.3 μm；9.10～10.9 μm，吸收峰为10.0 μm；12.9～17.1 μm，吸收峰为14.4 μm，全在红外区。

水蒸气主要吸收带：0.70～1.95 μm，吸收最强处为1.38 μm和1.87 μm；2.5～3.0 μm，2.7 μm处吸收最强；4.9～8.7 μm，6.3 μm处吸收最强；15 μm～1 mm的超远红外区，以及微

波中 0.164 cm 和 1.348 cm 处。

此外,氧气对微波中 0.253 cm 及 0.5 cm 处也有吸收现象。另外,甲烷,氧化氮,工业集中区附近高浓度的一氧化碳、氨气、硫化氢、氧化硫等都具有吸收电磁波的作用,但吸收率很低,可忽略不计。

15.1.2 大气散射特性

在可见光波段范围内,大气分子吸收的影响很小,主要是散射引起衰减。电磁波在传播过程中遇到小微粒而使传播方向发生改变,并向各个方向散开,称为散射。散射的方式随电磁波波长与大气分子直径、气溶胶微粒大小之间的相对关系而变,主要有瑞利散射、米氏散射等。在不考虑极化、角度,以及相干性等因子情况下,散射程度是粒子半径 r 与辐射波长 λ 的比例函数。因此,可以引用无量纲尺度数 α 作为判别标准,公式为

$$\alpha = \frac{2\pi r}{\lambda}$$

当 α 远小于 0.1 时,散射过程可用瑞利散射;当 $\alpha \geqslant 0.1$ 时,需用米氏散射。

尽管强度不大,但是从遥感数据角度分析,太阳辐射到地面又反射到传感器的过程中,两次通过大气,传感器所接收到的能量除了反射光还增加了散射光。这两次影响增加了信号中的噪声部分,造成遥感影像质量的下降。因此,在进行影像分析之前,需要根据遥感影像获取时的天气状况进行辐射亮度值纠正。

1. 瑞利散射

瑞利散射(Rayleigh scattering)是指散射光波长等于入射光波长,当大气中散射粒子尺度远远小于入射光波长,没有频率位移(无能量变化,波长相同)的弹性光散射,大气分子的散射就属于瑞利散射。红光的波长较长,被散射的红光强度就很弱,而蓝、紫光的波长较短,散射强度就强。大气分子就好比一张滤网,把太阳光中长波的成分过滤掉,将剩下的蓝、紫光洒向大地。人类的眼睛对紫色光非常不敏感,因此看到的天空就是蓝色的。

瑞利散射主要特点:整个散射过程不改变入射光的波长,但散射光强与入射波长的四次方成反比;散射光强随观察方向而变,在不同的观察方向上散射光强不同;散射光具有偏振性,其偏振程度取决于散射光与偶极矩方向的夹角。

2. 米氏散射

当大气中粒子的直径与辐射的波长相当时发生的散射称为米氏散射。球形粒子的散射理论主要由德国科学家 Gustav Mie 于 20 世纪初发现,因此也称为米氏散射(Mie scattering)理论。这种散射主要由大气中的微粒,如烟、尘埃、小水滴及气溶胶等引起。

米氏散射的散射强度与频率的二次方成正比,是一种散射波长与入射激光波长相同的弹性散射,主要集中在前向,而后向散射的强度相对较小,但其散射截面仍然比其他散射过程的散射截面大 10～20 个数量级。因此成为激光雷达探测大气气溶胶的主要手段。

学而思

(1)瑞利散射和米氏散射的区别是什么?收集一些大气散射资料,分析一下晴朗的天空为什么看起来是蓝色,日落却是红色的。

(2)瑞利散射和米氏散射与电磁波的波长和散射微粒的尺度之间有什么关系?瑞利散射和米氏散射在大气遥感中有什么不同的特点和应用?

15.1.3　大气辐射传输

太阳辐射、大气辐射和地表辐射具有不同的特性，但本质都是电磁辐射。大气辐射传输是指电磁波在大气介质中的传播输送过程。电磁辐射通过大气或地表不同介质时与介质发生相互作用(吸收、散射、发射等)，它进一步可以细分为太阳辐射透过大气到达地表的下行辐射过程、电磁辐射与下垫面(固体地表和水体)相互作用过程、下垫面上行辐射透过大气下界到达大气上界的遥感平台过程中发生的吸收过程、散射过程和遥感平台传感器对电磁辐射的响应过程。图 15.1 为大气辐射传输过程的示意图。目前常用的大气辐射传输模型有 6S 模型、LOWTRAN 模型、MODTRAN 模型、SCIATRAN 模型(spherical carbon-Ice atmospheric transfer model)、FASCODE 模型(fast atmospheric signature code model)、LBLRT 模型(line-by-line radiative transfer model)。

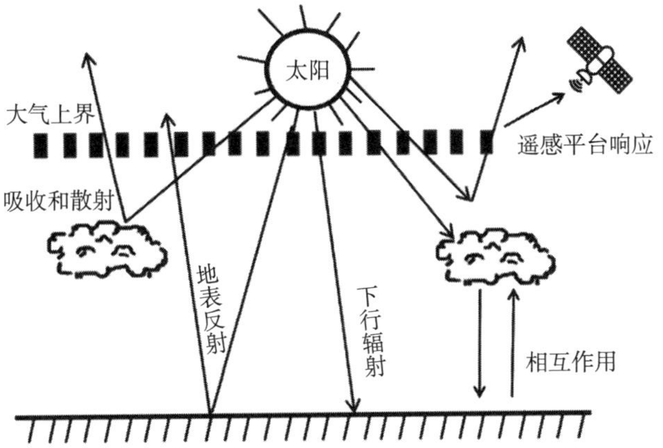

图 15.1　大气辐射传输示意

1. 6S 模型

6S 模型是在 5S 模型基础上发展起来的，采用了近似和逐次散射算法来计算散射和吸收，改进了模型的参数输入，使其更接近实际。该模型对主要大气效应如 H_2O、O_3、O_2、CO_2、CH_4 和 N_2O 等气体的吸收，大气分子和气溶胶的散射都进行了考虑。6S 模型不仅可以模拟地表非均一性，还可以模拟地表双向反射特性，与现有的模型比较具有较高的精度。

2. LOWTRAN 模型

LOWTRAN 模型是以 20 cm^{-1}(此处光谱分辨率用波数表示，波数＝1/波长，以 cm 为单位)的光谱分辨率的单参数带模式，计算 0 cm^{-1} 到 50 000 cm^{-1} 的大气透过率、大气背景辐射、单次散射的光谱辐射亮度、太阳直射辐射度，增加了多次散射的计算及新的带模式、臭氧和氧气在紫外线波段的吸收参数。模型提供了 6 种参考大气模式的温度、气压、密度的垂直廓线，H_2O、O_3、O_2、CO_2、CH_4 和 N_2O 的混合比垂直廓线及其他 13 种微量气体的垂直廓线，城乡大气气溶胶、雾、沙层、火山喷发物、云雨廓线和辐射参量(如消光系数、吸收系数、非对称因子的光谱分布)。

3. MODTRAN 模型

MODTRAN 模型对 LOWTRAN 模型的光谱分辨率做了改进，把光谱分辨率从 20 cm^{-1}

变为 2 cm^{-1},发展了一种 2 cm^{-1} 的光谱分辨率的分子吸收的算法,更新了对分子吸收的气压温度关系的处理。MODTRAN 模型维持 LOWTRAN 模型的基本程序和使用结构。ENVI 提供的 FLAASH 大气校正模型就是使用了 MODTRAN 模型。

4. SCIATRAN 模型

SCIATRAN 模型波谱范围为 175.44~2 400 nm,光谱分辨率为 0.24~0.5 nm;大气模式有球形大气、伪球形大气和平行平面;模拟输入控制的参数主要有观测几何参数、云参数、气溶胶参数、痕量气体参数和地表特性参数等。SCIATRAN 模型与其他模型相比提供了更细致的云参数和微量气体参数设置,并在地表反照度中引入了双向反射分布函数(bidirectional reflectance distribution function,BRDF),可以计算辐射亮度值、微量气体分量、压力分量等。

15.2 大气遥感的技术和方法

大气遥感根据研究分析对象的不同,分为大气气溶胶遥感、云检测和分类、污染气体和温室气体的反演等,本节以云检测和大气气溶胶的光学遥感技术为例进行介绍。

15.2.1 云检测方法

云是大气中水汽在一定条件下凝结形成的水滴或冰晶的集合体。云可以通过改变辐射收支平衡影响全球气候,也可以通过光化学反应影响大气环境。在卫星遥感获取的对地观测数据中,云占有相当大的比例。特别是光学类卫星遥感数据中,云的存在严重影响了卫星对地面和一些大气参数的探测能力,如土地分类和变化、地表温度、气溶胶和近地表细颗粒物等。卫星遥感影像云检测是气象预报的一项重要任务,包含降水预测、气象灾害预报等,均依赖精确的云检测结果。1982 年提出的国际卫星云气候学计划(ISCCP)当中,遥感影像的云检测技术就是其中重要的组成部分。目前主要有三类常用的检测方法:基于光谱阈值的方法、基于经典机器学习的方法、基于深度学习的方法。

基于光谱阈值的云检测方法是遥感影像处理中常用的方法之一,主要是通过不同光谱波段地物反射率的差异性,通过设置适当的阈值来实现云的自动检测。该方法通过计算图像像元的反射率值,并与预设阈值进行比较,将高于阈值的像元标记为云区域,低于阈值的像元标记为非云区域。

经典光谱阈值法可根据多波段多光谱影像特点与数据实验,选择尽量少的阈值参数,并通过缩小阈值范围尽量提高云检测结果的置信度。可以使用霾优化变换(haze optimized transformation,HOT)指数与可见光波段比值(visible band ratio,VBR)指数进行云检测,计算公式分别为

$$HOT = B_1 - 0.5 \cdot B_3 \tag{15.1}$$

$$VBR = \frac{\min(B_1, B_2, B_3)}{\max(B_1, B_2, B_3)} \tag{15.2}$$

式中,B_1、B_2、B_3 分别为蓝波段、绿波段、红波段的大气层顶表观反射率(top of atmosphere reflectance,TOA)。云检测的阈值为 $HOT > P_1$ 且 $VBR > P_2$。其中,阈值参数 P_1 与 P_2 是根据不同传感器,通过数据实验得到的经验值。针对国产高分一号(GF-1)和高分二号(GF-2)

卫星数据，通常取 $P_1=0.2$、$P_2=0.7$，图 15.2 为云检测结果示例。

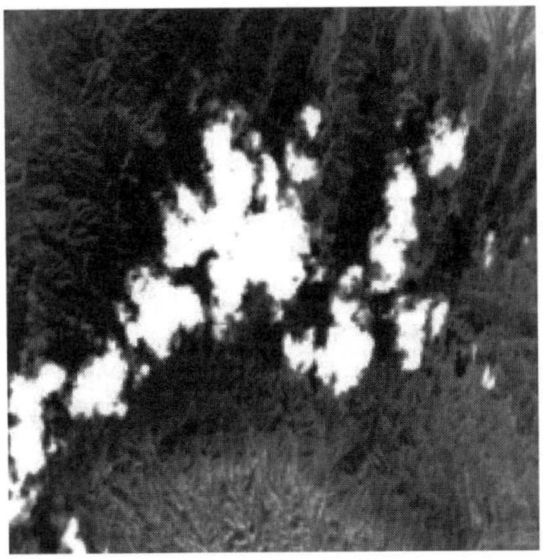

（a）可见光数据

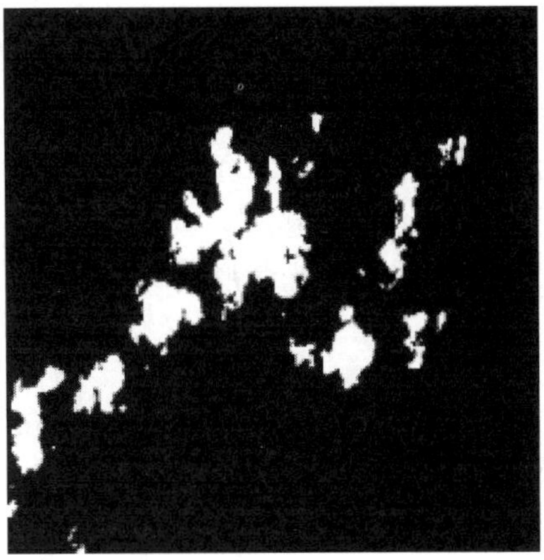

（b）云检测结果

图 15.2　云检测结果示例

阈值法在复杂光照、云类型和遮挡等情况下可能表现不佳，需要经验调整。尽管有局限性，阈值法仍然为云检测提供了基础，尤其在简单场景下能快速有效地检测云。

阈值法的思想也影响了后续更高级的云检测方法，如基于机器学习和深度学习的方法。这些方法能更好地考虑像元关系和图像特性，提升云检测准确性和稳健性，使用人工选择的图像纹理、亮度等特征，训练诸如支持向量机、随机森林等经典机器学习模型对图像进行分类，实现云的检测。

学而思

（1）云的多样性体现在哪些方面？它们的多样性与大气环境变化有什么关系？云对环境监测有哪些重要作用？它们如何为科学研究提供信息源？

（2）云检测方法的发展经历了哪些阶段？各阶段的方法有何优劣？深度学习云检测方法与传统机器学习方法相比，有哪些创新之处？它们如何提高云检测性能？

15.2.2　大气气溶胶检测

近年来随着城市化与工业化的快速发展，生态环境中大气污染问题尤为显著。PM2.5“爆表”、灰霾等大气污染事件引发广泛关注。利用卫星遥感技术监测大气污染主要参数，反演大气中气溶胶指标，是大气环境监测的重要技术手段。气溶胶是指悬浮在大气中粒径在 $10^{-3}\sim100\ \mu m$ 的液体或者固体颗粒状物质，主要包括城市、沙漠、海洋、生物质燃烧、对流层、平流层等 6 种气溶胶。人类感兴趣的气溶胶大多数分布于对流层内，且越靠近地面浓度越大（标高约为 2～3 km），其中粒子半径约为 $0.1\sim2.5\ \mu m$ 的气溶胶，对降水、能见度和人类健康的影响较大。

1. 气溶胶特征参数

常用的气溶胶特性包括消光系数、气溶胶光学厚度和单次散射反照率。

（1）消光系数。消光系数是用来表征在大气中传输时，光受到大气粒子的散射和吸收作用而衰减的现象，其数值等于单位路径长度上太阳辐射衰减的比例，单位是距离的倒数，一般用 km^{-1} 表示，具体计算方法如下

$$\sigma_e = NA_pQ_e = \frac{\pi Nd^2Q_e}{4} \tag{15.3}$$

式中,N 为大气中粒子浓度,A_p 为单个粒子的消光界面,d 表示粒子的等效半径,Q_e 表示粒子的消光效率。

(2)气溶胶光学厚度(AOD)。气溶胶光学厚度 τ 为气溶胶粒子的消光系数在传播路径长度上的积分。在气溶胶遥感中,气溶胶光学厚度一般指从地表到大气的垂直方向上的积分。高度 z_1 和 z_2 间的气溶胶光学厚度可以写为

$$\tau = \int_{z_1}^{z_2} \sigma_e \mathrm{d}z \tag{15.4}$$

(3)单次散射反照率(single scattering albedo,SSA)。气溶胶单次散射反照率是气溶胶散射系数和消光系数的比值,描述了吸收特性占总消光的比例,即

$$\omega = \frac{\sigma_s}{\sigma_e} \tag{15.5}$$

式中,σ_e 表示消光系数,σ_s 表示散射系数,用 σ_a 表示吸收系数,则有

$$\sigma_e = \sigma_s + \sigma_a \tag{15.6}$$

单次散射反照率是气溶胶遥感反演中的重要参数,它可以很好地描述气溶胶的吸收能力,对于不存在吸收特性的气溶胶,则 $\omega = 1$,随着吸收性的增强,该数值减小。

2. 气溶胶反演理论

卫星接收到的辐射信息包括三个部分:气体分子对太阳光的反射、气溶胶对太阳光的反射及地表的反射。可以用式(15.7)来描述,即

$$L(\mu_v) = L(\mu_v) + \frac{\rho}{1-\rho S}\mu_s F_0 T(\mu_s) T(\mu_v) \tag{15.7}$$

式中,$\mu_s = \cos\theta_s$,$\mu_v = \cos\theta_v$,θ_s 和 θ_v 分别表示太阳和卫星的天顶角,$L(\mu_v)$ 为观测方向的路径辐射,S 为大气下界的半球反照率,ρ 为地表反射率,$T(\mu_s)$ 和 $T(\mu_v)$ 分别为大气上行和下行透过率,$\mu_s F_0$ 为辐射通量密度。

利用入射太阳辐射 $\mu_s F_0$ 对式(15.7)进行归一化可得大气层顶反射率 ρ_{TOA},即

$$\rho_{\mathrm{TOA}}(\mu_s,\mu_v,\phi) = \rho_0(\mu_s,\mu_v,\phi) + \frac{T(\mu_s)T(\mu_v)\rho_s(\mu_s,\mu_v,\phi)}{1 - S\rho_s(\mu_s,\mu_v,\phi)} \tag{15.8}$$

式中,ρ_0 为大气路径辐射等效反射率,ρ_s 为地表反射率,ϕ 为相对方位角。气溶胶光学厚度反演的原理就是根据式(15.8)将气溶胶的贡献从实际观测值中分离。

在单次散射近似中,大气路径辐射等效反射率可以表示为分子散射贡献与气溶胶散射贡献之和,如式(15.9)所示,即

$$\rho_0(\mu_s,\mu_v,\phi) = \rho_m(\mu_s,\mu_v,\phi) + \rho_a(\mu_s,\mu_v,\phi) \tag{15.9}$$

式中,$\rho_m(\mu_s,\mu_v,\phi)$ 为分子散射的贡献;$\rho_a(\mu_s,\mu_v,\phi)$ 为气溶胶散射的贡献,与气溶胶特性和观测几何有关,其公式为

$$\rho_a(\mu_s,\mu_v,\phi) = \frac{\omega\tau P_a(\mu_s,\mu_v,\phi)}{4\mu_s\mu_v} \tag{15.10}$$

其中,$P_a(\mu_s,\mu_v,\phi)$ 为气溶胶散射相函数。

将式(15.9)和式(15.10)分别代入式(15.8)中,并考虑到 $T(\mu_s)$、$T(\mu_v)$ 和 S 同时也是气溶胶类型的函数,可得式(15.11),即

$$\rho_{\mathrm{TOA}}(\mu_s,\mu_v,\phi)=\rho_m(\mu_s,\mu_v,\phi)+\frac{\omega\tau P_a(\mu_s,\mu_v,\phi)}{4\mu_s\mu_v}+\frac{\rho_s(\mu_s,\mu_v,\phi)}{1-S(\tau,\omega,P_a)\rho_s(\mu_s,\mu_v,\phi)}T(\mu_s,\tau,\omega,P_a)T(\mu_v,\tau,\omega,P_a)\quad(15.11)$$

基于式(15.11)可以计算出气溶胶光学厚度。

15.3　大气遥感案例分析

气溶胶光学厚度一般是指整层气溶胶消光系数在垂直方向上的积分,描述了气溶胶对光的衰减作用。本案例利用高分四号卫星(GF-4)结合其他气象数据反演区域气溶胶监测情况。

15.3.1　数据来源

数据包括 640 景从 2016 年 6 月 1 日至 10 月 31 日站点的高分四号卫星(GF-4)数据。由于地基观测与卫星过境时间和观测范围不同,因此需要将卫星数据和地基数据进行时间和空间匹配。一般认为,地基观测范围为 40 km,而且卫星反演气溶胶光学厚度空间分辨率为 1 km,能够反映更细致的空间尺度的变化,因此选择地基站点为中心、20×20 像元为空间匹配窗口;时间匹配窗口选择卫星过境前后 30 分钟。数据预处理包含两个步骤。

(1)GF-4 数据预处理。目的是获取地表的大气层顶表观反射率,并为气溶胶反演准备输入数据。主要包括:①计算观测几何,GF-4 数据只提供了影像中心点的太阳和卫星观测角度信息,然而 GF-4 幅宽较大,同一张影像上观测角度差值在 6°～8°,因此利用中心点的观测几何可外推出每个像元的观测几何,包括太阳天顶角、太阳方位角、卫星天顶角和卫星方位角;②辐射校正,即利用 GF-4 的定标参数和计算的观测几何信息,将 GF-4 数据由数字量化(DN)值转换为大气顶层的表观反射率;③云掩膜,利用云检测结果,对辐射校正获取的表观反射率数据应用特定条件进行处理,删除不符合标准的值或区域,从而获取非云覆盖的陆地表观反射率。

(2)搜索查找表。目的是获取观测条件下的地表反射率,主要包括:①利用步骤(1)获取的观测几何(太阳天顶角、太阳方位角、卫星天顶角和卫星方位角)和表观反射率,搜索查找表,获取表中与输入参数最接近的表观反射率及对应的气溶胶光学厚度;②将查找表结果代入式(15.8),插值计算出不同波段的地表反射率。

15.3.2　气溶胶光学厚度反演

1. 暗目标法提取目标反射率

暗目标法(dark target,DT)又称浓密植被法(dense dark vegetation,DDV)是一种常用的气溶胶光学厚度反演方法,适用于配置短波红外波段的不同传感器,基本思想是利用浓密植被等地表特征区域的红、蓝波段反射率较低,并与短波红外波段反射率存在确定的线性关系,再从卫星传感器观测到的表观反射率中区分地表和大气的贡献值提取气溶胶光学厚度信息。

该方法的理论基础就是在假定待校正的遥感影像上存在地表反射率很小的朗伯体,且大气性质均一。在忽略大气多次散射作用和邻近像元漫反射作用的前提下,反射率很小的像元,通常称为暗像元。暗目标法是陆地上气溶胶光学厚度反演中最为成熟,应用也最为广泛的算法。通过大量的飞机实验数据，研究者发现在地表反射率较低的植被密集地表区域短波红外(2.12 μm)波段与可见光的红(0.66 μm)、蓝(0.47 μm)波段存在很高的相关性。基于此相关性建立了 MODIS 影像数据中 2.12 μm 与 0.66 μm 和 0.47 μm 之间的线性关系。在 2.12 μm 不受到大气影响的假设前提下，可以利用线性关系计算出浓密植被地区可见光波段的地表反射率，进而可以反演出气溶胶光学厚度。

2. 高分卫星气溶胶光学厚度反演算法

根据大气辐射传输的原理，大气顶层的表观反射率公式如式(15.8)所示。对于确定的波长，有

$$\rho_{\mathrm{TOA},\lambda}=\rho_{0,\lambda}+\frac{T_{\lambda}\rho_{s,\lambda}}{1-S_{\lambda}\rho_{s,\lambda}} \tag{15.12}$$

如果 $\rho_{0,\lambda}$ 和 S_{λ} 已知，则可以求出表观反射率 $\rho_{\mathrm{TOA},\lambda}$。对于确定的观测几何、气溶胶光学厚度和地表反射率，通过辐射传输计算可以求得 $\rho_{0,\lambda}$、T_{λ}、S_{λ} 和 $\rho_{\mathrm{TOA},\lambda}$。由于辐射传输的计算量太大，实际反演中需要预先建立查找表，通过辐射传输计算获得上述 4 个参数，并存入查找表。如果反射率 $\rho_{s,\lambda}$ 已知，则有 $\rho_{0,\lambda}$、T_{λ} 和 S_{λ} 3 个未知参数，需要建立 3 个方程。所以建立查找表时，将地表反射率设置为 0、0.1 和 0.25，分别计算 3 次，对应的 $\rho_{0,\lambda}$、T_{λ}、S_{λ} 和 $\rho_{\mathrm{TOA},\lambda}$ 分别存入查找表中，计算公式为

$$\left.\begin{aligned}&\rho_{\mathrm{TOA},\lambda}^{0}=\rho_{0,1}\\&S_{\lambda}=(1/\rho_{0.1,\lambda})(1-(T_{\lambda}\rho_{0.1,\lambda}/(\rho_{0,\lambda}-\rho_{0.1,\lambda})))\\&S_{\lambda}=(1/\rho_{0.25,\lambda})(1-(T_{\lambda}\rho_{0.25,\lambda}/(\rho_{0,\lambda}-\rho_{0.25,\lambda})))\end{aligned}\right\} \tag{15.13}$$

利用 6SV(second simulation of a satellite signal in the solar spectrum vector)的辐射传输模型，分别建立 6 种气溶胶类型的查找表。查找表的内容如下，共有 54[6(气溶胶类型)×3(地表反射率)×3(蓝、红和短波红外 3 个波段)]个查找表，每个查找表中包含 16 640(10×13×16×8)组 $\rho_{0,\lambda}$、T_{λ}、S_{λ} 和 $\rho_{\mathrm{TOA},\lambda}$。具体参数设置如表 15.1 所示。在建立查找表后，结合 GF-4 卫星近红外、红和蓝波段数据及云掩摸数据，便可计算出气溶胶光学厚度。

表 15.1 气溶胶类型查表参数

参数	查表结果的数值
10 个太阳天顶角/(°)	0.0、6.0、12.0、24.0、36.0、48.0、54.0、60.0、66.0、72.0
13 个卫星观测天顶角/(°)	0.0、6.0、12.0、18.0、24.0、30.0、36.0、42.0、48.0、54.0、60.0、66.0、72.0。
16 个相对方位角/(°)	0、12.0、24.0、36.0、48.0、60.0、72.0、84.0、96.0、108.0、120.0、132.0、144.0、156.0、168.0、180.0
8 个 550 nm 处气溶胶光学厚度值	0、0.25、0.5、0.75、1.0、2.0、3.0、5.0

15.3.3 区域应用和分析

选择 2016 年不同地区、不同下垫面和不同气溶胶浓度情况下的 GF-4 数据，利用提出的 GF-4 气溶胶光学厚度反演算法进行反演实验，在不同情况下的应用效果如图 15.3 所示。图 15.3(a)显示了华北植被覆盖浓密(暗地表)地区的反演结果，反演结果整体上反映了气溶胶的空间分布，反演效果较好；图 15.3(b)显示了在东北—内蒙古高亮地表覆盖区域的反演结果，可以看出在高亮地区反演算法受到一定限制，存在较大的反演空白区域，反演失败；

图 15.3(c)、图 15.3(d)分别显示了华北地区在气溶胶浓度较高和浓度较低情况下的反演结果，可以看出，在不同气溶胶浓度下均能取得较好的反演结果。

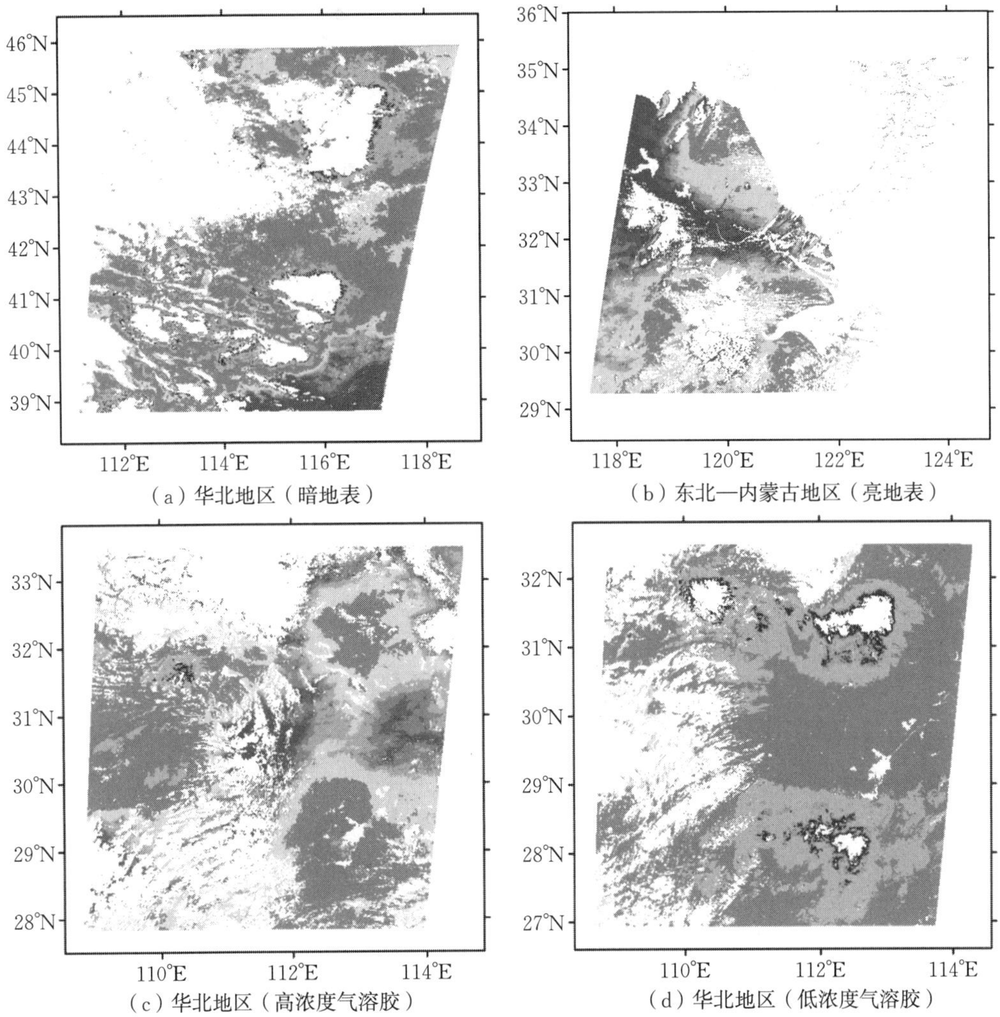

(a) 华北地区（暗地表）　(b) 东北—内蒙古地区（亮地表）

(c) 华北地区（高浓度气溶胶）　(d) 华北地区（低浓度气溶胶）

图 15.3　不同情况下 GF-4 气溶胶反演结果

利用北京周边 5 个气溶胶自动观测网(aerosol robotic network，AERONET)站点直接观测的气溶胶光学厚度数据对反演结果进行验证。

通过时间和空间匹配共获得 24 对匹配结果，如图 15.4 所示，图 15.4 中实线表示线性拟合结果，两条短虚线表示给定的精度指标(70%)，点线表示 1∶1 线。由图 15.4 可知，相关系数 R 为 0.96，斜率为 0.91，y 轴截距为 −0.01，均方根误差为 0.16，AERONET 站点观测值与 GF-4 反演结果的误差均值和标准差 σ 分别为 0.11 和 0.03。相关系数较大表明反演的 GF-4 气溶胶光学厚度与 AERONET 站点具有非常好的一致性。另外，GF-4 气溶胶光学厚度产品的预计精度为 $2\sigma > 70\%$，图 15.4 中上下两条虚线分别表示 0.7AOD 和 1.3AOD(AOD 为 AERONET 站点观测的气溶胶光学厚度)，落入该范围内的样本占总样本的比例 Q 为 95.83%。

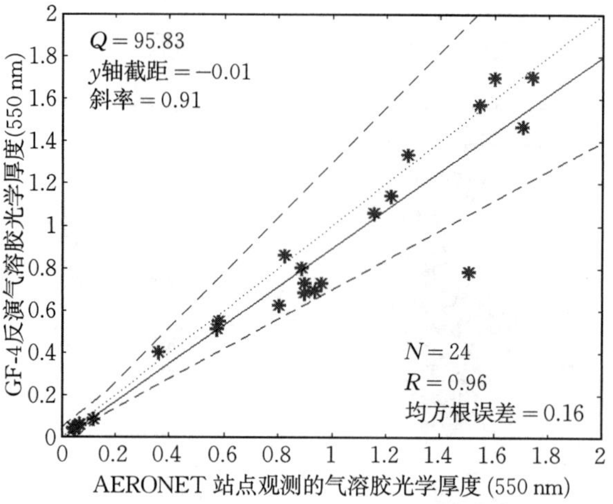

图 15.4　GF-4 反演与地基 AERONET 观测对比结果

参考文献

邓书斌，陈秋锦，杜会建，等，2014. ENVI遥感图像处理方法[M]. 2版. 北京：高等教育出版社.

董金玮，李世卫，曾也鲁，等，2020. 遥感云计算与科学分析：应用与实践[M]. 北京：科学出版社.

甘甫平，李万伦，闫柏琨，等，2017. 高光谱遥感地质作用建模及应用[M]. 北京：科学出版社.

骆剑承，吴田军，吴志峰，等，2020. 遥感大数据智能计算[M]. 北京：科学出版社.

梅晓丹，李丹，郑树峰，等，2021. 遥感制图原理与应用[M]. 武汉：武汉大学出版社.

明冬萍，刘美玲，2017. 遥感地学应用[M]. 北京：科学出版社

潘德炉，林明森，毛志华，等，2017. 海洋遥感基础及应用[M]. 北京：海洋出版社.

彭望琭，2021. 遥感概论[M]. 2版. 北京：高等教育出版社，

孙家柄，2009. 遥感原理与应用[M]. 武汉：武汉大学出版社.

韦玉春，汤国安，汪闽，等，2019. 遥感数字图像处理教程[M]. 3版. 北京：科学出版社，

肖温格特 R A，2018. 遥感图像处理模型与方法[M]. 尤红建，龙辉，王思远，等，译. 3版. 北京：电子工业出版社.

詹森 J R，2018. 遥感数字影像处理导论[M]. 陈晓玲，张展，侯雪姣，等，译. 北京：机械工业出版社.

张安定，吴孟泉，王大鹏，等，2014. 遥感技术基础与应用[M]. 北京：科学出版社.

张兵，李俊生，王桥，等，2012. 内陆水体高光谱遥感[M]. 北京：科学出版社.

张良培，杜博，张乐飞，2014. 高光谱遥感影像处理[M]. 北京：科学出版社.

张铮，倪红霞，苑春苗，等，2013. 精通MATLAB数字图像处理与识别[M]. 北京：人民邮电出版社.

张治国，康鸿杰，2023. 2000—2020年武威市土地利用/覆被时空变化及驱动力分析[J]. 科学技术与工程，23(20)：8579-8587.

赵春晖，王立国，齐滨，2016. 高光谱遥感图像处理方法及应用[M]. 北京：电子工业出版社.

周廷刚，2022. 遥感原理与应用[M]. 2版. 北京：科学出版社.